Lecture Notes in Mathematics

Edited by A. Dold and B. Eckmann

462

Paul Gérardin

Construction de Séries Discrètes p-adiques

»Sur les Séries Discrètes non Ramifiées des Groupes Réductifs Déployés p-adiques«

Springer-Verlag
Berlin · Heidelberg · New York 1975

Author
Prof. Paul Gérardin
Université de Paris VII
U.E.R. de Mathématiques
2, Place Jussieu
75 Paris/France

Library of Congress Cataloging in Publication Data

Gérardin, Paul, 1943-
Construction de séries discrètes p-adiques.

(Lecture notes in mathematics ; v. 462)
Bibliography: p.
Includes index.
1. Lie groups. 2. Linear algebraic groups.
3. Finite groups. 4. Representations of groups.
5. Fields, Algebraic. I. Title. II. Series:
Lecture notes in mathematics (Berlin) ; v. 462.
QA3.L28 no.462 [QA387] 510'.8 [512'.5] 75-16187

AMS Subject Classifications (1970): 20C15, 20G25, 22E50

ISBN 3-540-07172-5 Springer-Verlag Berlin · Heidelberg · New York
ISBN 0-387-07172-5 Springer-Verlag New York · Heidelberg · Berlin

Printed in Germany
Offsetdruck: Julius Beltz, Hemsbach/Bergstr.

SOMMAIRE

INTRODUCTION

Désignons par G la composante neutre du groupe des points réels d'un groupe algébrique connexe semi-simple $\underline{\underline{G}}$ défini sur le corps $\mathbb{R}$ des nombres réels. La série discrète de G est l'ensemble $\mathcal{E}_2(G)$ des classes d'équivalence des représentations unitaires irréductibles de G qui sont de carré intégrable. Harish-Chandra a montré (voir [12] a) pour un exposé de ses résultats) que l'existence d'un tore maximal anisotrope défini sur $\mathbb{R}$ de $\underline{\underline{G}}$ équivaut au fait que $\mathcal{E}_2(G)$ n'est pas vide. Dans ce cas, soit T le groupe, compact, des points réels d'un tel tore $\underline{\underline{T}}$; on note R le système de racines de $(\underline{\underline{G}},\underline{\underline{T}})$, W son groupe de Weyl, et $W(T)$ - le petit groupe de Weyl de $\underline{\underline{T}}$ - le quotient par T du normalisateur de $\underline{\underline{T}}$ dans G . On suppose que le couple $(\underline{\underline{G}},\underline{\underline{T}})$ est acceptable, c'est-à-dire que, pour une base de R , la demi-somme des racines positives est un caractère rationnel de $\underline{\underline{T}}$. La formule

$$(1) \qquad \theta(\exp H) = e^{\langle \theta^\circ, H\rangle} ,$$

où θ est un caractère de T et où H parcourt l'algèbre de Lie $\mathfrak{t}$ de T,, définit un élément θ° de l'espace vectoriel $i\mathfrak{t}'$ des formes linéaires sur $\mathfrak{t}$ qui prennent des valeurs imaginaires pures ; l'applivation $\theta \longmapsto \theta^\circ$ identifie le groupe des caractères de T à un réseau de $i\mathfrak{t}'$.

Le système de racines inverses de R s'identifie à une partie $(H_\alpha)_{\alpha\in R}$ de l'espace $i\mathfrak{t}$. On dit que le caractère θ de T est régulier si l'on a

$$(2) \qquad \langle \theta^\circ, H_\alpha \rangle \neq 0 \quad \text{pour toute racine } \alpha \in R ,$$

ce qui signifie que les transformés de θ° par les éléments du groupe de Weyl W sont tous distincts. Un élément $t \in T$ est dit régulier si

$$(3) \qquad t^\alpha - 1 \neq 0 \quad \text{pour toute racine } \alpha \in R ,$$

c'est-à-dire si ses transformés par les éléments de W sont tous dictincts.

Haris-Chandra a prouvé ([12] a)) que l'ensemble $\mathcal{E}_2(G)$ est paramétré par les orbites du petit groupe de Weyl $W(T)$ dans les caractères réguliers de T ; au caractère régulier θ de T on associe la classe de reprèsentations $\gamma_\theta \in \mathcal{E}_2(G)$, dont le caractère est une fonction localement sommable sur G , donnée sur les éléments réguliers de T par la formule

$$(4) \qquad \operatorname{Tr} \gamma_\theta(t) = (-1)^{\frac{1}{2}\dim G/K} \operatorname{sgn} \langle \varpi^+, \theta^\circ \rangle \sum_{W(T)} \theta({}^w t)/\Delta^+({}^w t) ,$$

en notant K un sous-groupe compact maximal de G , et fixant une base pour définir le polynôme $\varpi^+ = \prod_{\alpha > 0} H_\alpha$ sur l'espace des formes linéaires complexes sur $\mathfrak{t}'$, et

(5) $$\Delta^+(t) = \prod_{\alpha > 0} (t^{\alpha/2} - t^{-\alpha/2}) .$$

Pour deux caractères réguliers θ_1 et θ_2 de T , on a l'équivalence

(6) $$\gamma_{\theta_1} = \gamma_{\theta_2} \iff \theta_1 \in W(T)\theta_2 .$$

De plus, la représentation contragrédiente de γ_θ est $\gamma_{\theta^{-1}}$. Enfin, il y a une mesure de Haar dx sur le groupe G telle que, pour des vecteurs unitaires quelconques u et v de l'espace d'une réalisation de γ_θ on a

(7) $$\int_G |\langle \gamma_\theta(x)u,v \rangle|^2 \, dx = d(\theta)^{-1},$$

où le nombre $d(\theta) > 0$ est donné par la formule

(8) $$d(\theta) = \left| \prod_{\alpha \in R} \langle \theta^\circ, H_\alpha \rangle \right|^{1/2} .$$

Lorsque le groupe $\underline{\underline{G}}$ est anisotrope, le groupe G est compact, et ces représentations γ_θ sont les classes des représentations irréductibles de G ; elles sont de dimension finie, égale à $d(\theta)/d(\rho)$, où ρ est la demi-somme des racines positives de R dans une base. Losque $\underline{\underline{G}}$ n'est pas anisotrope, prenons K contenant T ; le caractère θ définit la classe de représentations irréductibles κ_θ de K , et on conjecture que κ_θ est contenue dans γ_θ avec multiplicité 1 .

Ce travail a pour objet de montrer que ces résultats sont également valables pour certains groupes $\mathfrak{p}$-adiques. Pour cela, on est amené à étudier des représentations de certains groupes résolubles finis, extensions de groupes nilpotents à deux pas par des tores : cette étude est l'objet du chapitre I (cf [10] c)) , le théorème 1 (1.4.10) en étant le résultat essentiel ; on construit ces représentations à l'aide des techniques introduites par A.Weil ([19]). Le chapitre II donne les résultats concernant les groupes de Chevalley qui seront utilisés par la suite ; les groupes de Weyl affines sont introduits par l'intermédiaire des valuations sur ces groupes, suivant la méthode de F.Bruhat et J.Tits ([6] a),b)). Au chapitre III, on classe les tores maximaux des groupes réductifs déployés $\mathfrak{p}$-adiques ; en particulier (théorème 2,3.3.6), si $\underline{\underline{G}}$ désigne un groupe algébrique connexe semi-simple et simplement connexe défini sur le corps $\mathfrak{p}$-adique k , les tores maximaux de $\underline{\underline{G}}$ définis sur k et non ramifiés (c'est-à-dire qui se déploient dans une extension non ramifiée de k) sont classés, à conjugaison près par un élément de $\underline{\underline{G}}(k) = G$, par les classes de conjugaison des éléments d'ordre fini du groupe de Weyl affine W de $\underline{\underline{G}}$: si $w \in W$ correspond au tore $\underline{\underline{T}}$, la dimension du sous-espace des points fixes de w est le rang déployé de $\underline{\underline{T}}$, et l'ordre de w est le degré de la plus petite extension non ramifiée de k qui déploie $\underline{\underline{T}}$.

Les chapitres IV et V sont consacrés à la construction de représentations de G et d'un sous-groupe compact maximal spécial K adapté au tore maximal non ramifié $\underline{\underline{T}}$ (tores appelés ici <u>spéciaux</u>). Soient $T = \underline{\underline{T}}(k)$, R le système de racines de $(\underline{\underline{G}},\underline{\underline{T}})$, W son groupe de Weyl, et $W(T)$ - le petit groupe de Weyl de $\underline{\underline{T}}$ - le quotient par T du normalisateur de $\underline{\underline{T}}$ dans $\underline{\underline{G}}$. Supposons, pour simplifier, que le groupe $\underline{\underline{G}}$ est semi-simple et simplement connexe. Désignons par L une extension non ramifiée de k qui déploie $\underline{\underline{T}}$, et par $\mathfrak{p}_L$ son idéal de la valuation ; la filtration $(1+\mathfrak{p}_L^n), n \geqslant 1$, de son groupe des unités définit une filtration $T(\mathfrak{p}^n), n \geqslant 1$, sur le groupe T et $\mathfrak{t}(\mathfrak{p}^n), n \geqslant 1$, sur son algèbre de Lie $\mathfrak{t}$. Les groupes finis $\mathfrak{t}(\mathfrak{p}^n)/\mathfrak{t}(\mathfrak{p}^{n+1})$ et $T(\mathfrak{p}^n)/T(\mathfrak{p}^{n+1})$ sont isomorphes ; notons $H \longmapsto e^H$ cet isomorphisme. Si θ est un caractère de T, on appelle conducteur de θ le plus petit entier f tel que θ soit trivial sur $T(\mathfrak{p}^f)$. Si θ est un caractère de conducteur $f \geqslant 2$, il définit donc un caractère du groupe $T(\mathfrak{p}^{f-1})/T(\mathfrak{p}^f)$; fixons un caractère τ d'ordre 0 du groupe additif de k ; soit $\mathfrak{t}'$ l'espace dual de $\mathfrak{t}$; on définit un élément $\theta_\tau^\circ \in \mathfrak{t}'(\mathfrak{p}^{-f})/\mathfrak{t}'(\mathfrak{p}^{-f+1})$ par la formule, analogue à (1) :

$$(9) \qquad \theta(e^H) = \tau(\langle\theta_\tau^\circ, H\rangle) \qquad \text{pour } H \in \mathfrak{t}(\mathfrak{p}^{f-1})/\mathfrak{t}(\mathfrak{p}^f) .$$

Le système de racines inverses de R s'envoie naturellement sur une partie $(H_\alpha)_{\alpha\in R}$ des points dans L de l'algèbre de Lie de $\underline{\underline{T}}$. L'élément $\langle\theta_\tau^\circ, H_\alpha\rangle$ appartient à $\mathfrak{p}_L^{-f}/\mathfrak{p}_L^{-f+1}$. On fait l'hypothèse supplémentaire sur le caractère :

$$(10) \qquad \langle\theta_\tau^\circ, H_\alpha\rangle \neq 0 \quad \text{pour toute racine } \alpha\in R ,$$

qui est vérifiée si les transformés de θ_τ° par les éléments du groupe W sont tous distincts. A un tel caractère le théorème 3 (4.4.1) associe une représentation κ_θ du groupe K : elle est monomiale si f est pair, et construite avec les techniques du chapitre I si f est impair ; à une constante près qui ne dépend que du système de racines R, de la classe de $\underline{\underline{T}}$ dans le groupe de Weyl affine W, et du corps résiduel de k, son degré est

$$(11) \qquad d(\theta) = \Bigl|\prod_{\alpha\in R} \langle\theta_\tau^\circ, H_\alpha\rangle\Bigr|^{1/2} .$$

La dimension du commutant de κ_θ est l'ordre du stabilisateur de la restriction de θ à $T\cap K$ dans le groupe $W(T)$. Deux tels caractères θ_1 et θ_2 de T donnent des représentations équivalentes de K si et seulement si ils sont conjugués par le groupe $W(T)$. Le théorème 4 (4.4.7) donne la valeur du caractère de la représentation κ_θ en un point $t \in T$ satisfaisant à la condition

(12) $\quad \mathrm{val}(t^{\alpha} - 1) \leq f/3$, pour toute racine $\alpha \in R$,

on a :

(13) $\quad \mathrm{Tr}\,\kappa_\theta(t) = (-1)^{\ell(T)f} \sum_{W(T)} \theta({}^{w}t)/\Delta(t)$;

$\ell(T)$ est le rang anisotrope de $\underline{\underline{T}}$ et $\Delta(t)$ est une racine carrée convenable de $\left| \prod_{\alpha \in R} (t^{\alpha/2} - t^{-\alpha/2}) \right|$.

Le chapitre V se limite au cas où le tore $\underline{\underline{T}}$ est anisotrope ; le théorème 5 (5.2.1) montre que la représentation κ_θ induit une représentation γ_θ de G qui est de carré intégrable, qui a pour commutant celui de κ_θ , pour degré formel relativement à une mesure de Haar convenable sur G l'entier $d(\theta)$ de (11). Deux tels caractères θ_1 et θ_2 de T donnent des représentations γ_{θ_1} et γ_{θ_2} équivalentes si et seulement si ils sont conjugués par W(T) . La représentation contragrédiente de γ_θ est équivalente à la représentation $\gamma_{\theta^{-1}}$. Si le stabilisateur de θ dans W(T) est trivial, la représentation γ_θ est irréductible et κ_θ intervient avec multiplicité 1 dans γ_θ ; c'est même la seule représentation de K intervenant dans γ_θ qui soit triviale sur le noyau de la réduction modulo $\mathfrak{p}^f$ sur K. Enfin, pour les éléments $t \in T$ satisfaisant à la condition (12), le caractère de la représentation γ_θ coïncide avec la fonction

(14) $\quad \mathrm{Tr}\,\gamma_\theta(t) = (-1)^{\ell f} \sum_{W(T)} \theta({}^{w}t)/\Delta(t)$,

où ℓ est le rang du groupe $\underline{\underline{G}}$.

On se place en fait dans un cadre, un peu plus général, des groupes réductifs déployés dont le groupe dérivé est simplement connexe, de façon à englober le groupe $\underline{\underline{GL}}_n$ (cf [10] d)). On donne également les opérateurs d'une réalisation de la représentation, ainsi que, lorsque γ_θ est irréductible , un vecteur générateur.

Ces résultats ont été annoncés en [10] a) et b), ainsi qu'à Oberwolfach en août 1973.

Ce travail n'aurait pu voir le jour sans les encouragements constants et les multiples discussions avec R.Godement, les précisions sur le chapitre I de Bruhat-Tits ([6]a)) que je tiens de F.Choucroun, et les éclaircissements de J.-P.Labesse sur Jacquet-Langlands ([20]).

CHAPITRE I

GROUPES D'HEISENBERG SUR LES CORPS FINIS

Dans tout ce chapitre on désigne par k un corps fini. Tous les espaces vectoriels considérés seront de dimension finie, les groupes qui interviennent seront finis.

Si V est un espace vectoriel sur **k** muni d'une application bilinéaire alternée $[\ ,]$ à valeurs dans un espace vectoriel Z, les groupes d'Heisenberg associés à $(V,Z,[,])$ sont les extensions centrales de V par Z dont un 2-cocycle associé est bilinéaire et le commutateur de deux éléments est donné par le crochet de leurs images dans V (1.4.1.). On étudie certains groupes d'Heisenberg munis d'un groupe d'automorphismes ; le cas crucial est celui où V est de dimension 2 et les automorphismes opèrent par "homothéties" (§1.2) ou par "rotations" (§1.3). On construit des représentations de ces groupes d'Heisenberg étendus par la méthode de Weil ([19] ch. I), en calculant explicitement les opérateurs. Au § 1.4 on généralise la construction au cas qui interviendra lors de la construction des représentations des groupes $\mathfrak{p}$-adiques.

Le § 1.1 rappelle les résultats sur les caractères quadratiques qui seront utilisés dans les paragraphes suivants.

1.1. Caractères quadratiques.

1.1.1. On désigne par k un corps fini, d'ordre $q = p^n$ si p est sa caractéristique. On appelle caractère de k tout homomorphisme du groupe additif de k dans le groupe multiplicatif $\underline{\underline{T}}$ des nombres complexes de module 1. Soit Tr la forme linéaire trace de k sur son corps premier $\mathbb{F}_p = \mathbb{Z}/p\mathbb{Z}$. L'application

$$\tau_k : x \longmapsto \exp 2\pi i\ (\mathrm{Tr}\ x)/p$$

définit un caractère non trivial de k, appelé caractère fondamental de k.

Soit τ un caractère non trivial de **k**. L'application qui à un élément y de k associe le caractère $x \longmapsto \tau(xy)$ est un isomorphisme du groupe additif de k sur le groupe $X_1(k)$ de ses caractères.

1.1.2. Lemme 1

Soit k un corps fini de caractéristique 2. Pour tout caractère non trivial τ de k il y a un unique $c \in k^*$ *tel que* $\tau(x^2) = \tau(cx)$ *pour tout* $x \in k$ *; si on écrit* $c = c(\tau)$ *et* $c(1) = 0$ *alors c est un isomorphisme de groupes, de* $X_1(k)$ *sur* k; *si* $\tau \neq 1$, *on a* $\tau(x) = \tau_k(x/c^2))$, *et* $\tau(c^2 x) = -1$ *si* $x \in k$ *est de la forme* $x = y\bar{y}$ *où* $y + \bar{y} = 1$, *pour un* y *dans l'extension quadratique* L *de* k ($\bar{y}$ *désigne le conjugué de* y).

Preuve. Plus généralement, si p est la caractéristique de k, l'application $x \mapsto x^p$ est un automorphisme de k et définit donc un automorphisme de $X_1(k)$: on a $\tau(x^p) = \tau(cx)$. Comme $\tau_k(x^p) = \tau_k(x)$, on voit donc que $c^p = a^{1-p}$ si $\tau(x) = \tau_k(ax)$. Toutes les assertions du lemme sont alors claires, sauf la dernière, qui est équivalente à la suivante : $Tr_{k/\mathbb{F}_2}\, x = 1$ si $x = y\bar{y}$, $y + \bar{y} = 1$. Il suffit d'écrire $Tr\, x = \sum_{0 \leq i < n} x^{2^i}$ en tenant compte de ce que $x = y + y^2$ pour obtenir $Tr\, x = y + y^{2^n} = y + \bar{y} = 1$.

1.1.3. Si V est un espace vectoriel sur k, le groupe $X_1(V)$ de ses caractères s'identifie à son dual V' dès qu'on a choisi un caractère non trivial τ de k, par l'application qui, à $v' \in V'$, associe le caractère $\tau_{v'}$ de V donné par $\tau_{v'}(v) = \tau(\langle v',v\rangle)$.

On appelle *moyenne normalisée* sur l'espace $\mathbb{C}^V$ des fonctions complexes sur V la forme linéaire suivante, invariante par translations (où q = Card k) :

$$f \in \mathbb{C}^V \mapsto \int_V f(x)\, dx = q^{-n/2} \sum_V f(x) \quad , \text{ si } n = \dim V .$$

La *mesure de Dirac* $\delta_V^{V'}$ sur un sous-espace V' de V est définie par

$$\int_V f(v)\, \delta_V^{V'}(v)\, dv = \int_{V'} f(v')\, dv' \quad \text{pour tout } f \in \mathbb{C}^V ,$$

si $m = \text{co-dim}_V V'$, c'est donc le produit de $q^{m/2}$ par la fonction caractéristique de V'. On écrit δ_V pour δ_V^0.

L'espace $\mathbb{C}^V$ est muni de la structure hilbertienne $\int_V f(x)\, \overline{g(x)}\, dx$.

1.1.4. Soit $\tau \in X_1(k)$ un caractère non trivial de k. On appelle *transformation de Fourier* sur V relativement au caractère τ l'application

$$f \in \mathbb{C}^V \mapsto \hat{f} \in \mathbb{C}^{V'} \quad : \quad \hat{f}(x') = \int_V f(x)\, \tau(\langle x,x'\rangle)\, dx .$$

C'est une transformation unitaire de $\mathbb{C}^V$ sur $\mathbb{C}^{V'}$ et l'inverse est

$$f(x) = \int_{V'} \hat{f}(x') \overline{\tau(\langle x,x'\rangle)}\, dx' \quad , \quad \text{si } \hat{f} \in \mathbb{C}^{V'} .$$

En particulier lorsque l'espace V est muni d'une forme bilinéaire non dégénérée, la transformation de Fourier (relativement à un caractère non trivial τ de k) est un automorphisme de $\mathbb{C}^V$. Lorsque V = k et que l'on parlera de transformation de Fourier sur k, il s'agira de la forme xy (τ étant fixé).

1.1.5. Une application q définie sur le corps fini k, à valeurs dans le groupe $\mathbb{T}$ des nombres complexes de module 1, est appelée <u>caractère quadratique</u> de k s'il existe un caractère τ_q de k, dit caractère <u>associé</u> au caractère quadratique q, tel que

(1) $\quad q(x+y) = q(x)\, q(y)\, \tau_q(xy) \quad$ si x et y $\in$ k.

On notera $X_2(k)$ l'ensemble des caractères quadratiques de k.

Plus généralement, si V est un espace vectoriel de dimension finie sur k, on entendra par caractère quadratique q de V toute application $q : V \longrightarrow \mathbb{T}$ telle qu'il existe une application linéaire s_q de V dans son dual V' telle que

(2) $\quad q(x+y) = q(x)\, q(y)\, \tau(\langle x, ys_q\rangle) \quad , \quad x,y \in V$,

τ étant un caractère non trivial donné de k. On dit que s_q est le <u>morphisme associé</u> au caractère quadratique q relativement au caractère τ . On notera $X_2(V)$ l'ensemble des caractères quadratiques sur V.

Un caractère quadratique $q \in X_2(V)$ est dit <u>non dégénéré</u> si son morphisme associé est inversible, condition qui ne dépend pas du choix du caractère τ . Pour un caractère quadratique sur k, ceci signifie $\tau_q \neq 1$.

1.1.6. <u>Lemme</u> 2

<u>Soit</u> V <u>un espace vectoriel de dimension finie sur k. On note</u> $X_2(V)$ <u>l'ensemble de ses caractères quadratiques, et</u> Sym (V,V') <u>l'espace des morphismes symétriques de</u> V <u>dans son dual</u> V'. <u>On a alors la décomposition de groupes abéliens:</u>

$$0 \longrightarrow X_1(V) \longrightarrow X_2(V) \longrightarrow \mathrm{Sym}\,(V,V') \longrightarrow 0 \quad .$$

Preuve. Le noyau de l'application qui envoie q sur s_q est formé des caractères de V. Montrons la surjectivité. Soit s un morphisme symétrique de V dans V'. Soit V(s) le groupe dont les éléments sont ceux de $k \times V$ soumis à la loi : $(x,w)(x',w') = (x + x' + \langle x,x's\rangle, w + w')$ si $x, x' \in k$, $w, w' \in V$. C'est un groupe commutatif, et tout caractère de V définit un caractère de V(s) en le prolongeant trivialement sur les (x,0), $x \in k$. On a ainsi une injection $X_1(V) \to X_1(V(s))$. Par restriction aux (x,0), $x \in k$, on définit également un morphisme: $X_1(V(s)) \to X_1(k)$ dont le noyau est l'image de $X_1(V)$ dans $X_1(V(s))$. Il en résulte que cette application est surjective :

$$1 \to X_1(V) \to X_1(V(s)) \to X_1(k) \to 1 .$$

si $\tau \in X_1(k)$, $\tau \neq 1$, il y a $\rho \in X_1(V(s))$ tel que $\rho(x,0) = \overline{\tau(x)}$. Si on pose $\nu(w) = \rho(0,w)$, alors ν est un caractère quadratique de V, de morphisme associé s relativement au caractère τ.

1.1.7. Décrivons les caractères quadratiques d'un vectoriel V. Soit s un morphisme symétrique de V dans son dual ; en caractéristique différente de 2 posons $q(x) = \tau(\langle x,xs\rangle/2)$: on a $s_q = s$, et donc, en multipliant par un caractère quelconque de V, on a tous les caractères quadratiques de V qui ont s pour morphisme associé.

En caractéristique 2, soit s une forme bilinéaire symétrique sur V. Fixons une base de V ; on a alors, si $x = (x_i)$, $y = (y_i)$:

$$s(x,y) = \sum_i a_i x_i y_i + \sum_{i<j} a_{ij} (x_i y_j + x_j y_i) \quad ;$$

soit q un caractère quadratique k de caractère associé τ. Alors le caractère quadratique de V défini par

$$x \mapsto \prod_i q(\sqrt{a_i}\, x_i) \prod_{i<j} \tau(a_{ij} x_i x_j)$$

admet pour morphisme associé s. Il reste à expliciter q.

1.1.8. Lorsque k est un corps de caractéristique 2, exhibons un caractère quadratique de k dont le caractère associé soit τ_k (1.1.1). La relation (1) impose $q(0) = 1$, et, pour tout x de k :

$$q(x)^2 = \tau_k(x^2) = \tau_k(x) = (-1)^{Tr(x)} .$$

Ceci montre que $q(x)$ est une racine carrée de $(-1)^{Tr(x)}$. Or, on a :

(i) Posons $f_k(x) = i^{(\tau_k(x)-1)/2}$. On a

$$f_k(x)^2 = \tau_k(x) \ , \ f_k(x+y) = f_k(x)f_k(y)(-1)^{Tr(x)Tr(y)} \ .$$

En effet, la première identité résulte de ce que $i^{\pm 1} = \pm i$; pour la seconde, on remarque que si s est le caractère signe sur le groupe multiplicatif des réels, l'expression

$$(u,v) = i^{(s(u)-1)/2} i^{(s(v)-1)/2} i^{-(s(uv)-1)/2}$$

vaut 1 si u ou v est positif, et -1 sinon. On a donc

$$f_k(x+y)f_k(x)^{-1}f_k(y)^{-1} = (\tau_k(x),\tau_k(y))$$

et l'identité cherchée vient de ce que le second membre vaut aussi $(-1)^{Tr(x)Tr(y)}$.

(ii) Il résulte de (i) que la construction d'un caractère quadratique de k dont τ_k est le caractère associé, équivaut à celle d'une application $g : k \longmapsto \{\pm 1\}$ satisfaisant à l'identité :

$$g(x+y) = g(x)g(y)(-1)^{Tr(xy) + Tr(x)Tr(y)} \ .$$

Si $k = \mathbb{F}_{2^n}$, on a $Tr(xy)+Tr(x)Tr(y) = \sum_{0\leq i\neq j<n} x^{2^i} y^{2^j} = \sum_{i<j} (x^{2^i} y^{2^j} + x^{2^j} y^{2^i})$; mais on a l'identité suivante

$$x^{2^i} y^{2^i} + x^{2^j} y^{2^i} = (x+y)^{2^i+2^j} + x^{2^i+2^j} + y^{2^i+2^j}$$

qui provient du résultat plus général suivant, avec $p = 2$ et $m = 2^i+2^j$:

Soit p un nombre premier. Les coefficients du binôme $\binom{m}{n}$, $m \geq n \geq 0$, qui sont premiers à p correspondent aux couples (m,n) dont les développements en base p : $m = \sum m_i p^i$, $n = \sum n_i p^i$ vérifient $n_i \leq m_i$ pour tout i.

Il suffit d'écrire $(1 + X)^m = \prod_i (1 + X^{p^i})^{m_i}$ dans $\mathbb{Z}/p\mathbb{Z}[X]$, etc,...

Soit alors $a \in k$ un élément de trace 1 ; la fonction $g : k \longrightarrow \{\pm 1\}$:

$$g(x) = \prod_{0\leq i<j<n} \tau_k(ax^{2^i+2^j})$$

satisfait à l'identité désirée, et donc $f_k(x)\, g(x)$ est un caractère quadratique q de k, dont τ_k est le caractère associé.

Si maintenant τ est un caractère non trivial de k, on a $\tau(x^2) = \tau(cx)$ pour un $c \in k^*$, et le caractère quadratique $q(xc^{-1})$ a τ pour caractère associé. Remarquons que sa valeur en c est $q(1) = i^{-n}$, si $k = \mathbb{F}_{2^n}$.

1.1.9. Si q est un caractère quadratique non dégénéré de V, dont le morphisme associé est s relativement à $\tau \in X_1(k)$, $\tau \neq 1$, on a, par (2) :

$$q(x)\ \tau(\langle x,x'\rangle) = q(x + x's^{-1})\ \ q(x'\ s^{-1})^{-1}\ ,\ x \in V\ ,\ x' \in V'\ ,$$

et en prenant la moyenne normalisée sur les $x \in V$, on obtient le premier résultat du lemme ci-dessous :

Lemme 3

Soient k *un corps fini,* τ *un caractère non trivial de* k , φ *un caractère quadratique non dégénéré de* V , *de morphisme associé* s *relativement à* τ. *Sa transformée de Fourier* $\hat{\varphi}$ *relativement à* τ *vérifie*

$$\hat{\varphi}(x') = \gamma(\varphi)\ \varphi(x'\ s^{-1})^{-1}\quad \underline{\text{où}}\ \gamma(\varphi) = \int_k \varphi(x)\ dx \in \mathbf{T}\ .$$

Si k *est de caractéristique autre que* 2 *et si* $\varphi_{a,b}(x) = \tau(ax^2 + bx)$, $\varphi_a = \varphi_{a,o}$, *alors*

$$(3)\qquad \gamma(\varphi_{a,b}) = \gamma(\varphi_a)\ \varphi_a(2^{-1}\ a^{-1}\ b)^{-1}\ ,\ \gamma(\varphi_a) = (\tfrac{a}{q})\ \gamma(\varphi_1)\ ,\ \gamma(\varphi_1)^2 = (\tfrac{-1}{q})\ ,$$

où $(\frac{-}{q})$ *désigne le symbole de Legendre sur* k.
Si k *est de caractèristique 2, soit* φ *un caractère quadratique de* k *de caractère associé égal à* τ ; *posons* $\varphi_{a,b}(x) = \varphi(ax)\ \tau(bx)$ et $\varphi_a = \varphi_{a,o}$; *alors si* $\tau(x^2) = \tau(cx)$, *on a, avec* Card k = 2^n :

$$(4)\qquad \gamma(\varphi_{a,b}) = \gamma(\varphi_a)\ \varphi(a^{-1}\ b)^{-1}\ ,\ \gamma(\varphi_a) = \gamma(\varphi)\ ,\ \gamma(\varphi)^2 = \varphi(c)\ ,\ \gamma(\varphi)^4 = (-1)^n\ ,\quad \gamma(\varphi)^8 = 1.$$

Preuve. Il reste à prouver les identités concernant $\gamma(\varphi)$. Celles reliant $\gamma(\varphi_{a,b})$ à $\gamma(\varphi_a)$ sont des conséquences de la première assertion du lemme . En caractéristique 2, $\bar{\varphi} = \varphi_{1,c}$, d'où $\overline{\gamma(\varphi)} = \gamma(\varphi_{1,1}) = \gamma(\varphi)\ \varphi(c)^{-1}$ d'où $\gamma(\varphi)^2 = \varphi(c)$, puis $\gamma(\varphi)^4 = \tau(c^2)$ par (1).

En caractéristique autre que 2, $\gamma(\varphi_a) = \int_k \tau(ax^2)\ dx$; si a est un carré, la multiplication par a permute les carrés et donc $\gamma(\varphi_a) = \gamma(\varphi_1)$; sinon,

$$\gamma(\varphi_a) + \gamma(\varphi_1) = \int_k \tau(ax^2)\ dx + \int_k \tau(x^2)\ dx = 2\int_k \tau(x)\ dx = 0\ ,$$

puisque 1 et a représentent les deux classes modulo les carrés : on a donc

$$\gamma(\varphi_a) = -\gamma(\varphi_1) = (\tfrac{a}{q})\ \gamma(\varphi_1)\ .$$

Enfin, $\bar{\varphi}_1 = \varphi_{-1}$, d'où $(\frac{-1}{q})\,\gamma(\varphi_1) = \gamma(\varphi_{-1}) = \gamma(\bar{\varphi}_1) = \overline{\gamma(\varphi_1)}$: c'est $\gamma(\varphi_1)^2 = (\frac{-1}{\varphi})$.

1.1.10 Lemme 4

Soit V l'algèbre $k \times k$. Si $\tau \in X_1(k)$, $\tau \neq 1$, on pose $q_\tau(w) = \tau(w\bar{w})$ où $w\bar{w} = uv$ pour $w = (u,v) \in V$. Alors $q_\tau \in X_2(V)$, q_τ est non dégénéré et $\gamma(q_\tau) = 1$

Si V' est l'algèbre L extension quadratique de k, on pose $q'_\tau(w) = \tau(w\bar{w})$ pour $\tau \in X_1(k)$, $\tau \neq 1$. Alors $q'_\tau \in X_2(V')$, q'_τ est non dégénéré et $\gamma(q'_\tau) = -1$.

Preuve. Il est clair qu'on a des caractères quadratiques non dégénérés.

Dans le premier cas : $\gamma(q_\tau) = \int_{k\times k} \tau(uv)\,du\,dv = \int_k dv \int_k \tau(uv)\,du = 1$.

Dans le second, distinguons suivant la caractéristique p de k :

(i) $p \neq 2$: alors $L = k(\sqrt{d})$ où $d \notin k^{*2}$ et $w\bar{w} = u^2 - dv^2$, donc

$$\int_L \tau(w\bar{w})\,dw = \int_k \tau(u^2)\,du \int_k \overline{\tau(dv^2)}\,dv = (\frac{d}{q}) \left| \int_k \tau(u^2)\,du \right|^2 = -1,$$

par le lemme 3.

(ii) $p = 2$: soit $a \in L$, $a + \bar{a} = 1$, si $-$ désigne la conjugaison de L sur k ; alors 1 et a forment une base de L sur k et $w\bar{w} = a\bar{a}u^2 + uv + v^2$ si $w = ua + v$, d'où

$$\int_L \tau(w\bar{w})\,dw = \int_k (a\bar{a}u^2)\,du\,(\int_k \tau((u-c)v)\,dv)$$

si $\tau(x^2) = \tau(cx)$ (lemme 1) ; c'est donc $\tau(a\bar{a}c^2)$, qui vaut -1 par le lemme 1, puisque $a + \bar{a} = 1$.

1.2. Groupes d'Heisenberg : premier exemple.

1.1.2. Soit $\underline{G}$ un groupe algébrique connexe semi-simple simplement connexe déployé de rang 1 sur le corps k. Fixons un tore maximal $\underline{A}$ de $\underline{G}$. On a alors la décomposition de l'algèbre de Lie $\mathfrak{g}$ de $\underline{G}$ sous l'action de $\underline{A}$:

$$\mathfrak{g} = \mathfrak{a} \oplus \mathfrak{g}_\alpha \oplus \mathfrak{g}_{-\alpha}$$

On fabrique un groupe algébrique nilpotent $\underline{H}$, extension centrale de l'espace vectoriel $\mathfrak{m} = \mathfrak{g}_\alpha + \mathfrak{g}_{-\alpha}$ par $\mathfrak{a}$, ainsi :

(5) $$0 \longrightarrow \mathfrak{a} \xrightarrow{e} \underline{H} \underset{s^\alpha}{\rightleftarrows} \mathfrak{m} \longrightarrow 0 \text{ , où}$$

$$s^\alpha(w)\, s^\alpha(w') = e^{\langle w, w' \check{s}^\alpha \rangle}\, s^\alpha(w+w'),\ w, w' \in \mathfrak{m} \text{ , } \langle w, w' \check{s}^\alpha \rangle = [w_\alpha, w'_{-\alpha}],$$

où on note w_α la composante de w dans $\mathfrak{g}_\alpha$, $w_{-\alpha}$ celle dans $\mathfrak{g}_{-\alpha}$ et e est le passage de la notation additive à la notation multiplicative.

On déduit immédiatement de cette définition que le commutateur de deux éléments de $\underline{\underline{H}}$ est donné par le crochet de leurs projections dans $\mathfrak{m}$; en particulier $\mathfrak{a}$ s'identifie au centre de $\underline{\underline{H}}$ via e, et

$$(s^\alpha(w)\ ,\ s^\alpha(w')) = e^{[w,w']} \quad , \ w,w' \in \mathfrak{m} .$$

La transposée de $\tilde{s}^\alpha$ est $-\tilde{s}^\alpha$.

De plus, si p est la caractéristique du corps k , $(s^\alpha(w))^p = e^{[w_\alpha, \frac{p(p-1)}{2} w_{-\alpha}]}$.

Il en résulte que si $p \neq 2$, le groupe $\underline{\underline{H}}$ est d'exposant p, et qu'en caractéristique 2 le groupe $\underline{\underline{H}}$ est d'exposant 4. Lorsque $k = \mathbb{F}_p$, le groupe $\underline{\underline{H}}(\mathbb{F}_p)$ est un groupe extra spécial ([13]III §13.1).

On dit que $\underline{\underline{H}}$ est un groupe d'Heisenberg associé à l'espace vectoriel $\mathfrak{m}$ muni de l'application bilinéaire alternée $\mathfrak{m}\times\mathfrak{m} \longrightarrow \mathfrak{a}$ définie par le crochet de $\mathfrak{g}$.

1.2.2. Fixons un système de Chevalley $(X_\alpha\ ,\ X_{-\alpha})$ de $\underline{\underline{G}}$, c'est-à-dire une identification du groupe $\underline{\underline{G}}$ avec $\underline{\underline{SL}}_2$, X_α correspondant à $\begin{pmatrix} 0 & 1 \\ 0 & 0 \end{pmatrix}$, $X_{-\alpha}$ à $\begin{pmatrix} 0 & 0 \\ 1 & 0 \end{pmatrix}$. Le groupe $H = \underline{\underline{H}}(k)$ apparaît alors comme extension centrale de $k \times k$ par k :

$$0 \longrightarrow k \xrightarrow{e} H \underset{\underset{s}{\longleftarrow}}{\longrightarrow} k \times k \longrightarrow 0 ,$$

$$s(w)\ s(w') = e^{uv'}\ s(w+w') \quad \text{si} \quad w = (u,v)\ ,\ w' = (u',v') .$$

Posons $p(u) = s((u,0))$, $q(v) = s((0,v))$. Ce sont deux monomorphismes de k dans H, satisfaisant à la relation de commutation

$$(p(u),q(v)) = e^{uv} \quad , \quad u,v \in k .$$

1.2.3. <u>Lemme</u> 5

<u>Pour chaque caractère non trivial τ de $\mathfrak{a}(k)$, il y a une unique classe η_τ de représentations irréductibles du groupe d'Heisenberg</u> $H = \underline{\underline{H}}(k)$ <u>dont la restriction à $\mathfrak{a}(k)$ est τ . Si</u> q <u>est l'ordre de</u> k, <u>elle est de degré</u> q. <u>Le support de son caractère est le centre de</u> H, <u>et</u>

$$\text{(6)} \qquad \operatorname{Tr} \eta_\tau(e^z\ s^\alpha(w)) = \tau(z)\ \delta_{\mathfrak{m}(k)}(w)\ ,\ z \in \mathfrak{a}(k)\ ,\ w \in \mathfrak{m}(k),$$

où $\delta_{\mathfrak{M}(k)}$ désigne la mesure de Dirac à l'origine sur $\mathfrak{M}(k)$ (1.1.3). On a une réalisation η_τ^α de η_τ dans l'espace des fonctions complexes sur $\mathfrak{g}_\alpha(k)$ par les formules suivantes, où $f \in \mathbb{C}^{\mathfrak{g}_\alpha(k)}$, $u \in \mathfrak{g}_\alpha(k)$, $v \in \mathfrak{g}_{-\alpha}(k)$

$$(7) \qquad \eta_\tau^\alpha(s^\alpha(u))\, f(x) = f(x+u) \quad , \quad \eta_\tau^\alpha(s^\alpha(v))\, f(x) = \tau([x,v])\, f(x) .$$

On passe de la réalisation η_τ^α à la réalisation $\eta_\tau^{-\alpha}$ par la transformation de Fourier suivante :

$$f \in \mathbb{C}^{\mathfrak{g}_\alpha(k)} \mapsto \hat{f} \in \mathbb{C}^{\mathfrak{g}_{-\alpha}(k)} \quad : \hat{f}(y) = \int_{\mathfrak{g}_\alpha(k)} \tau([x,y])\, f(x)\, dx .$$

Enfin, les autres classes de représentations irréductibles de H correspondent aux caractères de $\mathfrak{M}(k)$ via la projection (5).

Preuve. Les formules (7) définissent bien une représentation de H, égale à τ sur $\mathfrak{a}(k)$, de degré q. Si un opérateur sur $\mathbb{C}^{\mathfrak{g}_\alpha(k)}$ commute à cette représentation, il commute avec les opérateurs de multiplication par les différents caractères de $\mathfrak{g}_\alpha(k)$: c'est donc lui-même la multiplication par une fonction sur $\mathfrak{g}_\alpha(k)$, qui, en raison de la définition de η_τ^α sur $s^\alpha(\mathfrak{g}_\alpha(k))$, est constante. Ceci montre que η_τ^α est irréductible. Il est immédiat que son caractère est donné par (7), et que la transformation de Fourier échange η_τ^α et $\eta_\tau^{-\alpha}$. Enfin, la somme des carrés des degrés des représentations η_τ^α quand τ parcourt les caractères non triviaux de $\mathfrak{a}(k)$ est $q^2(q-1)$: c'est l'ordre de H moins l'ordre de $\mathfrak{M}(k)$ qui est lui-même la somme des carrés des degrés -1- des représentations de H triviales sur le centre. Le lemme est entièrement prouvé.

1.2.4. Remarques. (i) Si $\chi^{\pm\alpha}$ est un caractère de $\mathfrak{g}_{\pm\alpha}(k)$, on définit la représentation $\eta^\alpha_{\tau,\chi^\alpha,\chi^{-\alpha}}$ par

$$\eta^\alpha_{\tau,\chi^\alpha,\chi^{-\alpha}}(s^\alpha(w_{\pm\alpha})) = \chi^{\pm\alpha}(w_{\pm\alpha})\, \eta^\alpha_\tau\, (s^\alpha(w_{\pm\alpha})) ,$$

si $w_{\pm\alpha} \in \mathfrak{g}_{\pm\alpha}(k)$. C'est une représentation équivalente à η_τ^α, l'opérateur d'entrelacement qui envoie $\eta^\alpha_{\tau,\chi^\alpha,\chi^{-\alpha}}$ sur η^α_τ étant donné par $f \mapsto \eta_\tau(w^*)\, f$, si $w^* \in \mathfrak{M}(k)$ est défini par $\chi^\alpha(w_\alpha)\chi^{-\alpha}(w_{-\alpha}) = \tau([w_\alpha + w_{-\alpha}, w^*])$ pour tous $w_{\pm\alpha} \in \mathfrak{g}_{\pm\alpha}(k)$, et si f est une fonction complexe sur $\mathfrak{g}_\alpha(k)$.

(ii) Les sous-groupes $e^{\mathfrak{a}(k)}\, s^\alpha(\mathfrak{g}_{\pm\alpha}(k))$ sont commutatifs maximaux et invariants dans H ; la représentation $\eta_{\tau,\chi}$ est induite par le caractère $\tau \otimes \chi$ de $e^{\mathfrak{a}(k)}\, s^\alpha(\mathfrak{g}_{-\alpha}(k))$

1.2.5. Le groupe adjoint de $\underline{\underline{G}}$ opère sur le groupe $\underline{\underline{G}}$; le tore maximal déployé $\underline{\underline{A}}^{\vee}$ de ce groupe adjoint qui contient l'image de $\underline{\underline{A}}$ opère sur $\mathfrak{g}$ en conservant $\mathfrak{g}_{\alpha}$ et $\mathfrak{g}_{-\alpha}$, et fixant les éléments de $\mathfrak{a}$. On fait opérer $\underline{\underline{A}}^{\vee}$ sur $\underline{\underline{H}}$, trivialement sur le centre, en imposant que $t \in \underline{\underline{A}}^{\vee}$ opère par $s^{\alpha}(w) \mapsto s^{\alpha}(t.w)$, $w \in \mathfrak{m}$, puisque le 2-cocycle de s^{α} est invariant par $\underline{\underline{A}}^{\vee}$: $[(t.w)_{\alpha}, (t.w)_{-\alpha}] = [w_{\alpha}, w_{-\alpha}]$. Soit $\underline{\underline{D}}$ le produit semi-direct de $\underline{\underline{H}}$ par $\underline{\underline{A}}^{\vee}$, opèrant de cette façon ; c'est un groupe résoluble :

$$(8) \qquad 1 \longrightarrow \underline{\underline{H}} \longrightarrow \underline{\underline{D}} \rightleftarrows \underline{\underline{A}}^{\vee} \longrightarrow 1 .$$

En transcrivant ceci sous la forme 1.2.2., le groupe $D = \underline{\underline{D}}(k)$ apparaît comme le produit semi-direct de H par le groupe multiplicatif k^{*} qui opère par $s((u,v)) \mapsto s((tu,t^{-1}v))$, $u,v \in k$, $t \in k^{*}$.

Remarquons que les deux sous-groupes $e^{\mathfrak{a}} s^{\alpha}(\mathfrak{g}_{\pm\alpha})$ de $\underline{\underline{H}}$ sont invariants par $\underline{\underline{A}}^{\vee}$, et donc restent invariants dans $\underline{\underline{D}}$.

1.2.6. Proposition 1.

Pour chaque caractère non trivial τ *de* $\mathfrak{a}(k)$, *pour chaque caractère* θ *du groupe* $A^{\vee} = \underline{\underline{A}}^{\vee}(k)$, *il y a une unique classe* $\delta_{\tau,\theta}$ *de représentations irréductibles du groupe* $D = \underline{\underline{D}}(k)$ *égale à* τ *sur* $\mathfrak{a}(k)$ *et telle que*

$$\mathrm{Tr}\ \delta_{\tau,\theta}(t) = \theta(t) \quad \textit{si} \quad t \neq 1 , t \in A^{\vee} .$$

On a une réalisation $\delta^{\alpha}_{\tau,\theta}$ *de* $\delta_{\tau,\theta}$ *en prolongeant à* D *la représentation* η^{α}_{τ} *par la formule*

$$(9) \qquad \delta^{\alpha}_{\tau,\theta}(t)\ f(x) = \theta(t)\ f(t^{-1}.x) \quad f \in \mathbb{C}^{\mathfrak{g}_{\alpha}(k)} \quad , t \in A^{\vee} ;$$

le caractère de $\delta_{\tau,\theta}$ *est donné par* (10) *si* $t \neq 1$ *et par* (6) *si* $t = 1$:

$$(10) \qquad \mathrm{Tr}\ \delta_{\tau,\theta}(e^{z}\ t\ s^{\alpha}(w)) = \tau(z)\ \tau(\langle (t-1)^{-1}. w\ ,\ w\ s^{\nu\alpha} \rangle)\ \theta(t) \quad \textit{si} \quad t \neq 1 .$$

Le support de ce caractère est l'ensemble des conjugués de $e^{\mathfrak{a}(k)} A^{\vee}$ *par* D.
Les autres classes de représentations irréductibles de D *sont les suivantes* :

(i) <u>les représentations de degré</u> 1 <u>issues des caractères de</u> $\check{A}$ <u>via</u> (8) ;

(ii) <u>pour chaque caractère</u> μ <u>de</u> $\mathfrak{m}(k)$, $\mu \neq 1$, <u>on définit une représentation irréductible</u> δ_μ <u>de</u> D <u>dans l'espace</u> $\mathbb{C}^{\check{A}}$ <u>par</u>

$$\delta_\mu(e^z\ t\ s^\alpha(w))\ f(x) = \mu(x^{-1}.w)\ f(xt)\ ,\ f \in \mathbb{C}^{\check{A}}\ ,\ t \in \check{A}\ ,\ w \in \mathfrak{m}(k)\ .$$

<u>la classe de</u> δ_μ <u>ne dépend que de l'orbite de</u> μ <u>par l'action de</u> $\check{A}$.

<u>Preuve</u>. On vérifie que (9) est compatible avec l'action de $\check{A}$ qui définit D ; l'irréductibilité de $\delta^\alpha_{\tau,\theta}$ provient de celle de sa restriction η^α_τ à H.

Pour prouver (10), il suffit de la montrer pour z = 0 ; on écrit l'opérateur $\delta_{\tau,\theta}(t\ s^\alpha(w))$ avec un noyau :

$$(\delta_{\tau,\theta}(t\ s^\alpha(w))\ f)\ (x) = \sum_{y \in \mathfrak{g}_\alpha(k)} \theta(t)\ \tau([t^{-1}.x,v])\ \delta(t^{-1}.x + u-y)\ f(y)\ ,$$

d'où la valeur de la trace : $\sum_{x \in \mathfrak{g}_\alpha(k)} \theta(t)\ \tau([t^{-1}.x,v])\ \delta(u-(1-t^{-1}).x)$,

et comme $t \neq 1$, cette somme se réduit au terme $x = (1-t^{-1}).u$, ce qui donne la formule (10).

Les représentations δ_μ sont irréductibles, puisque, si $\mu \neq 1$, aucun $t \neq 1$ de $\check{A}$ ne fixant μ , on peut appliquer un résultat classique (par ex. th. 17, Ch. II de [16]a)). On a bien toutes les représentations irréductibles puisque la somme des carrés des degrés de celles de l'énoncé du lemme vaut

$$(q-1)(q-1)\ q^2 + (q-1) + \frac{q^2-1}{q-1}\ (q-1)^2 = (q-1)\ q^3\ ,$$

c'est l'ordre de D. Il en résulte que la classe $\delta_{\tau,\theta}$ de $\delta^\alpha_{\tau,\theta}$ est caracthérisée par les deux conditions Tr $\delta_{\tau,\theta}(t) = \theta(t)$ si $t \neq 1$, et $\delta_{\tau,\theta}|\mathfrak{a}(k) = \tau$
Enfin, il est immédiat que $e^z\ t\ s^\alpha(w)$ est conjugué à un élément $e^z t_1$ de $e^{\mathfrak{a}(k)}\ \check{A}$, si et seulement si $t \neq 1$, ou $t = 1$ et $w = 0$; dans le premier cas on a alors $t_1 = t$ et $z_1 = z + \langle t-1\rangle^{-1}.\ w\ ,\ w\ \check{s}^\alpha\rangle$. Ceci achève la démonstration.

1.2.7. On réalise les représentations $\delta_{\tau,\theta}$ du groupe D par translations à droite dans un sous-espace de fonctions complexes sur D de la façon suivante : à $f \in \mathbb{C}^{\mathfrak{g}_\alpha(k)}$ on associe $F_f(x) = (\delta_{\tau,\theta}(x)\ f)(0)$, $x \in D$. Ainsi, l'espace de cette représentation est formée des fonctions complexes F sur D telles que

$$F(e^z\ s^\alpha(v)\ t\ x\ ) = \tau(z)\ \theta(t)\ F(x)\ ,\ z \in \mathfrak{a}(k)\ ,\ v \in \mathfrak{g}_{-\alpha}(k)\ ,\ t \in A\ ,$$

On retrouve f par la formule $f(u) = F(s^{\alpha}(u))$, $u \in \mathfrak{g}_{\alpha}(k)$. Un vecteur générateur est donné par la mesure de Dirac à l'origine sur $\mathfrak{g}_{\alpha}(k)$:

$$F(e^{z}\, s^{\alpha}(v)\; t\; s^{\alpha}(u)) = \tau(z)\; \theta(t)\; q^{1/2} \quad \text{si} \quad u = 0,$$

$$= 0 \quad \text{si} \quad u \in \mathfrak{g}_{\alpha}(k) \text{ est non nul} .$$

1.2.8. Soit τ un caractère non trivial de $\mathfrak{a}(k)$. Pour chaque caractère θ de $\check{A}$, la représentation de D induite par le caractère $\tau \otimes \theta$ de $e^{\mathfrak{a}(k)}.\check{A}$ se réalise dans l'espace des fonctions complexes sur $\mathfrak{m}(k)$ par les formules

$$\hat{\delta}_{\tau,\theta}\,(s^{\alpha}(w))\; F(z) = \tau(\langle z, w\tilde{s}^{\alpha}\rangle)\; F(z+w) \;,\; F \in \mathbb{C}^{\mathfrak{m}(k)} \;,\; w \in \mathfrak{m}(k),$$

$$\hat{\delta}_{\tau,\theta}\,(t)\; F(z) = \theta(t)\; F(t^{-1}.z) \quad,\quad t \in \check{A} .$$

Par la réciprocité de Frobenius, la classe de représentations δ_{τ,θ_1} , de D intervient dans $\hat{\delta}_{\tau,\theta}$ avec la multiplicité du caractère θ dans la restriction de δ_{τ,θ_1} à $\check{A}$. La connaissance des caractères donne le résultat suivant, où l'on remarque la multiplicité exceptionnelle de $\delta_{\tau,\theta}$ dans $\hat{\delta}_{\tau,\theta}$.

Lemme 6

Avec les notations précédentes on a la décomposition de la classe de $\hat{\delta}_{\tau,\theta}$:

$$\langle \hat{\delta}_{\tau,\theta} \rangle = 2\,\delta_{\tau,\theta} \oplus \bigoplus_{\theta_1 \neq \theta} \delta_{\tau,\theta_1} .$$

Le projecteur de $\mathbb{C}^{\mathfrak{m}(k)}$ sur le sous-espace de type δ_{τ,θ_1} est donné par

$$F_{\theta_1}(w_o) = \frac{1}{q-1}\left(F(w_o) + \sum_{t \neq 1} \theta(t)\, \overline{\theta_1(t)} \int_{\mathfrak{m}(k)} \overline{\tau(\langle (t-1)^{-1}.w, w\, s^{\alpha}\rangle)}\;\; (\langle w_o, w\, \tilde{s}^{\alpha}\rangle)\; F(w+w_o)\, dw\right)$$

1.2.9. Soit $\underline{\underline{T}}$ un tore défini sur k qui opère sur l'espace vectoriel $\mathfrak{m}$ en conservant chacun des sous-espaces $\mathfrak{g}_{\pm\alpha}$; on a donc $t.\mathfrak{g}_{\pm\alpha} = t^{\pm\alpha}\mathfrak{g}_{\pm\alpha}$ pour un caractère rationnel $\alpha \in X(\underline{\underline{T}})$. Si $\underline{\underline{T}}$ opère k-rationnellement sur $\mathfrak{m}$ (i.e. $\alpha \in X(\underline{\underline{T}})_k$), on forme le produit semi-direct $\underline{\underline{D}}^{T}$ de $\underline{\underline{H}}$ par $\underline{\underline{T}}$

$$1 \longrightarrow \underline{\underline{H}} \longrightarrow \underline{\underline{D}}^{T} \longrightarrow \underline{\underline{T}} \longrightarrow 1 .$$

Soit $D^{T} = \underline{\underline{D}}^{T}(k)$, produit semi-direct de H par $T = \underline{\underline{T}}(k)$. Il résulte de la proposition 1 que, pour chaque caractère non trivial τ de $\mathfrak{a}(k)$, pour chaque caractère θ de T, il existe une unique classe de représentations irréductibles $\delta^{T}_{\tau,\theta}$ de D^{T} égale à $\tau \otimes \theta$ sur $e^{\mathfrak{a}(k)}\,\mathrm{Ker}\,\alpha$, et telle que

$$\mathrm{Tr}\; \delta^{T}_{\tau,\theta}(t) = \theta(t) \quad \text{si } t^{\alpha} \neq 1 \;,\; t \in T .$$

Elle se réalise dans l'espace $\mathbb{C}^{\mathfrak{g}_\alpha(k)}$ en prolongeant η_τ^α à D^T par

$$\delta_{\tau,\theta}^{T,\alpha}(t)\, f(x) = \theta(t)\, f(t^{-1}.x) \quad \text{si} \quad t \in T \quad ,$$

et l'on a

$$\mathrm{Tr}\ \delta_{\tau,\theta}^{T}(e^{z}\, t\, s^{\alpha}(w)) = \tau(z)\, \theta(t) \quad (\langle (t-1)^{-1}.w, \tilde{w} s^{\alpha}\rangle), \quad \text{si } t^{\alpha} \neq 1 \ ,$$

$$\mathrm{Tr}\ \delta_{\tau,\theta}^{T}(e^{z}\, t\, s^{\alpha}(w)) = \tau(z)\, \theta(t)\, \delta_{\mathfrak{m}(k)}(w) \ , \qquad \text{si } t^{\alpha} = 1 \quad .$$

Si on désigne par $\hat{\delta}_{\tau,\theta}^{T}$ la représentation de D^T induite par le caractère $\tau \otimes \theta$ de $e^{\mathfrak{a}(k)}$ T, réalisée dans l'espace des fonctions complexes sur $\mathfrak{m}(k)$ par les formules

$$\hat{\delta}_{\tau,\theta}^{T}(s^{\alpha}(w))\, f(z) = \tau(\langle z, w\tilde{s}^{\alpha}\rangle)\, f(z+w) \quad , \quad w \in \mathfrak{m}(k)\ ,$$

$$\hat{\delta}_{\tau,\theta}^{T}\ (t)\, f(z) = \theta(t)\, f(t^{-1}.z)\ , \ t \in T \quad ,$$

alors le lemme 6 donne immédiatement le résultat suivant : soit $|\alpha|$ l'ordre du conoyau de α , indice de T^{α} dans k^{*}. Les classes de représentations irréductibles de D^T contenus dans $\hat{\delta}_{\tau,\theta}^{T}$ sont les $\delta_{\tau,\theta_1}^{T}$ pour les caractères θ_1 égaux à θ sur le noyau de α ; $\delta_{\tau,\theta}^{T}$ est contenu $|\alpha|$ + 1 fois dans $\hat{\delta}_{\tau,\theta}^{T}$, et, si $\theta_1 \neq \theta$, $\hat{\delta}_{\tau,\theta_1}^{T}$ est contenu $|\alpha|$ fois dans $\hat{\delta}_{\tau,\theta}^{T}$ (θ_1 = θ sur Ker α).

1.3. Groupes d'Heisenberg, deuxième exemple.

1.3.1. Reprenons le groupe $\underline{\underline{G}}$ de 1.3.1. Il y a deux classes de conjugaison (sous $\underline{\underline{G}}(k)$) de tores maximaux de $\underline{\underline{G}}$ définis sur k : celles des tores déployés, celles des tores anisotropes. Si $\underline{\underline{A}}$'est un tore maximal anisotrope, $\mathfrak{a}'$ son algèbre de Lie, il se déploie dans une extension quadratique L de k, de groupe de Galois Γ (en effet, le groupe de Galois d'une extension galoisienne où $\underline{\underline{A}}$'se déploie permute les deux poids α' et $-\alpha'$ de $\underline{\underline{A}}$'dans $\mathfrak{g}$: il n'opère que par un groupe quotient d'ordre 2). L'action de $\underline{\underline{A}}$'sur $\mathfrak{g}$ le décompose en deux sous-espaces

$$\mathfrak{g} = \mathfrak{a}' \oplus \mathfrak{m}' \ ,$$

où, par extension des scalaires à L, $_{L}\mathfrak{m}'$ est la somme $\mathfrak{g}_{\alpha'} \oplus \mathfrak{g}_{-\alpha'}$ des deux sous-espaces radiciels. Si on note par une barre d'action de l'élément non trivial de Γ , $\mathfrak{m}'$ s'identifie aux éléments $w + \overline{w}$, $w \in \mathfrak{g}_{\alpha'}$. Pour $w \in \mathfrak{m}$ on note $w_{\alpha'}$ sa composante dans $\mathfrak{g}_{\alpha'}$, $w_{-\alpha'}$ celle dans $\mathfrak{g}_{-\alpha'}$: on a $\overline{w}_{\alpha'} = w_{-\alpha'}$. Le groupe de Galois Γ opère sur le groupe d'Heisenberg $\underline{\underline{H}}(L)$ associé à L :

$$e^z s^{-\alpha'}(w_{-\alpha'})\, s^{\alpha'}(w_{\alpha'}) \longmapsto e^{\bar z} s^{\alpha'}(\bar w_{-\alpha'})\, s^{-\alpha'}(\bar w_{\alpha'}),$$

si $z \in \mathfrak{a}(L)$, $w_{\pm\alpha'} \in \mathfrak{g}_{\pm\alpha'}(L)$. Comme la trace est surjective de L sur k, la suite exacte (5) de $\underline{\underline{H}}(L)$ en 1.2.1. donne une suite exacte des invariants par Γ :

$$0 \longrightarrow \mathfrak{a}'(k) \longrightarrow \underline{\underline{H}}'(k) \longrightarrow \mathfrak{m}'(k) \longrightarrow 0 ,$$

qui fournit une extension centrale de $\mathfrak{m}'(k)$ par l'algèbre de Lie $\mathfrak{a}'(k)$. Pour que l'élément $e^z s^{-\alpha'}(w_{-\alpha'})\, s^{\alpha'}(w_{\alpha'})$ de $\underline{\underline{H}}(L)$ appartienne à $\underline{\underline{H}}'(k)$, il faut et il suffit que

$$w_{-\alpha'} = \bar w_{\alpha'} \quad \text{et} \quad z - \bar z = [w_{\alpha'}, \bar w_{\alpha'}] .$$

Soit $a_{\alpha'} \in L$ de trace 1 (par rapport à k). Posons $a_{-\alpha'} = \bar a_{\alpha'}$. Si on pose $a = \begin{pmatrix} a_{\alpha'} & 0 \\ 0 & a_{-\alpha'} \end{pmatrix}$, on définit un endomorphisme de $\mathfrak{m}(L) = \mathfrak{g}_{\alpha'}(L) + \mathfrak{g}_{-\alpha'}(L)$. Si on définit alors

$$s'(w) = e^{\langle wa, w\check{s}^{\alpha'}\rangle}\, s^{\alpha'}(w) \quad , \; w \in \mathfrak{m}'(k) ,$$

on a une section $s' : \mathfrak{m}'(k) \longrightarrow H'$ pour laquelle $\check{s}' = a\check{s}^{\alpha'} + a\check{s}^{-\alpha'}$, i.e.

$$s'(w)\, s'(w') = e^{\langle w, w'\check{s}'\rangle}\, s'(w+w') \quad , \; \langle w, w'\check{s}'\rangle = a_{\alpha'}[\bar w_{\alpha'}, w'_{\alpha'}] + \bar a_{\alpha'}[w_{\alpha'}, \bar w'_{-\alpha'}] .$$

Cette section est également celle construite avec $-\alpha'$ au lieu de α'. De plus, on a

$$(s'(w), s'(w')) = e^{[w,w']} \quad , \quad w, w' \in \mathfrak{m}'(k) .$$

Enfin, la forme $\langle w, w'\check{s}'\rangle$ étant non dégénérée, on en déduit que H' est un groupe d'exposant p si la caractéristique p est différente de 2, et que H' est d'exposant 4 en caractéristique 2. Si $k = \mathbf{F}_p$, le groupe H' est un groupe extra-spécial ([13] III § 13.1).

On dit que H' est un groupe d'Heisenberg associé à l'espace vectoriel $\mathfrak{m}'(k)$ muni de l'application bilinéaire alternée à valeurs dans $\mathfrak{a}'(k)$ définie par le crochet de $\mathfrak{g}$.

1.3.2. Remarquons qu'il existe un système de Chevalley $(X_{\pm\alpha'})$ de $\underline{\underline{G}}$ relativement au tore maximal $\underline{\underline{A}}'$, qui est défini sur L et tel que $\overline{X_{\pm\alpha'}} = - X_{\mp\alpha'}$. En effet, si $\bar X_{\alpha'} = - c\, X_{-\alpha'}$, on a $\bar X_{-\alpha'} = - c^{-1} X_{\alpha'}$, et comme $\overline{[X_{\alpha'}, X_{-\alpha'}]} = [- X_{\alpha'}, X_{-\alpha'}]$, $c = \bar c$. Il suffit de prendre $(dX_{\alpha'}, d^{-1}X_{\alpha'})$ où $d \in L$ est de norme égale à c^{-1}, ce qui est possible, k étant fini. Les systèmes de Chevalley qui vérifient la condition $\overleftarrow{X}_{\pm\alpha'} = - X_{\mp\alpha'}$ se déduisent de l'un d'eux par $(X_{\pm\alpha'}) \mapsto (u^{\pm 1} X_{\pm\alpha'})$ où u est dans le sous-groupe $k^{*\prime}$ noyau de la norme $L^* \longrightarrow k^*$.

Ce choix étant fait, le groupe ${}_L\underline{\underline{G}}$ (l'extension des scalaires se note avec un indice à gauche) s'identifie au groupe ${}_L\underline{\underline{SL}}_2$, l'action du groupe de Galois étant $\begin{pmatrix} x & y \\ z & t \end{pmatrix} \mapsto \begin{pmatrix} \bar t & -\bar z \\ -\bar y & \bar x \end{pmatrix}$. Le choix d'une des racines définit un isomorphisme de $\mathfrak{a}'(k)$ sur le noyau k' de la trace $L \to k$ par $z \in k' \mapsto z[X_{\alpha'}, X_{-\alpha'}]$, et un isomorphisme de $\mathfrak{m}'(k)$ avec L par $w \in L \mapsto wX_{\alpha'} + \bar w X_{-\alpha'}$. Le groupe d'Heisenberg H' apparait ainsi comme extension centrale de L par k'

$$(11) \qquad 0 \longrightarrow k' \longrightarrow H' \underset{\overleftarrow{\ s\ }}{\longrightarrow} L \longrightarrow 0 \ ,$$

où s' est donné à l'aide d'un $a \in L$ de trace 1 et avec les notations de 1.2.2. par

$$(12) \qquad s'(w) = e^{-aw\bar w}\ q(-\bar w)\ p(w) = e^{-aw\bar w}\ s((w\ ,- \bar w)) \quad , \ w \in \mathfrak{m}'(k).$$

On a alors

$$s'(w)\ s'(w') = e^{a\bar w w' - \bar a w \bar w'}\ s'(w+w') \quad \text{si} \quad w,w' \in L \ ;$$

on écrira

$$\langle w,w'\check{s}'\rangle = a\bar w w' - \bar a w\bar w' \quad , \quad \text{si } w,w' \in L \ .$$

En caractéristique autre que 2, on prendra a = 1/2 qui a l'avantage d'être fixé par Γ (ce qu'il n'est pas possible de faire en caractéristique 2). Dans ce cas $\langle w,w'\check{s}'\rangle = [w,w']/2$, $w,w' \in \mathfrak{m}'(k)$.
On définit deux applications $p' : k \longrightarrow H'$ et $q' : k' \longrightarrow H'$ par

$$p'(u) = s'(ua) \ , \ u \in k \ ; \ q'(v) = s'(v) \ , \ v \in k'.$$

En caractéristique autre que 2 ce sont des monomorphismes. En caractéristique 2, on a k' = k et les formules d'addition :

$$p'(u+u') = e^{a\bar a uu'}\ p'(u)\ p'(u') \ , \ q'(v+v') = e^{vv'}\ q'(v)\ q'(v') \ .$$

Dans tous les cas, on a, si $w = ua + v \in L$, $u \in \mathbf{k}$, $v \in k'$:

$$(p'(u),q'(v)) = e^{uv} \quad , \quad s'(w) = e^{(a^2+\bar a^2)uv}\ q'(v)\ p'(u) \ .$$

sous cette forme, on voit qu'en caractéristique autre que 2, les groupes d'Heisenberg H et H' sont isomorphes, l'isomorphisme s'obtenant par un choix d'une base b de k' sur k par :

$$p(u) \mapsto p'(u) \quad \text{et} \quad q(v) \mapsto q'(vb) \qquad \text{si } u,v \in k.$$

1.3.3. Lemme 7

Pour chaque caractère non trivial τ de $\mathfrak{a}'(k)$, il y a une unique classe η'_τ de représentations irréductibles du groupe d'Heisenberg H' égale à τ sur $\mathfrak{a}'(k)$. Le degré de η'_τ est l'ordre q de k. Le support de son caractère est le centre de H', et

$$(13) \qquad \operatorname{Tr} \eta'_\tau (e^z s'(w)) = \tau(z)\, \delta_{\mathfrak{m}'(k)}(w) \ , \ z \in \mathfrak{a}'(k) \ , \ w \in \mathfrak{m}'(k) \ ,$$

où $\delta_{\mathfrak{m}'(k)}$ désigne la mesure de Dirac à l'origine sur $\mathfrak{m}'(k)$. En identifiant H' avec l'extension (11) comme ci-dessus, τ devient un caractère τ' de k', et on a une réalisation $\eta'_{\tau'}$ de η'_τ dans l'espace des fonctions complexes sur k par les formules suivantes :

en caractèristique autre que 2, pour $f \in \mathbb{C}^k$, $u \in k$, $v \in k'$:

$$(14) \qquad (\eta'_{\tau'}(p'(u))\, f)(x) = f(x+u) \ , \ (\eta'_{\tau'}(q'(v)\, f)(x) = \tau'(xv)\, f(x) \ ;$$

en caractéristique 2, on a k' = k, soit χ un caractère quadratique de k de caractère associé τ' ; alors, si $f \in \mathbb{C}^k$, $u,v \in k$:

$$(15) \qquad (\eta'_{\tau',\chi}(p'(u))f)(x) = \tau'(a\bar{a}xu)\, f(x+u) \ , \ (\eta'_{\tau',\chi}(q'(v))f)(x) = \chi(v)\, \tau'(xv)\, f(x),$$

où $a \in L$ est un élément de trace 1 par rapport à k.

Les autres représentations irréductibles sont de degré 1 et correspondent aux caractères de $\mathfrak{m}'(k)$.

Preuve. La démonstration a été faite en caractèristique autre que 2. Si elle vaut 2 on vérifie que les formules (15) définissent une représentation de H', dont la restriction au centre est donnée par τ'. L'irréductibilité se prouve comme dans le cas du lemme 5, et le décompte des représentations montre qu'elles sont toutes obtenues.

1.3.4. Ecrivons directement sur H' les résultats précédents, sans utiliser l'isomorphisme 1.3.2. Le choix d'un système de Chevalley $(X_{\pm\alpha'})$ tel que $\bar{X}_{\alpha'} = -X_{-\alpha'}$ donne une décomposition $\mathfrak{m}'(k) = P \oplus Q$ en somme de deux sous-espaces isotropes pour $[\, ,\,]$

et mis en dualité par cette application : $P = k(a_{\alpha'} X_{\alpha'} + \bar{a}_{\alpha'} X_{-\alpha'})$, $Q = k'(X_{\alpha'} - X_{-\alpha'})$. On réalise la représentation η_τ -si $\tau \in X_1(\sigma'(k))$, $\tau \neq 1$ - dans l'espace C^P par les formules

$$\eta'_{\tau,\chi,\chi'}(s'(u))\, f(x) = \chi'(u)\, \tau(\langle x, u\tilde{s}'\rangle)\, f(x+u) \text{ , si } u \in P \text{ ,}$$

$$\eta'_{\tau,\chi,\chi'}(s'(v))\, f(x) = \chi(v)\, \tau([x,\bar{v}])\, f(x) \text{ , si } v \in Q \text{ ,}$$

où χ' est un caractère de P, et χ un caractère quadratique de Q tel que

$$\chi(v)\ \chi(v') = \chi(v+v')\ \tau(\langle v, v'\tilde{s}'\rangle) \text{ ,}$$

(en caractéristique autre que 2, on a vu en 1.3.2. que $\langle P, P\tilde{s}'\rangle = 0$, $\langle Q, Q\tilde{s}'\rangle = 0$, et les formules sont plus simples).

Il est immédiat que $\eta'_{\tau,\chi,\chi'}$ est une représentation et que $\eta'_{\tau,\chi_1,\chi'_1}$ est équivalente à $\eta'_{\tau,\chi_2,\chi'_2}$, un opérateur d'entrelacement étant donné par $\eta'_{\tau,\chi_1,\chi'_1}(s'(w_o))$ si $\chi'_1(u)\, \chi_1(v) = \chi'_2(u)\, \chi_2(v)\, \tau([u+v, w_o])$, pour tous $u \in P$, $v \in Q$.

1.3.5. En caractéristique 2, donnons les opérateurs d'entrelacement entre les représentations $\eta'_{\tau,\chi',1}$ et $\eta''_{\tau,\chi'',1}$ construites avec des a_α, distincts. On note a' l'endomorphisme $\begin{pmatrix} a'_{\alpha'} & 0 \\ 0 & \bar{a}'_{\alpha'} \end{pmatrix}$ de $\mathfrak{M}'(k)$, $a'' = \begin{pmatrix} a''_{\alpha} & 0 \\ 0 & \bar{a}_{\alpha''} \end{pmatrix}$. Indexons par ' les objets relatifs à a', par a'' ceux relatifs à a''. On a $Q' = Q'' = Q$, et si $x \in P'$, sa projection sur P'' est notée $x_{P''}$, sur Q'', $x_{Q''}$,... . La formule (12) donne

$$s'(w) = e^{[w^+(a'+a''), w^-]}\ s''(w) \quad , w \in \mathfrak{M}'(k) \ ;$$

si $w = v \in Q$, cette relation montre que si l'on suppose que $\chi''(v) = \chi'(v)\, \tau([v^+(a'+a''), v])$ - ce qui est loisible par 1.3.4.- l'opérateur d'entrelacenent $f' \in \mathbb{C}^{P'} \longmapsto f'' \in \mathbb{C}^{P'}$ est de la forme $f''(x) = E(x_{P'})\, f'(x_{P'})$. Comme $s'(u) = e^{\langle u(a'+a''), u\check{s}'\rangle}\, s''(u)$ si $u \in P'$ et $s''(u) = e^{\langle u_{Q''}, u_{P''}\tilde{s}''\rangle}\, s''(u_{Q''})\, s''(u_{P''})$ on en déduit, après un petit calcul ($x \in P'$) :

$$E(x+u) = E(x)\, \tau(\langle x_{Q''}, u_{Q''}\check{s}''\rangle)\, \chi''(u_{Q''})^{-1}\, \tau(\langle u(a'+a''), u\check{s}'\rangle)\, \tau(\langle u_{Q''}, u_{P''}\rangle),$$

et donc $E(x) = \chi(x_{Q''})\, \tau(\langle x(a'+a''), x\check{s}'\rangle)\, \tau(\langle x_{Q''}, x_{P''}\check{s}''\rangle)$, $x \in P'$.

1.3.6. En prenant les invariants par l'action de Γ sur le groupe $\underline{\underline{D}}(L) = \underline{\underline{H}}(L)\ \underline{\underline{A}}_1(L)$ on obtient un groupe D' produit semi-direct de H' par le groupe $\check{A}' = \check{\underline{\underline{A}}}'(k)$, si $\check{\underline{\underline{A}}}'$ est le tore maximal du groupe adjoint de $\underline{\underline{G}}$ qui contient l'image de $\underline{\underline{A}}'$.

On dira que le groupe D' est un groupe diamant sur k ([1] ch. IX.2 pour le cas du corps des réels) associé à l'espace vectoriel $\mathfrak{M}'(k)$ muni de l'application alternée [,] à valeurs dans $\mathfrak{A}'(k)$, et à l'action de $\check{A}'$. Remarquons que la section s' est invariante par $\check{A}'$: $t \in \check{A}'$ opère sur s'(w) en donnant s'(t.w).

Reprenons les notations de 1.2.2. et 1.3.2. : le groupe D' apparait comme le produit semi-direct de H' par le groupe $k^{*\prime}$ des éléments de normes 1 dans L^* :

(16) $1 \longrightarrow H' \longrightarrow D' \rightleftarrows k^{*\prime} \longrightarrow 1$.

L'action de $k^{*\prime}$ se lit sur p' et q' par la matrice suivante :

(17)
$$\begin{cases} t^{-1}\, q'(v)\, p'(u)\, t = e^{(a^2+\bar{a}^2)(u'v'-uv)}\, q'(v')\, p'(u') \\ (u'\ v') = (u\ v) \begin{pmatrix} A(t) & a\bar{a}C(t) \\ C(t) & A(t^{-1}) \end{pmatrix} \quad \text{où } A(t) = \bar{a}t + at^{-1}\ ,\ C(t) = t^{-1} - t\ . \end{cases}$$

On remarque que ± 1 sont les seuls éléments de $k^{*\prime}$ pour lesquels $C(t) = 0$, auquel cas $A(t) = t = \pm 1$.

1.3.7. L'action du groupe $\check{A}'$ sur le groupe d'Heisenberg H' fixe les éléments du centre : elle fixe donc aussi les classes des représentations η'_τ. Si on prend une réalisation de η'_τ , on dispose donc d'une famille d'opérateurs d'entrelacements définis à un facteur scalaire près. On va montrer qu'on peut choisir ces opérateurs de façon à ce qu'ils définissent une représentation de $\check{A}'$, autrement dit, que η'_τ se prolonge à D'.

Proposition 2

Pour chaque caractère non trivial τ de $\mathfrak{A}'(k)$, pour chaque caractère θ de $\check{A}'$ il y a une unique classe $\delta'_{\tau,\theta}$ de représentations irréductibles de D', égale à τ sur $\mathfrak{A}'(k)$ et telle que

$$\operatorname{Tr} \delta'_{\tau,\theta}(t) = -\theta(t) \quad \text{si} \quad t \neq 1\ ,\ t \in \check{A}'.$$

On a une réalisation de cette représentation en prolongeant la réalisation du lemme 7 par les formules (21) (resp. 24)) en caractéristique différente de 2 (resp. égale à 2). Le caractère de $\delta'_{\tau,\theta}$ est donné par (18) si $t \neq 1$ et par (13) si $t = 1$ ($z \in \mathfrak{A}'(k)$, $w \in \mathfrak{M}'(k)$, $t \in \check{A}'$) :

(18) $$\operatorname{Tr} \delta'_{\tau,\theta}(e^z\, t\, s'(w)) = -\tau'(z)\, \tau(\langle (t-1)^{-1}.w\ ,\ w\, \tilde{s}'\rangle)\, \theta(t)\ .$$

Le support de ce caractère est l'ensemble des conjugués de $e^{\mathfrak{a}'(k)}\check{A}'$, par D'. Les autres classes de représentations irréductibles de D' sont les suivantes :

(i) les représentations de degré 1 provenant des caractères de $\check{A}'$.

(ii) pour chaque caractère μ' de $\mathfrak{m}'(k)$, $\mu' \neq 1$, on définit une représentation irréductible $\delta'_{\mu'}$ de D' par $\delta'_{\mu'}(e^z\, t\, s'(w))\, f(x) = \mu'(t^{-1}.w)\, f(t.x)$ si f est une fonction complexe sur $\check{A}'$; la classe de $\delta'_{\mu'}$ ne dépend que de l'orbite de μ' par $\check{A}'$.

Preuve : Le groupe $\check{A}'$ opère fidèlement sur $\mathfrak{m}'(k)$ privé de l'origine, donc également sur les caractères non triviaux de $\mathfrak{m}'(k)$; par un résultat de Mackey ([16]a) ch. II, th. 17) il en résulte que les représentations $\delta'_{\mu'}$ sont irréductibles. La somme des carrés de degrés de toutes les représentations énumérées dans la proposition vaut

$$(q-1)(q+1)\, q^2 + (q+1) + \frac{q^2-1}{q+1}\,(q+1)^2 = (q+1)\, q^3 .$$

C'est l'ordre du groupe D'. La proposition sera prouvée si on démontre l'existence des représentations $\delta'_{\tau,\theta}$.

Auparavant, on vérifie l'assertion concernant le support du caractère: pour que $e^z\, ts'(w)$ soit conjugué d'un élément $e^{z'}\, t' \in e^{\mathfrak{a}'(k)}\check{A}'$, il faut et il suffit qu'il existe un w' tel que

$$e^z\, ts'(w) = s'(w')\, e^{z'}\, t'\, s'(w')^{-1} , \text{ i.e. } t = t' ,$$

$$z + \langle w, w'\tilde{s}'\rangle = z', \; w+w' = t^{-1}.w' ;$$

si $t = 1$, il faut $w = 0$; si $t \neq 1$, on a $w' = (t^{-1} - 1)^{-1}.w$ et $z' = z + \langle (t-1)^{-1}.w, w\tilde{s}'\rangle$.

On va construire les représentations $\delta'_{\tau,\theta}$ en suivant la méthode indiquée par Weil ([19], ch. I), qui fournit explicitement les opérateurs. On sépare les cas suivant la valeur de la caractéristique de k.

1.3.8. Preuve de la proposition 2 en caractéristique autre que 2. Soit τ' un caractère non trivial de k' ; on pose $\tau'_1(x) = \tau'(x/2)$. Sur l'espace $\mathbb{C}^k$ des fonctions complexes sur k, espace de la réalisation de $\eta'_{\tau'}$ du lemme 7, on définit les opérateurs suivants (où (u' v') se déduit de (u v) par (17)) :

(19)
$$\begin{cases} (R_{\tau'}(t)f)(u) = \int_{k'} \tau'_1\,(u'v'-uv)\, f(u')\, dv & \text{si } t \neq 1 ,\ t \in k^{*\prime} , \\ (R_{\tau'}(t)\, f)(u) = f(tu) & \text{si } t = \pm 1 ,\quad f \in \mathbb{C}^k . \end{cases}$$

Montrons d'abord la propriété d'entrelacement, à savoir :

$$\text{(i)}\quad R_{\tau'}(t)\,\eta'_{\tau'}(s'(w))\,R_{\tau'}(t^{-1}) = \eta'_{\tau'}(s'(tw)) \quad , \quad w \in L \,,\ t \in k^{*'} .$$

Il suffit de prouver (i) pour $s'(w)$ de la forme $p'(u)$ ou $q'(v)$, si l'on sait que

$$\text{(ii)}\quad R_{\tau'}(t^{-1}) = R_{\tau'}(t)^{-1} \quad , \quad t \in k^{*'} .$$

Cette identité est claire si $t = \pm 1$; sinon, on écrit $R_{\tau'}(t)$ avec un noyau par le changement de variable $v \mapsto u'$: on obtient la formule

$$\text{(19')}\quad (R_{\tau'}(t)f)(x) = \int_k \tau'_1\left(\frac{A(t)x^2 - 2xy + A(t)y^2}{C(t)}\right) f(y)\,dy \quad , \quad t \neq \pm 1$$

Comme $A^{-1}(t) = A(t)$ et $C(t^{-1}) = -\,C(t)$, le noyau de l'opérateur composé $R_{\tau'}(t^{-1})\,R_{\tau'}(t)$ est

$$\int_k \tau'_1\left(2\,\frac{x-y}{C(t)}\,z + \frac{A(t)}{C(t)}\,(y^2 - x^2)\right) dz \,.$$

C'est la mesure de Dirac en x-y, noyau de l'application identité. Maintenant, l'identité (i) pour $s'(w) = p'(u)$ s'écrit, si $C'(t) = C(t)/4$:

$$\text{(i')}\quad R_{\tau'}(t)\quad \eta_{\tau'}(p'(u))\,R_{\tau'}(t)^{-1} = \tau'_1(-A(t)\,C'(t)\,u^2)\,\eta_{\tau}(q'(-u\,C'(t))\,p'(uA(t)))\,;$$

lorsque $t \neq \pm 1$, le noyau du premier membre est

$$\int_k \tau'_1\left[\frac{A(t)\,x^2 - 2xy + A(t)\,y^2}{C(t)} + \frac{A(t)(y+u)^2 - 2(y+u)\,z + A(t)\,z^2}{-\,C(t)}\right] dy$$

$$= \int_k \tau'_1\left[\frac{2y}{C(t)}\,(z - x - A(t)\,u) + \frac{A(t)}{C(t)}\,(x^2 - z^2) + \frac{2z - uA(t)}{C(t)}\,u\right] dy \,.$$

C'est le produit de la fonction de Dirac en $z-x-A(t)u$ par la fonction

$\tau'_1\left[\frac{A(t)}{C(t)}\,(x^2 - z^2) + \frac{2z-A(t)\,u}{C(t)}\,u\right]$. Si on écrit son action sur $f \in \mathbb{C}^k$, on obtient $\tau'_1\left[u\,\frac{1-A(t)^2}{C(t)}\,(2x - A(t)\,u)\right] f(x + A(t)\,u)$, et comme on a $A(t)^2 - C(t)\,C'(t) = 1$, c'est $\tau'_1(-A(t)\,C'(t)\,u^2)\,\tau'(-u\,C'(t)\,x)\,f(x+ A(t)\,u)$: soit $\tau'_1(-A(t)\,C'(t)\,u^2)\,\left[\eta'_{\tau'}(q'(-u\,C'(t))\,p'(u\,A(t)))\,f\right](x)$, et (i') est prouvé.

$$\text{(i")}\quad R_{\tau'}(t)\,\eta_{\tau'}(q'(v))\,R_{\tau'}(t)^{-1} = \tau'_1(-A(t)\,C(t)\,v^2)\,\eta_{\tau}(q'(vA(t))\,p'(-vC(t)))\,;$$

procédons comme ci-dessus : si $t \neq \pm 1$, le noyau du premier membre est

$$\int_k \tau'_1 \left[\frac{A(t)\,x^2 - 2xy + A(t)\,y^2}{C(t)} + 2\,yv + \frac{A(t)\,y^2 - 2yz + A(t)\,z^2}{-\,C(t)}\right] dy$$

$$= \int_k \tau'_1 \left[2y\,(\frac{zx}{C(t)} + v) + \frac{A(t)}{C(t)}\,(x^2 - z^2)\right] dy \quad ,$$

dont la valeur sur $f \in \mathbb{C}^k$ est $\tau'_1(v(2x - v\,C(t))A(t))\,f(x-v\,C(t))$, c'est aussi $\tau'_1(-A(t)\,C(t)\,v^2)\,\tau(A(t)\,vx)\,f(x-vC(t))$: c'est bien le second membre de (i") appliqué à f.

Enfin (i) est clair si $t = \pm 1$, et est donc entièrement prouvé.

(iii) Si $C(t)\,C(t') = 0$, alors $R_{\tau'}(t)\,R_{\tau'}(t') = R_{\tau'}(tt')$.

En raison de (ii), il suffit de le prouver lorsque $C(t') = 0$, ce qui est immédiat, sachant que la matrice (17) dépend multiplicativement de t.

(iv) Si $C(t)\,C(t')\,C(tt') \neq 0$, on a $R_{\tau'}(t)\,R_{\tau'}(t') = \gamma(\varphi)\,R_{\tau'}(tt')$, où φ est le caractère quadratique sur k donné par

$$\varphi(x) = \tau'_1\,(\frac{C(tt')}{C(t)C(t')}\,x^2) \;.$$

Les deux membres, envoyant la représentation irréductible $\eta'_{\tau'}$ sur la même représentation, ne diffèrent que par un scalaire. En regardant les transformés en 0 de la fonction de Dirac à l'origine, on trouve pour le premier membre

$$\int_k \tau'_1\,\left[(\frac{A(t)}{C(t)} + \frac{A(t')}{C(t')})\,y^2\right] dy = \int_k \tau'_1\,(\frac{C(tt')}{C(t)\,C(t')}\,y^2)\,dy = \gamma(\varphi) \;.$$

(v) Avec les notations de (iv): $\gamma(\varphi) = \gamma_{\tau'}(t)\,\gamma_{\tau'}(t')\,\gamma_{\tau'}(tt')^{-1}$ où, pour $C(t) \neq 0$, $\gamma_{\tau'}(t) = \int_k \tau'_1(x^2/C(t))\,dx$

On choisit une base b de k' sur k : $\gamma(\varphi) = \gamma_{\tau'}(\frac{bC(t)}{q})(\frac{b\,C(t')}{q})(\frac{bC(tt')}{q})$ où $\gamma_{\tau'} = \int_k \tau'_1(bx^2)\,dx$, par (3) du lemme 3, d'où (v) .

(vi) $\mathrm{Tr}\,R_{\tau'}(t) = \gamma_{\tau'}(t)\,(\frac{t-2+\bar{t}}{q})$, si $t \neq \pm 1$.

Il suffit d'écrire la trace de $R_{\tau'}(t)$ grâce à (19') : $\int_k \tau'_1(2\,\frac{A(t)-1}{C(t)}\,y^2)\,dy$

et de remarquer que $A(t) = 1$ implique $t = 1$. On applique alors (3).

(vii) On a $(\frac{t-2+\bar{t}}{q}) = -\,\chi(t)$ si $t \neq 1$, où χ est le caractère d'ordre 2 de $k^{*\prime}$.

Comme q+1 divise $\frac{q^2-1}{2}$, les éléments de k^{*} sont des carrés dans L. Si $t \in k^{*}{}'$, $t = x^2$ alors x est de norme 1 ou -1 suivant que $\chi(t) = 1$ ou -1. dans le premier cas, $t-2+\bar{t} = (x-\bar{x})^2$, carré d'un élément non nul de k', donc ce n'est pas un carré dans k^{*}. Dans le second cas, $t-2+\bar{t} = (x+\bar{x})^2$ c'est le carré d'un élément de k^{*}. On a donc (vii).

(viii) Si $\gamma_{\tau'}(t) = \int_k \tau(x^2/2(\bar{t}-t))\,dx$ pour $t \neq \pm 1$, si χ est le caractère d'ordre 2 de k^{*}, on définit une application de k^{*} dans $\mathbb{C}^{*}$ par

$$(20) \qquad \varepsilon_{\tau'}(t) = \overline{\gamma_{\tau'}(t)}\,\chi(t) \quad \text{si} \quad t \neq \pm 1 \ , \quad \varepsilon_{\tau'}(-1) = -1 \ , \quad \varepsilon_{\tau'}(1) = 1 \ .$$

Si pour chaque caractère θ' de $k^{*}{}'$ on pose, où $R_{\tau'}(t)$ est donné par (19) :

$$(21) \qquad \delta'_{\tau',\theta'}(t) = \varepsilon_{\tau'}(t)\,\theta'(t)\,R_{\tau'}(t) \ , \ t \in k^{*}{}' \quad , \quad \delta'_{\tau',\theta'}|H' = \eta'_{\tau',\theta'}$$

on définit une représentation irréductible de D', satisfaisant aux énoncés de la proposition 2, la caractère θ' de $k^{*}{}'$ correspondant au caractère θ de $\check{A}'$.

On vérifie que $\delta'_{\tau',\theta'}$ est une représentation de $k^{*}{}'$ dans $\mathbb{C}^k$: ceci résulte de (ii)-(v) sachant que $\gamma_{\tau'}(-t) = (-1/q)\,\gamma_{\tau'}(t)$ et $(\gamma_{\tau'}(t))^2 = (-1/q) = -\chi(-1)$ par (3) du lemme 3 et par définition de χ. La compatibilité avec l'action de H' est donnée par (i). On a donc une représentation $\delta'_{\tau',\theta'}$ de D' qui prolonge la représentation irréductible $\eta'_{\tau',\theta'}$ de H' : elle est elle-même irréductible. Il reste à montrer la formule (18) pour achever la démonstration de la proposition 2 en caractéristique autre que 2. On remarque d'abord que $s'(w) = e^{uv/2}\,q'(v)\,p'(u)$ si $w = \frac{u}{2} + v$, puisque, si $t \neq \pm 1$, le noyau de l'opérateur $\delta'_{\tau',\theta'}(tq'(v)\,p'(u))$ est donné par

$$\chi(t)\,\overline{\gamma_{\tau'}(t)}\,\theta'(t)\,\tau'_1\left[\frac{A(t)\,x^2 - 2x(y-u) + A(t)(y-u)^2}{C(t)}\right]\tau'((y-u)x),$$

et donc la trace est donnée par l'intégrale sur les x = y ; c'est :

$$\chi(t)\,\overline{\gamma_{\tau'}(t)}\,\theta'(t)\int_k \tau'_1\left(2\,\frac{A(t)-1}{C(t)}\,x^2\right)\tau'_1\left(\left(\frac{1-A(t)}{C(t)}\,u+v\right)x\right)dx.\,\tau'_1\left(\frac{A(t)}{C(t)}\,u^2 - 2uv\right),$$

et, grâce aux formules (3) du lemme 3, et à (vii), ceci vaut

$$-\theta'(t)\,\tau'_1(-uv)\,\tau'_1\left[\frac{A(t)+1}{2C(t)}\,u^2 - \frac{C(t)}{2(A(t)-1)}\,v^2\right] = -\,\theta'(t)\,\tau'\left(-\frac{uv}{2}\right)\tau'_1\left(\frac{1+t}{1-t}\,w\bar{w}\,b^{-1}\right),$$

c'est-à-dire $\mathrm{Tr}\,\delta'_{\tau',\theta'}(tq'(v)\,p'(u)) = -\,\tau'\left(-\frac{uv}{2}\right)\theta(t)\,\tau'(\langle (t-1)^{-1}.w,w\check{s}'\rangle)$, c'est bien la formule (18) lorsque $t \neq -1$. Dans le cas $t = -1$, l'opérateur $\delta'_{\tau,\theta}(-s'(w))$ est $f(x) \longmapsto -\,\theta'(-1)\,\tau'\left(\frac{uv}{2}\right)\tau'(-xv)\,f(-x+u)$, dont la trace est $-\theta'(-1)$: c'est, pour t = -1, la formule (18).

1.3.9. Preuve de la proposition 2 en caractéristique 2. Partant de la représentation $\eta'_{\tau',\chi}$ de H', on définit deux monomorphismes de k dans le groupe unitaire de l'espace $\mathbb{C}^k$, en posant

$$q^*(v) = \chi(v)^{-1}\ \eta'_{\tau',\chi}(q'(v)) \text{ et } p^*(u) = \bar{q}^*(a\bar{a}u)\ \eta'_{\tau',\chi}(p'(u)) .$$

On a alors $(p^*(u),q^*(v)) = \tau'(uv)$. On écrit $s^*(w)$ pour $q^*(v)\ p^*(u)$ si $w = au + v$, et on note H^* le sous-groupe du groupe unitaire de $\mathbb{C}^k$, engendré par les racines $4^{\text{è}}$ de l'unité et l'image de L par s^* : on a donc la suite :

$$1 \longrightarrow \mu_4 \longrightarrow H^* \underset{s^*}{\overset{\longrightarrow}{\longleftarrow}} L \longrightarrow 0 \quad ,$$

avec $s^*(w)\ s^*(w') = \tau'(uv')\ s^*(w+w')$, $w = au + v$, $w' = au' + v'$; on transporte l'action de $k^{*\prime}$ sur H' en une action sur H^*, via l'homomorphisme $\eta'_{\tau',\chi} : H' \to H^*$, qui fixe le centre μ_4. Soit r(t) l'action $s'(w) \mapsto s'(t^{-1}\ w)$ transportée sur H :

(i) $s^*(w)^{r(t)} = \varphi_t(w)\ s^*(w\rho_t)$, où, avec les notations de (17), on a

$$\rho_t = \begin{pmatrix} A(t)+a\bar{a}C(t) & a^2\ \bar{a}^2\ C(t) \\ C(t) & A(\bar{t})+a\bar{a}C(t) \end{pmatrix}$$

, et φ_t est le caractère quadratique sur L : $\varphi_t(w\ ) = \chi(V+a\bar{a}U)\ \chi/v + a\bar{a}u)^{-1}\ \tau'[u(v+a\bar{a}u) + U(V+a\bar{a}U)]$,

si $w = au + v$, $W = aU + V$, $W = w\rho_t$.

Il suffit de transcrire (18) sur $s^*(w) = \chi(v+a\bar{a}u)^{-1}\ \eta'_{\tau',\chi}(q'(v+a\bar{a}u)\ p'(u))$.

On entendra par <u>automorphisme</u> de H^* un automorphisme trivial sur le centre. On note $B_o(H^*)$ le sous-groupe du groupe unitaire de $\mathbb{C}^k$ formé des transformations qui induisent un automorphisme de H^*.

(ii) Si $\varphi \in X_2(k)$, on définit un automorphisme $t(\varphi)$ de H^* par la formule $s^*(w)^{t(\varphi)} = \varphi(u)\ s^*(w\begin{pmatrix}1 & \rho\\ 0 & 1\end{pmatrix})$ si le caractère associé à φ est $u \mapsto \tau(\rho u)$.

Cet automorphisme se relève dans $B_o(H^*)$ en $T(\varphi)\ f = \varphi.f$, et $T(\varphi\varphi') = T(\varphi)\ T(\varphi')$.

(iii) Si $c \in k^*$, on définit un automorphisme d(c) de H^* par la formule $s^*(w)^{d(c)} = \tau'(uv)\ s^*(w\ \begin{pmatrix}0 & c^{-1}\\ c & 0\end{pmatrix})$ si $w = au + v$. Il se relève dans $B_o(H^*)$ en : $(D(c)f)(u) = \hat{f}(c^{-1}\ u)$, où la transformation de Fourier est prise relativement à τ'. On a $D(c)^2 = 1$.

Ces deux assertions se vérifient immédiatement, comme la suivante :

(iv) pour $t \neq 1$, $r(t) = t(\psi_t)\ d(C(t))\ t(\bar{\psi}_t)$ où ψ_t est le caractère quadratique

$$\psi_t(u) = \chi(C(t)^{-1}\ u)\ \chi(A(t)\ C(t)^{-1}\ u)^{-1}\ \tau'(A(t)\ C(t)^{-1}\ u^2) .$$

Avec les notations précédentes, l'automorphisme

$$R_{\tau'}(t) = R_{\tau',\chi}(t) = T(\psi_t)\ D(C(t))\ T(\overline{\psi}_t) \quad \text{si} \quad t \neq 1,\ R_{\tau'}(1) = 1$$

relève $r(t)$ dans $B_o(H^*)$. L'action de $R_{\tau'}(t)$ sur $f \in \mathbb{C}^k$ s'écrit aussi

(22) $\quad (R_{\tau'}(t)\ f)(u) = \int_k \varphi_t(ua+v)f(U)\ dv \quad \text{si} \quad Ua + V = (ua+v)\ \rho_t$ et ρ_t

comme en (i) ;

(v) si $t \in k^{*\prime}$, $R_{\tau'}(t)\ R_{\tau'}(t^{-1}) = 1$.

On a en effet $\overline{\psi}_t = \psi_t^{-1}$ et donc $T(\psi_t)\ D(C(t))\ T(\overline{\psi}_t)\ T(\psi_{\bar{t}})\ D(C(t))\ T(\overline{\psi}_t) = 1$

(cf.(iii)).

(vi) si $t,t',tt' \neq 1$ alors $R_{\tau'}(t)\ R_{\tau'}(t') = \gamma(\varphi)\ R_{\tau'}(tt')$, où $\gamma(\varphi)$ est donné par le caractère quadratique $\varphi = \overline{\psi}_{\bar{t}}\ \psi_{t'}$.

La preuve est exactement la même que celle de (iv) dans 1.3.7.

(vii) $\varphi(u) = \chi(\mu u)\ \tau'(\nu^2 u^2)$ où $\mu^2 = C(tt')\ C(t)^{-1}\ C(t')^{-1}$ et ν est donné par

$$\nu^2 \mu^{-2} = (A(t)+1)\ C(t)^{-1} + (A(t')+1)\ C(t')^{-1} + (A(tt') + 1)\ C(tt')^{-1} .$$

On transforme

$$\varphi(u) = \overline{\psi}_t(u)\ \psi_{t'}(u) = \chi(\frac{A(t)}{C(t)}\ u)\ \chi(\frac{u}{C(t)})^{-1}\ \chi(\frac{A(t')}{C(t')}\ u)^{-1}\ \chi(\frac{u}{C(t')})\ \tau'(\frac{C(tt')}{C(t)C(t')}\ u^2$$

en utilisant le fait que la matrice (17) dépend multiplicativement de t, et de la définition (1) des caractères quadratiques.

(viii) $\gamma(\varphi) = \gamma(\chi)\ \chi(c_{\tau'}\ \nu\mu^{-1})^{-1}$, si $c_{\tau'}$ est donné par $\tau'(u^2) = \tau'(c_{\tau'}u)$.

Ceci est une simple application de (4) du lemme 3.

(ix) $\chi(c_{\tau'}\nu\mu^{-1}) = -\chi(c_{\tau'}(\frac{A(\bar{t})+1}{C(t)})^{1/2})\ \chi(c_{\tau'}(\frac{A(\bar{t}')+1}{C(t')})^{1/2})\ \chi(c_{\tau'}(\frac{A(\overline{tt'})+1}{C(tt')})^{1/2})^{-1}$.

En raison de la forme de $\nu^2\mu^{-1}$, on fait apparaître dans $\chi(c_{\tau}\nu\mu^{-1})$ le produit des 3 termes écrits ou second membre, après quelques calculs, il reste seulement en facteur $\tau(c_{\tau}^2 C(tt')^{-1})$, qui, par définition de $c_{\tau'}$, est égal à $\tau_k(C(tt')^{-1})$;

comme $C(tt')^{-1} = (tt'+1)^{-1}\ (\bar{t}\bar{t}'+1)^{-1}$ avec $(tt'+1)^{-1} \in L$ de trace 1 par rapport à k, le lemme 1 donne le signe - de (ix).

(x) on pose :

(23) $$\varepsilon_{\tau'}(t) = -\int_k \chi(v)^{-1}\ \tau'(v^2(A(t^{-1})+1)\ C(t)^{-1})\ dv \text{ si } t \neq 1 \text{ , et } \varepsilon(1) = 1.$$

Alors $t \longmapsto \varepsilon_{\tau'}(t)\ R_{\tau'}(t)$ est une représentation de $k^{*\prime}$ dans $\mathbb{C}^k$ qui relève l'action de $k^{*\prime}$ sur H^* dans le groupe unitaire.

En effet $\varepsilon_{\tau'}(t)$ est aussi, si $t \neq 1$, $-\overline{\gamma(\chi)}\ \ \chi(c_{\tau'}(\frac{A(t^{-1})+1}{C(t)})^{1/2})$ et donc

$$\gamma(\varphi) = \frac{\varepsilon_{\tau'}(tt')}{\varepsilon_{\tau'}(t)\ \varepsilon_{\tau'}(t')}\text{, lorsque } t,t',tt' \neq 1.$$ Mais on a également $\varepsilon_{\tau'}(t^{-1}) = \varepsilon_{\tau'}(t)^{-1}$ car $\varepsilon_{\tau'}(t)\ \varepsilon_{\tau'}(t^{-1}) = \overline{\gamma(\chi)^2}\ \chi(c_{\tau'})\ \tau_k\ (a\bar{a} + C(t)^{-1})$ qui vaut 1 puisque $\gamma(\chi)^2 = \chi(c_{\tau'})$ (Lemme 3), $\tau_k(a\bar{a}) = \tau_k(C(t)^{-1}) = -1$ (lemme 1). On en déduit donc que, dans tous les cas,

$$\varepsilon_{\tau'}(t)\ R_{\tau'}(t)\ \varepsilon_{\tau'}(t')\ R_{\tau'}(t') = \varepsilon_{\tau'}(tt')\ R_{\tau'}(tt') \quad ,$$

et par construction même de $R_{\tau'}(t)$:

$$(\varepsilon_{\tau'}(t)\ R_{\tau'}(t))\ \ \eta'_{\tau',\chi}(s'(w'))(\varepsilon_{\tau'}(t)\ R_{\tau'}(t))^{-1} = \eta'_{\tau',\chi}(s'(t.w)) \ .$$

(xi) Pour chaque caractère θ' de $k^{*\prime}$, les formules, où $R_{\tau',\chi}(t)$ est donné par (22) et $\varepsilon_{\tau'}(t)$ par (23) :

(24) $$\begin{cases} \delta'_{\tau',\chi,\theta'}|H' = \eta'_{\tau',\chi} \\ \delta'_{\tau',\chi,\theta'}(t) = \varepsilon_{\tau'}(t)\ \theta'(t)\ R_{\tau',\chi}(t) \quad , \quad t \in k^{*\prime} \ , \end{cases}$$

définissent une représentation $\delta'_{\tau',\chi,\theta'}$ de D' dans $\mathbb{C}^k$, prolongeant $\eta'_{\tau',\chi}$, et donc irréductible également. La proposition 2 sera entièrement démontrée en caractéristique 2 si on montre la formule (18), ou encore, que

$$\mathrm{Tr}\ R_{\tau'}(t)\ \eta'_{\tau',\chi}(s'(w)) = -\varepsilon_{\tau'}(t)^{-1}\ \tau'(\langle (t-1)^{-1}.w, w\breve{s}'\rangle) \quad \text{si} \quad t \neq 1 \ .$$

Pour cela on écrit l'opérateur $R_{\tau'}(t)\ \eta'_{\tau',\chi}(s'(w))$ avec un noyau. Comme le noyau $R_{\tau'}(t)$ est $\psi_t(x)\ \tau'(C(t)^{-1}\ xy)\ \bar{\psi}_{\bar{t}}(y)$, celui de $R_{\tau'}(t)\ \eta'_{\tau',\chi}(s'(w))$ est

$$\chi(v)\ \tau'(a\bar{a}u^2)\ \psi_t(x)\ \tau'[C(t)^{-1}\ x(y+u)]\ \bar{\psi}_{\bar{t}}(y+u)\ \tau'(yv)\ \tau(a\bar{a}yu) \ , \text{ si } w = au + v,$$

et la trace est donnée par l'intégrale sur les x = y. En remplaçant ψ_t par sa valeur (iv), on obtient

$$\chi(v)\ \chi(\frac{u}{C(t)})^{-1}\ \chi\ (\frac{A(\bar{t})}{C(t)}\ u)\ \tau'(a\bar{a} + \frac{A(\bar{t})}{C(t)}u^2)\int_k \chi\ (x)\ \tau'(\frac{A(\bar{t})+1}{C(t)}\ x^2 + \frac{A(\bar{t})+1}{C(t)}\ ux + vx)\ dx.$$

Or $\tau'(x^2) = \tau(c_{\tau'}x)$: l'intégrale vaut $\gamma(\chi)\ \chi\Big(c_{\tau'}(\frac{A(\bar{t})+1}{C(t)})^{1/2} + \frac{A(\bar{t})+1}{C(t)} u + v\Big)^{-1}$ =

$$- \varepsilon_{\tau'}(t)^{-1}\, \chi(\frac{A(\bar{t})}{C(t)} u)^{-1} \chi(\frac{u}{C(t)})^{-1} \quad \chi(v)^{-1} \quad \tau'\Big(\frac{A(\bar{t})+1}{C(t)}\, ((\frac{A(\bar{t})+1}{C(t)} u+v)^2 + uv) + \frac{A(\bar{t})}{C(t)^2} u^2\Big)$$

la trace de l'opérateur $R_{\tau'}(t)\, \eta'_{\tau',\chi}(s'(w))$ est ainsi donnée par

$$-\varepsilon_{\tau'}(t)^{-1}\ \tau'\Big[\frac{A(\bar{t})+1}{C(t)}\, (v^2 + uv) + \frac{A(\bar{t})+1}{C(t)} \quad (\frac{A(\bar{t})+1}{C(t)^2} + \frac{A(\bar{t})}{C(t)})u^2\Big] =$$

$$-\varepsilon_{\tau'}(t)^{-1}\ \tau'\Big[\frac{A(\bar{t})+1}{C(t)}\, (a\bar{a}\, u^2 + uv + v^2)\Big] = -\varepsilon_{\tau'}(t)^{-1}\ \tau'(\langle (t-1)^{-1}.\, w, w\check{s}'\rangle\ .$$

En faisant le produit par $\varepsilon_{\tau'}(t)\ \theta'(t)$, on trouve bien la formule (18), le caractère θ de A'_1 correspondant au caractère θ' de $k^{*\prime}$.

1.3.10. Transcrivons les formules (19)-(20)-(21) et (22)-(23)-(24) avec la réalisation 1.3.5. : si H^* est l'image η'_{τ} (H') dans le groupe unitaire de l'espace $\mathbb{C}^P$, $s^*(w)$ pour $w \in \mathfrak{m}'(k)$ désigne l'opérateur $f \longmapsto s^*(w)\, f$ défini par $(s^*(u+v)f)(x) = \tau([x,v])\ f(x+u)$, $u \in P$, $v \in Q$. En transportant l'action de $\check{A}'$ sur H^*, on a la transcription suivante :

$$s^*(w)^{r(t)} = \varphi_t(w)\ s^*(w\,\rho_t) \quad w \in \mathfrak{m}'(k)\ ,\ t \in \check{A}'\ ,$$

où φ_t est un caractère quadratique sur $\mathfrak{m}'(k)$ et ρ_t un endomorphisme de $\mathfrak{m}'(k)$, donnés par les formules suivantes :

- en caractéristique différente de 2 , a = 1/2, et

$$\rho_t = \begin{pmatrix} \frac{t^{-1}+t}{2} & \frac{t^{-1}-t}{2} \\ \frac{t^{-1}-t}{2} & \frac{t^{-1}+t}{2} \end{pmatrix} \quad , \ \varphi_t(w) = \tau(\frac{[u',v']-[u,v]}{2}) \text{ si } w = u + v$$

sur P + Q et $(u'\ v') = (u\ v)\,\rho_t$;

- en caractéristique 2, soit $\bar{a}$ l'endomorphisme de $\mathfrak{m}'(k)$ conjugué de a

(relativement à $\mathfrak{m}'(L) = \mathfrak{g}_{\alpha'}(L) + \mathfrak{g}_{-\alpha'}(L)$, $\bar{a} = \begin{pmatrix} a_{-\alpha'} & 0 \\ 0 & a_{\alpha'} \end{pmatrix}$). Alors

$$\rho_t = \begin{pmatrix} \bar{a}t + at^{-1} + a\bar{a}\ (t+t^{-1}) & a\bar{a}^2(t+t^{-1}) \\ a(t+t^{-1}) & at + \bar{a}t^{-1} + a\bar{a}(t+t^{-1}) \end{pmatrix} \quad \text{et}$$

$$\varphi_t(w) = \frac{\chi(u'\bar{a}+v')\ \tau(\langle u',(u'+v')\check{s}'\rangle)}{\chi(ua+v)\ \tau(\langle u,(u+v)\check{s}'\rangle} \quad \text{si } w = u + v \text{ sur } P + Q\ ,\ (u'v') = (u\ v)\ \rho_t\ .$$

Alors les formules (19) et (22) s'écrivent (on omet l'indice χ en caractéristique 2) :

$$(R_\tau(t)\, f)(x) = \int_Q \varphi_t(x+y)\, f(x')\, dy \quad \text{si} \quad t^{\alpha'} \neq t^{-\alpha'} \;, (x'y') = (xy)\,\rho_t \,,$$

$$\text{et} \quad (R_\tau(t)\, f)(x) = f(t^{-1}.x) \quad \text{si} \quad t^{\alpha'} = t^{-\alpha'} \,,$$

et la représentation $\delta'_{\tau,\theta}$ de D' est donnée par η'_τ sur H' , et sur $\check{A}'$ par

$$\delta'_{\tau,\theta}(t) = \varepsilon_\tau(t)\, \theta(t)\, R_\tau(t) \quad , \quad t \in \check{A}' \,,$$

où $\varepsilon_\tau(t)$ est fourni par Tr $R_\tau(t) = -\overline{\varepsilon_\tau(t)}$ si $t^{\alpha'} \neq 1$, $\varepsilon_\tau(1) = 1$ si $t^{\alpha'} = 1$;

- en caractéristique autre que 2 :

$$\varepsilon_\tau(t) = -1 \text{ si } t^{\alpha'} = -1, \varepsilon_\tau(t) = -\overline{\int_P \tau([x,x(A(t)-1)\; C(t)^{-1}])\, dx} \;, \text{ si } t^{\alpha'} \neq 1 \;;$$

- en caractéristique 2 :

$$\varepsilon_\tau(t) = -\int_Q \tau([y(1+A'(t)) \;, y \quad C(t)^{-1}])\, \overline{\chi(y)}\, dy \;, \text{ si } t^{\alpha'} \neq 1$$

où on a désigné par A(t) , C(t) , A'(t) les coefficients suivants de $w \longmapsto t^{-1}.w$

$$t^{-1}.\, w = w \begin{pmatrix} A(t) & \bar{a}\, C(t) \\ C(t) & A'(t) \end{pmatrix} \qquad \text{dans } \mathfrak{m}'(k) = P + Q \;.$$

1.3.11. Soit $\tau \in X_1(\mathfrak{a}'(k))$ un caractère non trivial de $\mathfrak{a}'(k)$. Pour chaque caractère θ de $\check{A}'$, soit $\hat{\delta}'_{\tau,\theta}$ la représentation de D' qu'induit $\tau \otimes \theta$; on la réalise dans l'espace $\mathbb{C}^{\mathfrak{m}'(k)}$ des fonctions complexes sur L par les formules suivantes, où $F \in \mathbb{C}^{\mathfrak{m}'(k)}$

$$(\hat{\delta}'_{\tau,\theta}(s'(w))\, F)(z) = \tau(\langle z, w\check{s}'\rangle)\, F(z+w) \quad , \quad z,w \in \mathfrak{m}'(k) \,,$$

$$(\hat{\delta}'_{\tau,\theta}(t))F(z) = \theta(t)\, F(t^{-1}\, z) \quad , \quad t \in \check{A}' \,,$$

$$\hat{\delta}'_{\tau,\theta}(e^z) = \tau(z) \quad , \quad \text{si } z \in \mathfrak{a}'(k) \,.$$

La connaissance des caractères des représentations $\delta'_{\tau,\theta}$ donne dans le résultat suivant, où l'on remarque que la classe $\delta'_{\tau,\theta}$ est la seule qui n'apparaît pas dans $\hat{\delta}'_{\tau,\theta}$.

Lemme 8

Avec les notations précédentes, on a la décomposition

$$[\hat{\delta}'_{\tau,\theta}] = \bigoplus_{\theta'\neq\theta} \delta'_{\tau,\theta'} .$$

Le projecteur de $\mathbb{C}^{\mathfrak{m}'(k)}$ sur le sous-espace de type $\delta'_{\tau,\theta'}$ est donné par :

$$F_{\theta'}(w_o) = \frac{1}{q+1}\left[F(w_o) - \sum_{t\neq 1} \theta(t)\,\theta'(t)\int_{\mathfrak{m}'(k)} \tau(\langle (t-1)^{-1}.w,w\tilde{s}'\rangle)\,\tau(\langle w,w_o\tilde{s}'\rangle)\,F(w+w_o)\,dw\right].$$

1.3.12. On obtient une réalisation de la représentation $\delta'_{\tau,\theta}$ de D' en opérateurs de translations à gauche sur des fonctions complexes sur D' en posant $F_f(x) = (\delta'_{\tau,\theta}(x)\,f)(0)$ si $f \in \mathbb{C}^P$; le sous-espace de $\mathbb{C}^{D'}$ obtenu est formé des fonctions F telles que

$$F(e^z x) = \tau(z)\,F(x) \quad \text{si} \quad z \in \mathfrak{a}'(k)$$

$$F(s'(v)\,x) = F(x)\ , \text{ si } v \in Q, \text{ en caractèristique autre que } 2,$$

$$F(s'(v)\,x) = \chi(v)\,F(x) \text{ en caractéristique } 2$$

$$F(tx) = \varepsilon_\tau(t)\theta(t)\int_P S_{\tau,t}(u)F(s'(u)x)\,du\ ,$$ où, pour chaque élément $t \in T$, la fonction $S_{\tau,t}$ sur P est définie par :

- en caractéristique différente de 2 :

$$S_{\tau,t}(u) = \tau\,([u,uA(t)C(t)^{-1}]/2) \quad \text{si} \quad t^{\alpha'} \neq \pm 1\ ,$$
$$S_{\tau,t}(u) = \delta_P(u) \quad \text{si} \quad t^{\alpha'} = \pm 1\ ;$$

- en caractéristique 2 :

$$S_{\tau,t}(u) = \chi(uC(t)^{-1}A'(t))\,\chi(uC(t)^{-1})^{-1}\,\tau([uC(t)^{-1}A'(t),u])\ , \text{ si } t^{\alpha'} \neq 1\ ,$$
$$S_{\tau,t}(u) = \delta_P(u) \quad \text{si} \quad t^{\alpha'} = \pm 1\ , \text{ c'est-à-dire } t^{\alpha'} = 1\ .$$

En prenant pour f la mesure de Dirac à l'origine de P , on obtient un vecteur générateur de cette représentation : c'est essentiellement un caractère quadratique :

$$F_{\tau,\theta}(e^z s'(v)ts'(u)) = \tau(z)\,\varepsilon_\tau(t)\,\theta(t)\,\chi(v)\,S_{\tau,t}(u)\,\tau(\langle u,u\tilde{s}'\rangle)$$

pour $z \in \mathfrak{a}'(k)$, $v \in Q$, $t \in \check{A}'$, $u \in P$ et, en caractéristique autre que 2, $\chi = 1$.

1.3.13. Soit $\underline{\underline{T}}$ un tore défini sur k qui opère sur $\mathfrak{m}$ à travers $\check{\underline{\underline{A}}}'$ (1.3.6). Par $s'(w) \mapsto s'(t.w)$ si $t \in T$, $w \in \mathfrak{m}'(k)$, on fait opérer $T = \underline{\underline{T}}(k)$ sur H' via A' . On écrira $t^{\alpha'}$ pour l'homothétie que définit la restriction de l'action de $t \in T$ sur $\mathfrak{g}_{\alpha'}(L)$: α' est un caractère rationnel de $\underline{\underline{T}}$ défini sur L.

a) Il est alors immédiat qu'on a toutes les représentations du produit semi-direct D^T de H' par T à partir des représentations suivantes :

(i) pour chaque caractère non trivial τ de $\mathfrak{a}'(k)$, pour chaque caractère θ de T, on a une unique classe de représentations irréductibles $\delta^T_{\tau,\theta}$ de D^T telle que

. $\delta^T_{\tau,\theta}$ restreint au produit direct $e^{\mathfrak{a}'(k)} \times \operatorname{Ker} \alpha'$ soit donné par $\tau \otimes \theta$

. $\operatorname{Tr} \delta^T_{\tau,\theta}(t) = -\theta(t)$ si $t^{\alpha'} \neq 1$.

On en a une réalisation dans l'espace $\mathbb{C}^P$ du n° 1.3.5. ainsi :

$\delta^T_{\tau,\theta} \mid H' = \eta'_{\tau,\chi,1}$, avec les notations de 1.3.5., où, si la caractéristique n'est pas 2 on prend $\chi = 1$, et, avec les notations de 1.3.10 :

$\delta^T_{\tau,\theta}(t) = \varepsilon_\tau(\check{t})\,\theta(t)\,R_{\tau,\chi}(\check{t})$ si $t \mapsto \check{t}$ désigne l'application $T \to \check{A}'$;

son caractère est donné par la formule suivante, qui résulte de la proposition 2

$$\begin{aligned}\operatorname{Tr} \delta^T_{\tau,\theta}(e^z\, t\, s'(w)) &= -\tau(z)\,\theta(t)\,\tau(\langle (t-1)^{-1}.w, w\,\check{s}'\rangle) \text{ si } t^{\alpha'} \neq 1 \\ &= \tau(z)\,\theta(t)\,\delta_{\mathfrak{m}'(k)}(w) \quad \text{si } t^{\alpha'} = 1 \quad ;\end{aligned}$$

(ii) les caractères de T donnent des représentations de degré 1 de D^T par la projection $D' \to T$ de noyau H' ;

(iii) pour chaque caractère non trivial μ' de $\mathfrak{m}'(k)$, on définit une représentation irréductible $\delta^T_{\mu'}$ de D^T dans l'espace $\mathbb{C}^{\tilde{T}}$ des fonctions complexes sur l'image de T dans $\check{A}'$ par $\delta^T_{\mu'}(e^z\, t\, s'(w))\, f(x) = \mu'(t^{-1}.w)\, f(tx)$; la classe de $\delta^T_{\mu'}$ ne dépend que de l'orbite de μ' par T.

b) La représentation induite par le caractère $\tau \otimes \theta$ de $e^{\mathfrak{a}'(k)}.T$, sous-groupe de D^T, se réalise dans l'espace $\mathbb{C}^{\mathfrak{m}'(k)}$ par les formules

$$(\hat{\delta}^T_{\tau,\theta}(s'(w))\, F)(z) = \tau(\langle z, w\check{s}'\rangle)\, F(z+w) \quad , \quad w \in \mathfrak{m}'(k) \, ,$$

$$(\hat{\delta}^T_{\tau,\theta}(t)\, F)\,(z) = \theta(t)\, F(t^{-1}.z) \qquad t \in T \; .$$

Le lemme 8 montre que les représentations de D^T contenues dans $\hat{\delta}^T_{\tau,\theta}$ sont de classe $\delta^T_{\tau,\theta'}$ où θ' est un caractère de T qui coïncide avec θ sur $\operatorname{Ker} \alpha'$, chacune étant contenu $|\alpha'|$ fois, sauf $\delta^T_{\tau,\theta}$ qui l'est $|\alpha'| - 1$ fois ($|\alpha'| = [\check{A}':\check{T}]$) .

1.3.14. On a vu en 1.3.2. que changer de système de Chevalley ($X_{\pm\alpha'}$) qui vérifie $\overline{X}_{\alpha'} = - X_{-\alpha'}$ revenait à changer $X_{\alpha'}$ en $u_o X_{\alpha'}$, $X_{-\alpha'}$, en $u_o^{-1} X_{-\alpha'}$ où u_o est un élément de norme 1 dans L. Il en résulte que, si on appelle U_o l'élément de $\check{A}'$ tel que $U_o^{\alpha'} = u_o$, un opérateur d'entrelacement entre la représentation $\delta^T_{\tau,\theta}$ réalisée dans $\mathbb{C}^P$ (avec ($X_{\pm\alpha'}$) comme système de Chevalley), et la représentation $\delta^{T,u_o}_{\tau,\theta}$ réalisée dans $\mathbb{C}^{U_o,P}$ (avec $u_o^{\pm 1} X_{\pm\alpha'}$ comme système de Chevalley) est donné par

$$f \in \mathbb{C}^P \mapsto f' \in \mathbb{C}^{U_o.P} \quad : f'(U_o.x) = (\delta^T_{\tau,1}(U_o)\, f)(x) \quad , \quad x \in P .$$

1.4. Groupes d'Heisenberg, cas général

1.4.1. On se donne un espace vectoriel V sur le corps k, muni de d'une application bilinéaire alternée [,] à valeurs dans un espace vectoriel Z. On dit qu'un groupe H est un groupe d'Heisenberg associé à (V,Z, [,]) si

(i) H est extension centrale de V par Z

$$0 \longrightarrow Z \xrightarrow{e} H \longrightarrow V \longrightarrow 0 ;$$

(ii) il y a une section $s : V \longrightarrow H$ qui est linéaire en ce sens que $s(0) = 1$ et que l'application $\tilde{s}$ de V dans $V' \otimes Z$ (V' est le dual de V) donnée par

$$(25) \qquad s(w)\ s(w') = e^{\langle w, w'\tilde{s}\rangle}\, s(w+w') \quad , \quad \text{si } w,w' \in V ,$$

est linéaire, et définit donc une application bilinéaire de $V \times V$ dans Z; on appellera $\tilde{s}$ le morphisme associé à la section linéaire s ;

(iii) La section de (ii) vérifie la relation de commutation

$$(26) \qquad (s(w),s(w')) = e^{[w,w']} \quad , \quad \text{si } w,w' \in V .$$

De plus, la condition (26) montre que H est commutatif si et seulement si [,] = 0. D'autre part, le groupe H est d'exposant p si le corps k est de caractéristique $p \neq 2$ comme on le voit sur (25), et 4 en caractérisque 2 s'il n'est pas commutatif (auquel cas il est d'exposant 2) .

Désormais on entendra par section d'un groupe d'Heisenberg associé à (V,Z, [,]) une section linéaire $V \to H$.

1.4.2. La condition (26) montre que l'élément $s(w_o)$ est central si et seulement si w_o appartient au noyau N de l'application $[\,,\,]$. Il en résulte que le centre du groupe H est le sous-groupe $e^Z\ s(N)$; on dira que le groupe d'Heisenberg H est <u>non dégénéré</u> si $N = 0$ i.e. si $[\,,\,]$ est non dégénérée. Dans le cas général, la composition de la réduction $V \to V/N$ avec la projection de H sur V donne la suite centrale :

$$(28)\qquad 1 \longrightarrow e^Z\ s(N) \longrightarrow H \longrightarrow V/N \longrightarrow 0$$

où l'application bilinéaire définie par $[\,,\,]$ sur V/N est non dégénérée.

Lorsque $Z = \mathbb{F}_p$ et que H est un groupe d'Heisenberg non dégénéré sur $\mathbb{F}_p$, alors H est un groupe extra-spécial ([13] , III.§13.1).

1.4.3. Soit $\tau \in X_1(Z)$ un caractère de Z; on dira que τ est non dégénéré relativement au groupe d'Heisenberg H si l'application

$$(w,w') \longmapsto \tau([w,w'])\quad ,w,w' \in V\ ,$$

est non dégénérée. Plus généralement, si N^τ est le noyau de cette forme, le quotient de H par le noyau de τ est le groupe H^τ extension centrale de l'espace vectoriel V/N^τ par le groupe $\tau(Z)s(N^\tau)$ (où la loi est donnée par $ts(n) \times t's(n') = tt'\ \tau(\langle n,n'\tilde{s}\rangle)s(n+n')$ si $t,t' \in \tau(Z)$ et $n,n' \in N$).

1.4.4. Donnons-nous un groupe d'Heisenberg H associé à l'espace vectoriel V muni de l'application bilinéaire alternée $[\,,\,]$ à valeurs dans l'espace Z; soit $s : V \to H$ une section (linéaire) de H .

Si s' est une autre section de H , on a $s(w) = e^{g(w)}\ s'(w)$ avec $g(w) \in Z$ et $\langle w,w's\rangle = g(w+w')-g(w) - g(w') + \langle w,w'\tilde{s}\rangle$, ce qui montre que $g : V \to Z$ vérifie une relation de la forme

$$g(w+w') - g(w) - g(w') = \langle w,w'\ \rho_g\rangle$$

où $\rho_g \in \mathrm{Hom}(V,V')\otimes Z$ est symétrique, alterné en caractéristique 2. Le morphisme associé à la section s' est $\tilde{s} + \rho_g$.

a/ En caractéristique 2, si ρ est une application bilinéaire sur V à valeurs dans Z et alternée, elle s'écrit $\rho(w,w') = \varphi(w+w') - \varphi(w) - \varphi(w')$: en effet, dans une base de V on a, si $w = (w_i)$, $w' = (w'_i)$:

$$\rho(w,w') = \sum_{i<j} (w_i w'_j + w_j w'_i)a_{ij}\qquad \text{où } a_{ij} \in Z$$

et on prend $\varphi(w) = \sum_{i<j} w_i w_j a_{ij}$. Il en résulte que pour toute application alternée $\rho \in \mathrm{Hom}(V,V')\otimes Z$, il y a une section de H dont le morphisme est $\tilde{s}+\rho$. Considérons le morphisme $\tilde{s}$ d'une section de H ; il s'écrit $\tilde{s} = \sum_i \tilde{s}_i\ e_i$ sur une base de Z ; comme $\tilde{s}_i - {}^t\tilde{s}_i$ est une forme alternée, il y

a une base de V où sa matrice est

$$\begin{pmatrix} 0 & 1 & 0 \\ 1 & 0 & 0 \\ 0 & 0 & 0 \end{pmatrix}$$

([5] ℓ), §5.1 cor.3); dans cette base la matrice de $\tilde{s}_i$ est somme de la matrice $\begin{pmatrix} 0 & 0 & 0 \\ 1 & 0 & 0 \\ 0 & 0 & 0 \end{pmatrix}$ et d'une matrice diagonale, à une matrice alternée près. On peut donc écrire $\tilde{s} = \sum_i (\tilde{s}_i + d_i) e_i$, où, pour chaque i, il y a une base de V où la matrice de d_i est diagonale et celle de $\tilde{s}_i$ est $\begin{pmatrix} 0 & 0 & 0 \\ 1 & 0 & 0 \\ 0 & 0 & 0 \end{pmatrix}$ à une matrice alternée près, que l'on peut supposer nulle en modifiant éventuellement la section s. Inversement, un tel morphisme définit un groupe d'Heisenberg associé à $(V, Z, [\ ,\ ])$: on a décrit tous les groupes d'Heisenberg en caractéristique 2.

b/ En caractéristique autre que 2, si $\rho \in \mathrm{Hom}(V,V) \otimes Z$ est symétrique, la section $s_\rho(w) = e^{-\langle w, w\rho\rangle/2}\, s(w)$ est linéaire de morphisme $\tilde{s}+\rho$: on peut donc modifier $\tilde{s}$ par un morphisme symétrique quelconque. Remarquons que la section $s_o(w) = e^{\langle w, w\tilde{s}\rangle/2}\, s(w)$, qui correspond au morphisme symétrique $\langle w, w'\tilde{s}\rangle - [w,w']/2$, satisfait à la relation

$$s_o(w) s_o(w') = e^{[w,w']/2}\, s_o(w+w') .$$

On a ainsi prouvé le résultat suivant, qui est un lemme d'unicité en caractéristique autre que 2 :

Lemme 9

Soient H un groupe d'Heisenberg associé à $(V, Z, [\ ,\ ])$ et $s : V \to H$ une section;

(i) en caractéristique 2 les morphismes associés aux sections de H se déduisent de celui de s en lui ajoutant un morphisme alterné quelconque;

(ii) en caractéristique autre que 2, les morphismes associés aux sections de H se déduisent de celui de s en lui ajoutant un morphisme symétrique quelconque; le groupe d'Heisenberg H est isomorphe au groupe d'Heisenberg H_o formé des couples (z,w), $z \in Z$, $w \in V$ avec la loi

$$(z,w)(z',w') = (z+z' + \frac{[w,w']}{2}, w+w') .$$

1.4.5. Lorsque $Z = k$, on dit que V est un espace alterné sur k, et que H est associé à l'espace alterné V.

Lemme 10.

Soit H un groupe d'Heisenberg associé à un espace alterné V. Si N est le noyau de la forme alternée dans V, il y a une décomposition de l'espace V/N en deux sous-espaces isotropes supplémentaires P et Q mis en dualité par la forme alternée sur V/N , et une section s_1 de la suite (28) telle que

$$(29)\quad s_1(w)s_1(w') = e^{[u,v'] + \varphi(u,u') + \psi(v,v')} s_1(w+w') \text{ si } w = u+v, w' = u'+v',$$

sur $P\oplus Q$, où φ (resp. ψ) est une forme bilinéaire antisymétrique sur P(resp. Q); en caractéristique différente de 2, $\varphi=\psi=0$.

Preuve. On prend une décomposition : $V = P\oplus Q\oplus N$ où la matrice de la forme alternée sur V soit $\begin{pmatrix} 0 & -1 & 0 \\ 1 & 0 & 0 \\ 0 & 0 & 0 \end{pmatrix}$ ([5] b), §5.1 cor.3); le quotient V/N s'identifie à $P\oplus Q$. Soit s une section de H .

a/ en caractéristique différente de 2, en modifiant éventuellement la section s, on peut supposer que la matrice de s s'écrit dans la décomposition précédente $\begin{pmatrix} 0 & 0 & 0 \\ 1 & 0 & 0 \\ 0 & 0 & 0 \end{pmatrix}$, et $s_1 = s \mid P\oplus Q$ donne le lemme; remarquons que la forme (29) entraine que φ et ψ sont symétriques et donc nulles : en caractéristique différente de 2, une forme symétrique et antisymétrique est nulle;

b/ en caractéristique 2, on peut de même supposer que la matrice de s est la somme de $\begin{pmatrix} 0 & 0 & 0 \\ 1 & 0 & 0 \\ 0 & 0 & 0 \end{pmatrix}$ et d'une matrice diagonale : $s_1 = s \mid P\oplus Q$ donne l'énoncé.

1.4.6. Reprenons 1.4.3 avec un caractère $\tau \in X_1(Z)$.Les caractères du groupe, $e^Z s(N^\tau)$ qui prolongent τ s'obtiennent à partir des caractères quadratiques ν de N^τ tels que $\nu(w+w') = \nu(w)\nu(w')\tau(\langle w,\tilde{w'}\rangle_s)$, $w, w' \in N^\tau$; si ν est l'un d'eux les autres s'obtiennent en multipliant ν par un caractère quelconque de N^τ . On note $X_2^o(N^\tau)$ l'ensemble de ces caractères quadratiques.

Proposition 3

Soit H un groupe d'Heisenberg associé à $(V,Z,[\ ,\ ])$, muni d'une section s. Pour chaque caractère $\tau \in X_1(Z)$, pour chaque caractère quadratique $\nu \in X_2^o(N^\tau)$ il y a une classe $\mathfrak{H}_{\tau\otimes\nu}$ de représentations irréductibles de H dont le caractère est donné par (30), où $\delta_V^{N^\tau}$ est la mesure de Dirac sur N^τ (1.13)

$$(30) \qquad \mathrm{Tr}\,\eta_{\tau\otimes\nu}(e^{z}s(w)) = \tau(z)\,\nu(w)\,\delta_{V}^{N^{\tau}}(w)\,.$$

Elle se réalise avec les formules (31). *En faisant varier* τ *et* ν *on obtient ainsi toutes les classes de représentations irréductibles de* H .

Preuve. On remarque d'abord que (30) ne dépend pas de la section choisie. Ecrivons le caractère τ de Z à l'aide d'un $z' \in Z'$ via un caractère non trivial τ_o de k : $\tau(z) = \tau_o(<z',z>)$. Le quotient de H par le noyau de z' est le groupe d'Heisenberg $H^{z'}$ extension centrale de V par $<z',Z>$. Le noyau de la forme $(w,w') \longmapsto <z',[w,w']>$ est le sous groupe $N^{z'} = N^{\tau}$ (1.4.3). Par le lemme 9, il y a donc une section s de H et une décomposition $V/N^{\tau} = P^{\tau} \oplus Q^{\tau}$ telles que $H^{z'}$ soit l'extension centrale de V/N^{τ} par $e^{<z',Z>}s(N^{\tau})$ que définit le 2-cocycle $(w,w') \longmapsto <z',[u,v']> + <z',\Phi(u,u')> + <z',\Psi(v,v')>$ si $w = u+v$, $w' = u'+v'$ sur $P^{\tau} \oplus Q^{\tau}$, où Φ et Ψ sont des applications bilinéaires antisymétriques, $\Phi = \Psi = 0$ en caractéristique différente de 2. Notons $s^{\tau} : V/N^{\tau} \longrightarrow H^{z'}$ la section. Si maintenant $\nu \in X_2^o(N^{\tau})$, alors la représentation de $H^{z'}$ induite par le caractère du sous-groupe $e^{<z',Z>}s(N^{\tau})\,s^{\tau}(Q^{\tau})$ défini par

$$e^{<z',z>}s(w)\,s^{\tau}(v) \longmapsto \tau(z)\,\nu(w)\,\chi(v)\ , \quad z \in Z,\ w \in N^{\tau},\ v \in Q^{\tau},$$

où χ est un caractère quadratique de Q^{τ} tel que $\chi(v+v') = \chi(v)\chi(v')\,\tau(\psi(v,v'))$, se réalise dans l'espace $\mathbb{C}^{P^{\tau}}$ par les formules suivantes, $f \in \mathbb{C}^{P^{\tau}}$:

$$(31) \qquad \begin{aligned} &(\eta_{\tau\otimes\nu,\chi}(s^{\tau}(u))f)(x) = \tau(\Phi(x,u))\,f(x+u) && \text{si } u \in P^{\tau} \\ &(\eta_{\tau\otimes\nu,\chi}(s^{\tau}(v)f)(x) = \chi(v)\,\tau([x,v])\,f(x) && \text{si } v \in Q^{\tau} \\ &(\eta_{\tau\otimes\nu,\chi}(e^{<z',z>}s(w))f)(x) = \tau(z)\,\nu(w)f(x) && \text{si } z \in Z\ ,\ w \in N^{\tau}\ ; \end{aligned}$$

comme $(u,v) \longmapsto \tau([u,v])$ met P_1^{τ} et Q^{τ} en dualité, cette représentation est irréductible : le raisonnement est celui de la preuve du lemme 5. Cette représentation irréductible de $H^{z'}$ définit donc une représentation irréductible de H , et il est immédiat que son caractère est donné par (30).

Cette formule du caractère montre aussi que $\eta_{\tau_1\otimes\nu_1}$ est équivalente à $\eta_{\tau_2\otimes\nu_2}$ si et seulement si $\tau_1 = \tau_2$ et $\nu_1 = \nu_2$. Si on fait alors la somme des carrés des degrés de toutes ces représentations, on obtient l'ordre de H :

$$\sum_{X_1(Z)} q^{\operatorname{codim} N^{\tau}}\ \mathrm{Card}\, X_2^o(N^{\tau}) = \sum_{X_1(Z)} q^{\dim V} = q^{\dim V + \dim Z}$$

1.4.7. Soient n groupes d'Heisenberg H_i associés respectivement à $(V_i, Z_i, [\ ,\ ]_i)$. Leur produit direct $\prod_i H_i$ est alors un groupe d'Heisenberg associé à $(\bigoplus_i V_i, \bigoplus_i Z_i, \bigoplus_i [\ ,\ ]_i)$. On dit qu'un groupe d'Heisenberg H est *produit central* des n groupes d'Heisenberg H_i , et on écrit $H = \bigodot_i H_i$, s'il existe un morphisme surjectif σ de $\prod_i H_i$ sur H qui définisse un isomorphisme de $\prod_i V_i$ sur V. Si $s_i : V_i \longrightarrow H_i$ désigne pour tout i une section de H_i, alors $\sigma(\prod_i s_i)$ est une section de H qu'on notera $\bigodot_i s_i$. Lorsque tous les Z_i sont identiques à un même espace vectoriel Z, on appelle produit central des groupes d'Heisenberg H_i l'extension centrale de $V = \bigoplus V_i$ par Z donnée par les couples $(z,w) \in Z \times V$ avec la loi : $(z,w).(z',w') = (z+z'+\sum \langle w_i, w_i' \tilde{s}_i \rangle, w+w')$, où, pour tout i, $\tilde{s}_i$ désigne le morphisme associé à une section s_i de H_i, et $w = \sum w_i$ est la décomposition de w sur $\bigoplus V_i$. Dans ce cas, si τ est un caractère de Z, le noyau $N^{\tau} \subset V$ est la somme directe des noyaux $N_i^{\tau} \subset V_i$; on désignera par $\bigodot \eta_{\tau \otimes \nu_i}$, pour $\nu_i \in X_2^o(N_i^{\tau})$, la représentation $\eta_{\tau\otimes\nu}$ de H où $\nu = \bigodot \nu_i$ appartient à $X_2^o(N^{\tau})$; si $\eta_{\tau\otimes\nu_i}$ est réalisée dans l'espace E_i, la représentation $\eta_{\tau\otimes\nu}$ se réalise dans $\bigotimes E_i$ par la formule suivante, où $z \in Z$ et $w = \sum w_i \in V = \bigoplus V_i$:

$$(32) \qquad \eta_{\tau\otimes\nu}(e^z s(w)) = \tau(z) \bigotimes_i \eta_{\tau\otimes\nu_i}(s_i(w_i)).$$

Si de plus il y a un groupe T qui opère sur chacun des H_i en fixant Z et tel que les représentations $\eta_{\tau\otimes\nu_i}$ se prolongent aux produits semi-directs $T.H_i$ en des représentations $\delta_{\tau\otimes\nu_i}$, alors T opère sur H en fixant Z et la représentation $\bigodot \eta_{\tau\otimes\nu_i}$ se prolonge au produit semi-direct $T.H$ en une représentation $\delta_{\tau\otimes\nu}$ par la formule $\delta_{\tau\otimes\nu}(t) = \bigotimes \delta_{\tau\otimes\nu_i}(t)$, $t \in T$.

1.4.8. Soit H un groupe d'Heisenberg associé à un espace vectoriel alterné V sur le corps k ; c'est le groupe des points rationnels sur k d'un groupe algébrique nilpotent $\underline{\underline{H}}$, extension centrale d'un espace vectoriel $\underline{\underline{V}}$ défini sur k, par le groupe additif $\underline{\underline{G}}_a$. On en a une réalisation explicite de la façon suivante : appelons d la dimension de V, fixons une section linéaire $s : V \longrightarrow H$ dont la matrice est S relativement à une base de V ; le groupe $\underline{\underline{H}}$ s'identifie alors au sous-groupe de $\underline{\underline{GL}}_{d+2}$ formé des matrices :

$$\begin{pmatrix} 1 & 0 & 0 \\ x & I_d & 0 \\ z & y & 1 \end{pmatrix} \qquad \text{où } x \text{ est la transposée de } yS .$$

On suppose maintenant que l'espace V est non dégénéré, et on se donne un tore $\underline{\underline{T}}$ défini sur k qui opère k-rationnellement sur $\underline{\underline{H}}$ en fixant les éléments du centre $\underline{\underline{G}}_a$. Le tore $\underline{\underline{T}}$ opère donc sur l'espace alterné $\underline{\underline{V}}$: $[t.w,t.w'] = [w,w']$ pour $w,w' \in \underline{\underline{V}}$ et $t \in \underline{\underline{T}}$.

On dit qu'une section $s : \underline{\underline{V}} \longrightarrow \underline{\underline{H}}$ définie sur k est invariante par $\underline{\underline{T}}$ si $t \in \underline{\underline{T}}$ opère sur $s(w)$ en donnant $s(t.w)$. Cette condition entraine l'invariance du morphisme $\tilde{s}$ sous l'action de $\underline{\underline{T}}$:

$$\langle t.w,(t;w')\tilde{s} \rangle = \langle w,w's \rangle \quad , \quad w,w' \in \underline{\underline{V}} \ ; \ t \in \underline{\underline{T}}.$$

En caractéristique différente de 2 , si s est une section invariante par $\underline{\underline{T}}$, la section $s_o(w) = e^{\langle w,w\tilde{s}\rangle/2} s(w)$ l'est aussi (cf.1.4.3 b).

1.4.9. Soit $\underline{\underline{H}}$ un groupe d'Heisenberg non dégénéré associé à l'espace alterné $\underline{\underline{V}}$ muni d'un tore $\underline{\underline{T}}$ qui opère sur $\underline{\underline{H}}$ en fixant les éléments du centre. On suppose qu'il existe une section s invariante par $\underline{\underline{T}}$, et que $\underline{\underline{H}}$, $\underline{\underline{T}}$ et s sont définis sur k .

On note L une extension finie de k où le tore $\underline{\underline{T}}$ se déploie, et Γ le groupe de Galois de L sur k ; l'application $x \mapsto x^q$ engendre Γ, si q est l'ordre de k . Le groupe Γ opère sur $\underline{\underline{H}}$, $\underline{\underline{V}}$ et $\underline{\underline{T}}$; on notera $x \mapsto x^{(q)}$ l'action du générateur précédent sur un élément de $\underline{\underline{H}}$ ou de $\underline{\underline{V}}$ ou de $\underline{\underline{T}}$.On désigne par $P = P(\underline{\underline{V}},\underline{\underline{T}})$ l'ensemble des poids de $\underline{\underline{T}}$ dans $\underline{\underline{V}}$, et par $R = R(\underline{\underline{V}},\underline{\underline{T}})$ l'ensemble de ces poids qui sont non nuls.On indexera à gauche par L les groupes algébriques obtenus par extension des scalaires de k à L à partir des groupes algébriques définis sur k.

Le groupe ${}_L\underline{\underline{T}}$ décompose l'espace vectoriel ${}_L\underline{\underline{V}}$:

${}_L\underline{\underline{V}} = \bigoplus_{\alpha \in P} \underline{\underline{V}}^\alpha$ où $\underline{\underline{V}}^\alpha$ est le sous espace des vecteurs de poids

a/ Si $t \in \underline{\underline{T}}$ avec $[t.\underline{\underline{V}}^\alpha, t.\underline{\underline{V}}^\beta] = t^{\alpha+\beta}[\underline{\underline{V}}^\alpha,\underline{\underline{V}}^\beta]$ et donc $[\underline{\underline{V}}^\alpha, \underline{\underline{V}}^\beta] = 0$ lorsque $\alpha+\beta \neq 0$. Comme la forme alternée [,] de $\underline{\underline{V}}$ est non dégénérée, il en résulte qu'on met $\underline{\underline{V}}^\alpha$ et $\underline{\underline{V}}^{-\alpha}$ en dualité par

$$x \in \underline{\underline{V}}^\alpha , \quad y \in \underline{\underline{V}}^{-\alpha} \longmapsto [x,y] \in {}_L\underline{\underline{G}}_a .$$

En particulier, la restriction de la forme alternée à $\underline{\underline{V}}^o$ est non dégénérée. Pour chaque élément $\pm\alpha \in R(\underline{\underline{V}},\underline{\underline{T}})/\pm 1$ on définit un groupe d'Heisenberg $\underline{\underline{H}}^{\pm\alpha}$ associé à l'espace alterné dégénéré $\underline{\underline{V}}^\alpha \oplus \underline{\underline{V}}^{-\alpha}$:

$$0 \longrightarrow {}_L\underline{\underline{G}}_a \xrightarrow{\ \epsilon\ } \underline{\underline{H}}^{\pm\alpha} \longrightarrow \underline{\underline{V}}^\alpha \oplus \underline{\underline{V}}^{-\alpha} \longrightarrow 0 ,$$

en imposant l'existence d'une section s^α telle que

$$s^\alpha(w)\, s^\alpha(w') = e^{[w^\alpha, w'^{-\alpha}]} s^\alpha(w+w') \quad , w,w' \in \underline{\underline{V}}^\alpha \oplus \underline{\underline{V}}^{-\alpha} .$$

On pose : $s^{-\alpha}(w) = e^{[w^\alpha,\, w^{-\alpha}]} s^\alpha(w)$: $s^{-\alpha}(w)s^{-\alpha}(w') = e^{[w^{-\alpha}, w'^\alpha]}\ s^{-\alpha}(w+w')$.

Le sous-espace $\underline{\underline{V}}_o$ des points fixes de $\underline{\underline{T}}$ dans $\underline{\underline{V}}$ est défini sur k : $\underline{\underline{V}}^o = {}_L\underline{\underline{V}}_o$; la restriction de s à $\underline{\underline{V}}_o$ définit un groupe d'Heisenberg non dégénéré $\underline{\underline{H}}_o$; soit $\underline{\underline{H}}^o = {}_L\underline{\underline{H}}_o$, et on note s^o la section ${}_Ls_o$. Le groupe $\underline{\underline{T}}$ opère trivialement sur $\underline{\underline{H}}_o$, et donc ${}_L\underline{\underline{T}}$ trivialement sur $\underline{\underline{H}}^o$.

On forme alors le produit central $\bigodot_{P/\{\pm 1\}} \underline{\underline{H}}^{\pm\alpha}$ associé à ${}_L\underline{\underline{V}}$ (1.4.7.). Le choix d'un relèvement P^+ de $P/\{\pm 1\}$ dans P définit une section s^{P^+} de ce groupe pour laquelle on a, si w^* désigne la projection de w sur $\underline{\underline{V}}^* = \bigoplus_{\alpha \in R} \underline{\underline{V}}^\alpha$, et $w^*(P^\pm)$ ses composantes dans $\bigoplus_{\alpha \in \pm P^+} \underline{\underline{V}}^\alpha$:

$$s^{P^+}(w)s^{P^+}(w') = e^{\langle w^o, w'^o \tilde{s}^o \rangle + [w^*(P^+), w^*(P^-)]} s^{P^+}(w+w') \quad , \; w,w' \in {}_L\underline{\underline{V}} \; .$$

En caractéristique différente de 2 , le lemme 9 implique l'isomorphisme de ce groupe $\bigodot_{P/\{\pm 1\}} \underline{\underline{H}}^{\pm\alpha}$ avec ${}_L\underline{\underline{H}}$: on a donc, à une forme bilinéaire symétrique près $\widetilde{\bigodot_{P^+} s^\alpha} = \tilde{s}$. En caractéristique 2 , ce même lemme donne :

$$\langle w, w' \tilde{s} \rangle = \langle w, w' \widetilde{\bigodot_{P^+} s^\alpha} \rangle = \sum_R \varphi_\alpha(w^\alpha, w'^\alpha) + \psi(w,w') \quad , \; w,w' \in {}_L\underline{\underline{V}} \; ,$$

où ψ est alternée et chaque φ_α antisymétrique. En écrivant l'invariance de $\tilde{s}$ sous ${}_L\underline{\underline{T}}$ on en déduit $\varphi_\alpha = 0$ pour tout poids $\alpha \in R$. On a donc $\widetilde{\bigodot_{P^+} s^\alpha} \equiv \tilde{s}$, à une forme alternée près. Ainsi dans les deux cas, le groupe ${}_L\underline{\underline{H}}$ est isomorphe à $\bigodot_{P/\{\pm 1\}} \underline{\underline{H}}^{\pm\alpha}$.

Lemme 11

Soit $\underline{\underline{H}}$ un groupe d'Heisenberg algébrique sur k associé à un espace alterné non dégénéré $\underline{\underline{V}}$. On se donne un tore $\underline{\underline{T}}$, défini sur k , qui opère sur $\underline{\underline{H}}$ en fixant les éléments du centre. On suppose que $\underline{\underline{H}}$ possède une section (linéaire) $s : \underline{\underline{V}} \longrightarrow \underline{\underline{H}}$ définie sur k et invariante par l'action de $\underline{\underline{T}}$. Alors le groupe ${}_L\underline{\underline{H}}$, où L est une extension de k où $\underline{\underline{T}}$ se déploie, est isomorphe au produit central $\bigodot_{P/\{\pm 1\}} \underline{\underline{H}}^{\pm\alpha}$ défini ci-dessus.

b/ On dit que l'orbite $\Gamma\alpha$ d'un poids $\alpha \in P$ par le groupe de Galois Γ est symétrique si $-\alpha \in \Gamma\alpha$, et non symétrique si $-\alpha \notin \Gamma\alpha$. Si pour chaque orbite Ω du groupe $\pm\Gamma$ dans P on définit $i(\Omega)$ par $2i(\Omega) = \text{Card}\,\Omega$, on a $i(0) = 1/2$ si $0 \in P$, et, si $\Omega \neq 0$, $i(\Omega)$ est un entier.

Si α a une orbite symétrique, le sous-espace de $\underline{\underline{V}}$ de poids α est défini sur l'extension de degré $2i(\Gamma\alpha)$ de k contenue dans L , soit $k_{2i(\Omega)}$ si $\Omega = \Gamma\alpha$. Si l'orbite de α est non symétrique, ce sous-espace est défini sur l'extension $k_{i(\Omega)}$ de degré $i(\Omega)$ de k contenue dans L , $\Omega = \Gamma\alpha \bigcup -\Gamma\alpha$.

Fixons un relèvement $P^+(T)$ de $P/\pm\Gamma$ dans P^+ ; on pose $R^+(T) = R \cap P^+(T)$. On écrit $\alpha > 0$, relativement à ce relèvement, pour un poids $\alpha \in R$ si

- ou bien $\alpha \in \Gamma\beta$, $\beta \in R^+(T)$, $\Gamma\beta$ étant une orbite non symétrique;
- ou bien $\alpha \in \Gamma\beta$, $\beta \in R^+(T)$, $\Gamma\beta$ étant symétrique et $\alpha = \beta^{(q)^i}$, $0 \leq i < i(\Gamma\beta)$.

On écrit $\alpha < 0$ si $-\alpha > 0$. Pour chaque poids $\alpha \in R$, on note $\hat{\alpha}^+$ relativement au relèvement $P^+(T)$) l'ensemble de $\beta > 0$ appartenant à $\pm\Gamma\alpha$, et $\hat{\alpha}^- = -\hat{\alpha}^+$:

. $\hat{\alpha}^+ = \Gamma\alpha$ si $\alpha > 0$ a son orbite non symétrique,

. $\hat{\alpha}^+ = -\Gamma\alpha$ si α 0 a son orbite non symétrique,

. $\hat{\alpha}^+$ est formé des $\beta^{(q)^i}$ si l'orbite de α est symétrique : $\alpha \in \Gamma\beta$, $\beta \in R^+(T)$, et $0 \leq i < i(\Gamma\beta)$; dans ce cas $\hat{\alpha}^+ \cup \hat{\alpha}^- = \Gamma\alpha$.

Pour chaque orbite Ω de $\pm\Gamma$ dans P, soit V_Ω le sous-espace de V formé des vecteurs de la somme directe des $\underline{\underline{V}}^\beta(L)$, $\beta \in \Omega$, qui sont fixés par Γ. On a donc

$$V = \bigoplus_{P/\pm\Gamma} V_\Omega \quad , \dim V_\Omega = 2i(\Omega) m_\Omega \qquad \text{où} \quad m_\Omega = \dim \underline{\underline{V}}^\alpha \text{ si } \alpha \in \Omega .$$

Le fixateur dans Γ d'un poids $\alpha \in P$ ne dépend que de l'orbite Ω de α par $\pm\Gamma$; on le note Γ_Ω. Le groupe quotient Γ/Γ_Ω s'identifie au groupe de Galois du corps de définition de $\alpha \in \Omega$: c'est $\mathrm{Gal}(k_{i(\Omega)}/k)$ si Ω provient d'une orbite non symétrique, et $\mathrm{Gal}(k_{2i(\Omega)}/k)$ si Ω provient d'une orbite symétrique.

Soit α un poids. On définit un isomorphisme Tr_α ainsi, où $\Omega = \pm\Gamma\alpha$:

. de $\underline{\underline{V}}^\alpha(k_{2i(\Omega)})$ sur V_Ω, par $w \longmapsto \sum_{\Gamma/\Gamma_\Omega} \gamma w = \sum_{0 \leq i < 2i(\Omega)} w^{(q)^i}$ si $\Gamma\alpha$ est symétrique; on notera dans ce cas par une barre l'action de $q^{i(\Omega)}$: elle envoie $\underline{\underline{V}}^\alpha(k_{2i(\Omega)})$ sur $\underline{\underline{V}}^{-\alpha}(k_{2i(\Omega)})$, et

$$\mathrm{Tr}_\alpha(w) = \sum_{0 \leq i < i(\Omega)} (w+\bar{w})^{(q)^i} \quad ;$$

. de $\underline{\underline{V}}^\alpha(k_{i(\Omega)}) \oplus \underline{\underline{V}}^{-\alpha}(k_{i(\Omega)})$ sur V_Ω par $u+v \mapsto \sum_{\Gamma/\Gamma_\Omega} \gamma(u+v) = \sum_{0 \leq i < i(\Omega)} (u+v)^{(q)^i}$ si $\Gamma\alpha$ est non symétrique; si $\omega = \Gamma\alpha$, on notera $V_{\pm\omega}$ l'image de $\underline{\underline{V}}^{\pm\alpha}(k_{i(\Omega)})$: $V_\Omega = V_\omega \oplus V_{-\omega}$; ces deux sous-espaces ne dépendent que de ω, et pas du choix de α dans ω.

c/ On forme le produit central $\bigodot_{\Omega/\pm 1} \underline{\underline{H}}^{\pm\beta}$: c'est un groupe d'Heisenberg associé à l'espace vectoriel $\bigoplus_{\Omega/\pm 1} (\underline{\underline{V}}^\beta + \underline{\underline{V}}^{-\beta})$. Tout élément du groupe $\bigodot_{\Omega/\pm 1} \underline{\underline{H}}^{\pm\beta}(L)$ s'écrit de façon unique sous la forme

$$e^z \prod_{\hat{\alpha}^+} s^{-\beta}(w^{-\beta})\, s^\beta(w^\beta) \ , \ z \in L \ , \ w^{\pm\beta} \in \underline{\underline{V}}^{\pm\beta}(L), \ \Omega = \pm\Gamma\alpha .$$

Il en résulte qu'on fait opérer le groupe de Galois sur $\bigodot_{\Omega/\pm 1} \underline{\underline{H}}^{\pm\beta}$ ainsi :

$$\Big(e^{z} \prod_{\hat{\alpha}+} s^{-\beta}(w^{-\beta})\, s^{\beta}(w^{\beta})\Big)^{(q)} = e^{z^{(q)}} \prod_{\hat{\alpha}+} s^{-\beta^{(q)}}\big((w^{-\beta})^{(q)}\big) s^{\beta^{(q)}}\big((w^{\beta})^{(q)}\big).$$

Si on désigne par H_{Ω} le groupe des invariants de $\bigodot_{\Omega/\pm 1} H^{\pm\beta}(L)$ par Γ, c'est une extension de V_{Ω}, points fixes de $\bigoplus_{\Omega} \underline{\underline{V}}^{\beta}(L)$ par Γ, par le groupe additif de k :

$$0 \longrightarrow k \longrightarrow H_{\Omega} \longrightarrow V_{\Omega} \longrightarrow 0 .$$

Avec le choix d'une orbite ω de Γ dans $P(\underline{\underline{T}},\underline{\underline{V}})$ qui se projette sur Ω (i.e. $\Omega = \omega \cup -\omega$), on va construire une section $s_{\omega} : V_{\Omega} \longrightarrow H_{\Omega}$:

(i) Si l'orbite ω est non symétrique, on pose

$$s_{\omega}(w) = \bigodot_{\omega} s^{\beta}(w), \quad w \in V_{\Omega}, \quad \Omega = \omega \cup -\omega ;$$

alors $s_{\omega}(w) \in H_{\Omega}$; $s_{-\omega}(w) = e^{[w_{\omega}, w_{-\omega}]} s_{\omega}(w)$, et si w et $w' \in V_{\Omega} = V_{\omega} + V_{-\omega}$

$$s_{\omega}(w) s_{\omega}(w') = e^{[w_{\omega}, w'_{-\omega}]} s_{\omega}(w+w') .$$

On a en effet $s_{\omega}(w) = \bigodot_{\hat{\alpha}+} s^{\beta}(w)$ si $\alpha \in \Omega$, et si $w \in V_{\Omega}$, $w = \sum_{\hat{\alpha}+} (w_{\beta} + w_{-\beta})$ sur $\bigoplus_{\hat{\alpha}+} (\underline{\underline{V}}^{\beta}(L) + \underline{\underline{V}}^{-\beta}(L))$, on a $w_{\beta}^{(q)} = w_{\beta^{(q)}}$ et donc on a les égalités :

$$(s^{\beta}(w_{-\beta} + w_{\beta}))^{(q)} = (s^{-\beta}(w_{-\beta}) s^{\beta}(w_{\beta}))^{(q)} = s^{-\beta^{(q)}}(w_{-\beta^{(q)}}) s^{\beta^{(q)}}(w_{\beta^{(q)}}) ,$$

et ainsi $s_{\omega}(w) \in H_{\Omega}$; les autres assertions sont claires.

(ii) si $\Omega \in R/\pm\Gamma$ vient de l'orbite Ω symétrique, on définit deux espaces vectoriels V_{Ω}^{+} et V_{Ω}^{-}, isomorphes à V_{Ω}, ainsi, si $\Omega = \Gamma\alpha$:

$$V_{\Omega}^{+} = \bigoplus_{\hat{\alpha}+} \underline{\underline{V}}^{\beta}(k_{2i(\Omega)}), \quad V_{\Omega}^{-} = \bigoplus_{\hat{\alpha}+} \underline{\underline{V}}^{-\beta}(k_{2i(\Omega)}),$$

et l'injection de V_{Ω} dans $\bigoplus_{\Omega} \underline{\underline{V}}^{\beta}(k_{2i(\Omega)}) = V_{\Omega}^{+} \oplus V_{\Omega}^{-}$ définit les deux isomorphismes :

$$V_{\Omega} \longrightarrow V_{\Omega}^{+} : w \longmapsto w^{+}, \quad V_{\Omega} \longrightarrow V_{\Omega}^{-} : w \longmapsto w^{-} : w = w^{+} + w^{-} .$$

On a $w^{-} = w^{+(q)^{i}} = \overline{w^{+}}$, $w^{+} = \overline{w^{-}}$, puisque w est fixé par Γ.

Fixons $a_{\alpha} \in k_{2i(\Omega)}$, $a_{\alpha} + \overline{a}_{\alpha} = 1$; en caractéristique autre que 2, on prend $a_{\alpha} = 1/2$. L'endomorphisme $a(\Omega)$ de $V_{\Omega} = \bigoplus_{\Gamma\alpha} \underline{\underline{V}}^{\beta}(k_{2i(\Omega)})$, défini par l'homothétie $a_{\alpha}^{q^{i}}$ sur $\underline{\underline{V}}^{\beta}(k_{2i(\Omega)})$ si $\beta = \alpha^{(q^{i})}$, vérifie $a(\Omega) + \overline{a(\Omega)} = 1$.

On pose

$$s_\Omega(w) = e^{[w^+a(\Omega),w^-]}\,(\bigodot_{\hat{\alpha}^+} s^\beta)(w) \ ;$$

c'est une section du groupe H_Ω , de morphisme associé $\tilde{s}_\Omega$ donné par :

$$\langle w,w'\tilde{s}_\Omega\rangle = [w^+,w^- a(\Omega)] - [w'^+a(\Omega),w^-] \ , \ w,w'\in V_\Omega \ .$$

Pour $a(\Omega)$ donné, cette section ne dépend que de l'orbite Ω .

On vérifie d'abord la formule concernant $\tilde{s}_\Omega$, ce qui est immédiat, puisque $[w^+ \overline{a(\Omega)},w'^-] = [w^+,w'^- a(\Omega)]$. Montrons maintenant que s_Ω envoie V_Ω dans H_Ω . Or, si $w = \sum w_\beta \in V_\Omega = \bigoplus_\Omega \underline{\underline{V}}^\beta(k_{2i(\Omega)})$, on a : $s_\Omega(w) = \prod_{\hat{\alpha}^+} e^{[w_\beta,w_{-\beta}]a_\beta}\, s^{-\beta}(w_{-\beta})s^\beta(w_\beta)$.

Si, pour chaque $\beta\in\Gamma\alpha$ on pose ${}'s_\beta(w) = e^{[w,\bar{w}]\,a_\beta}\, s^{-\beta}(w)\, s^\beta(w)$ pour $w\in\underline{\underline{V}}^\beta(k_{2i(\Omega)})$, alors ${}'s_{-\beta}(w) = {}'s_\beta(w)$, et, plus généralement,

$${}'s_\beta(w)^{(q)} = {}'s_{\beta^{(q)}}(w^{(q)}) \ .$$

On en déduit immédiatement que $s_\Omega(w)$, qui est le produit des ${}'s_\beta(w_\beta)$ quand β parcourt $\hat{\alpha}^+$ est fixé par l'action de Γ , et également que cette section ne dépend pas du choix de $\alpha\in\Omega$.

(iii) si $\Omega = 0$, $H_o = \underline{\underline{H}}_o(k)$ (cf.a/) , s_o est la restriction de s à $V_o = \underline{\underline{V}}_o(k)$.

d/ On forme le produit central des H_Ω quand Ω parcourt $P/\pm\Gamma$: c'est un groupe d'Heisenberg associé à l'espace $\bigoplus_{P/\pm\Gamma} V_\Omega = V$:

$$0 \longrightarrow k \longrightarrow \bigodot_{P/\pm\Gamma} H_\Omega \longrightarrow V \longrightarrow 0 .$$

Le choix d'un relèvement P^+/Γ de $P/\pm\Gamma$ dans P/Γ définit une section $s_{P^+/\Gamma} = \bigodot_{P^+/\Gamma} s_\omega$ de ce groupe. Le morphisme associé à cette section est la somme des morphismes $\tilde{s}_\omega$. Rappelons que V^* est la somme des V_Ω pour $\Omega\neq 0$. On désigne par V^s la somme des V_Ω correspondant aux Ω qui proviennent d'orbites symétriques $\omega\neq 0$. L'endomorphisme a de V^s est défini par $(\sum_s w_\Omega)\,a = \sum_s w_\Omega a(\Omega)$ si $\sum_s w_\Omega\in V^s$, et de même pour $\bar{a}$. On les prolonge à V en imposant $V_\Omega a = V_\Omega \bar{a} = 0$ si Ω n'est pas une orbite symétrique par Γ . Si $\omega\neq 0$ est une orbite symétrique, on peut écrire

$$\langle w,w'\tilde{s}_\omega\rangle = [w^+,w^-] - ([w^+a(\omega),w'^-] + [w'^+a(\omega),w^-])$$

dès qu'on a choisi $\alpha\in\omega$ pour définir $w^\pm$ (c)(ii)); le second membre ne dépendant pas de ce choix. Il en résulte que la section $s_{P^+/\Gamma}$ a pour morphisme

$$(33)\quad \langle w,w'\tilde{s}_{P^+/\Gamma}\rangle = \langle w_o,w'_o\tilde{s}_o\rangle + [w^+,w^-] + ([w^-,w'^+a] + [w'^-,w^+a]),$$

où w^+ est la somme des w_ω pour $\omega \in P^+/\Gamma$ non symétrique, et des w_ω^+ pour $\omega \in P^+/\Gamma$ symétrique, w_ω étant la composante de w dans V_ω, et de même pour w_ω^-.

Si $P^+(T)$ désigne un relèvement de P^+/Γ dans P, la formule (33) montre que $\tilde{s}_{P^+/\Gamma}$ est somme de $\bigodot_{P^+(T)} \tilde{s}^\alpha$ et d'une application symétrique, alternée en caractéristique 2. Il est clair que $\bigodot_{P^+(T)} \tilde{s}^\alpha$ est invariant par $\underline{\underline{T}}$.

Il suffit alors d'appliquer les lemmes 9 et 11 pour avoir le résultat suivant.

Proposition 4

Soit H un groupe d'Heisenberg associé à un espace alterné non dégénéré V sur k. On suppose que $\underline{\underline{T}}$ est un tore défini sur k qui opère sur le groupe algébrique que définit H en fixant les éléments du centre et en conservant une section définie sur k. Soit Γ le groupe de Galois d'une extension de k où $\underline{\underline{T}}$ se déploie. Avec les notations précédentes, le groupe H est isomorphe au produit central $\bigodot_{P^{\pm}/\Gamma} H_\Omega$, dont une section est donnée par (33)

1.4.10. On conserve les notations et hypothèses précédentes. On désigne par D^T le produit semi-direct de H par T :

$$1 \longrightarrow H \longrightarrow D^T \rightleftarrows T \longrightarrow 1 .$$

Pour chaque orbite $\Omega = \pm\Gamma\alpha$ d'un poids de $\underline{\underline{T}}$ dans $\underline{\underline{V}}$, soit m_Ω la multiplicité de Ω c'est-à-dire la dimension du sous-espace de poids α.
Soit $s(T) = s(\underline{\underline{T}},\underline{\underline{V}})$ la somme de m_Ω quand Ω parcourt les orbites symétriques non nulles. Si $t \in T$, on dit que t est singulier pour $\Omega \in P/\pm\Gamma$ si $t^\alpha = 1$ pour un (et alors pour tout) poids $\alpha \in \Omega$. On désigne par $s(t) = s(t,V)$ la somme des m_Ω pour les orbites $\Omega \neq 0$ qui sont symétriques et pour qui t est singulier.

Fixons un système de représentants $R^+(T)$ de $R/\pm\Gamma$ dans R. Dans l'algèbre du groupe $X(\underline{\underline{T}})$ on définit les éléments suivants, où $m_\alpha = m_{\pm\Gamma\alpha}$:

$$d^{R^+(T)} = \prod_{\alpha>0} (e^\alpha - e^{-\alpha})^{m_\alpha} , \quad d_t^{R^+(T)} = \prod_{\alpha>0,\, t^\alpha=1} (e^\alpha - e^{-\alpha})^{m_\alpha}, \quad t \in T.$$

L'action du groupe de Galois Γ sur les poids non nuls de $\underline{\underline{T}}$ dans $\underline{\underline{V}}$ permet de le faire agir sur $d^{R^+(T)}$ et $d_t^{R^+(T)}$.

Lemme 12

Avec les notations précédentes, on a

$$(d^{R^+(T)})^{(q)} = (-1)^{s(T)} d^{R^+(T)} , \quad (d_t^{R^+(T)})^{(q)} = (-1)^{s(t)} d_t^{R^+(T)} .$$

Preuve . On décompose $d^{R^+(T)}$ en produit des $d(\alpha)^{m_\alpha}$ où α parcourt $R^+(T)$, et $d(\alpha) = \prod_{\hat{\alpha}^+} (e^{\alpha} - e^{-\alpha})$. Lorsque $\Gamma\alpha$ est non symétrique, on a $\alpha^+ = \Gamma\alpha$ et $d(\alpha)^{(q)} = d(\alpha)$; si $\Gamma\alpha$ est symétrique, $\Gamma\alpha = \hat{\alpha}^+ \cup -\hat{\alpha}^+$ et $\alpha^+ \cup \{-\alpha\} = \{\alpha\} \cup \alpha^{+(q)}$ et donc $d(\alpha)^{(q)} = -d(\alpha)$, d'où la première relation. La seconde se prouve de même.

Pour chaque $t \in T$ soit $V^o(t)$ le sous-espace des vecteurs fixés par t, et $V^*(t)$ l'image de $t-1$. Ce sont deux sous-espaces supplémentaires de V, et on a $V^o(t) = \bigoplus_{t^{\Omega}=1} V_{\Omega}$, $V^*(t) = \bigoplus_{t^{\Omega}\neq 1} V_{\Omega}$ avec les notations évidentes.

Ce sont des espaces de dimension paire sur k, donnée grâce à $\dim V_{\Omega} = 2m_{\Omega}\, i(\Omega)$ où m_{Ω} est la multiplicité de $\alpha \in \Omega$, et $i(\Omega)$ est donnée par 1.4.9 b).

Lemme 13

Avec les hypothèses et notations précédentes :

(i) *le centralisateur de* $t \in T$ *dans* D^T *est* $e^k T\, s(V^o(t))$;

(ii) *pour que l'élément* $e^z t s(w)$, $z \in k$, $t \in T$, $w \in V$, *soit conjugué d'un élément appartenant à* $e^k T$, *il faut et il suffit que* $w \in V^*(t)$, *et alors il est conjugué à* $e^{z + \langle (t-1)^{-1}.w, w\tilde{s} \rangle} t$, $t-1$ *étant inversible sur* $V^*(t)$.

Preuve (i) Le groupe T étant commutatif et le sous-groupe e^k central le centralisateur de t sera donné par les $e^z t' s(w)$, $z \in k$, $t' \in T$, $w \in V$ tels que $ts(w) = s(w)t = t$: $w \in V^o(t)$.

(ii) Dire que $e^z ts(w)$ est conjugué de $e^{z'} t'$ signifie qu'il y a un $w_1 \in V$ tel que $e^z ts(w) = s(w_1) e^{z'} t' s(w_1)^{-1}$, d'où $t = t'$, $w + w_1 = t^{-1}.w_1$, $z' = z + \langle w, w_1 \tilde{s} \rangle$, soit $w \in V^*(t)$, $z' = z + \langle w, (t^{-1}-1)^{-1}.w\tilde{s} \rangle$, c'est $z' = z + \langle (t-1)^{-1}.w, w\tilde{s} \rangle$, d'où l'énoncé.

On peut alors énoncer le résultat essentiel de ce chapitre.

Théorème 1

Soient H *un groupe algébrique d'Heisenberg défini sur* k *associé à un espace alterné non dégénéré* $\underline{\underline{V}}$, *et* $\underline{\underline{T}}$ *un tore défini sur* k *qui opère sur* $\underline{\underline{H}}$ *en agissant trivialement sur le centre. On suppose qu'il y a une section* $s : \underline{\underline{V}} \to \underline{\underline{T}}$ *définie sur* k, *invariante par* $\underline{\underline{T}}$.

Alors, pour chaque caractère non trivial τ de k , pour chaque caractère θ de $T = \underline{\underline{T}}(k)$, l'application suivante, où $z \in k$, $t \in T$, $w \in V = \underline{\underline{V}}(k)$

(34) $$e^{z}ts(w) \longmapsto (-1)^{s(T)+s(t)}\, \tau(z)\tau(<(t-1)^{-1}.w,w\tilde{s}>)\, \theta(t)\, \delta_{V}^{V^*(t)}(w)$$

définit le caractère d'une représentation irréductible $\delta_{\tau,\theta}$ du produit semi-direct D^T de $\underline{\underline{H}}(k)$ par T . Son support est l'ensemble des conjugués de $e^{k}T$ par D^T . Une réalisation de $\delta_{\tau,\theta}$ est donnée par les formules (36) et (37) (resp. (36) et (39)) en caractéristique différente de 2 (resp. égale à 2).

Preuve. a/ L'assertion concernant le support résulte du lemme 13 (ii) .

b/ Pour montrer que (34) est bien un caractère simple du groupe D^T , on construit une représentation $\delta_{\tau,\theta}$,irréductible, donc c'est le caractère. En raison de la proposition 4, on travaille sur le groupe d'Heisenberg $\bigodot_{P/\pm\Gamma} H_{\Omega}$ muni de la section $\bigodot_{P^+/\Gamma} s_{\omega}$ (1.4.9 d)), que définit un relèvement P^+/Γ de $P/\pm\Gamma$ dans P/Γ , avec les notations précédentes. Le groupe T opère sur chacun des groupes H_{Ω} , cette action étant, à la multiplicité m_{Ω} de Ω près ($m_{\Omega} = \dim \underline{\underline{V}}^{\alpha}$ si $\alpha \in \Omega$), celle définie en 1.2 si Ω provient d'une orbite non symétrique $\omega \in P^+/\Gamma$, et celle définie en 1.3 lorsque Ω provient d'une orbite symétrique $\omega \in P^+/\Gamma$. Pour chaque $\Omega \in P/\pm\Gamma$, on définit une représentation irréductible $\delta_{\tau,1}^{\omega}$ du groupe H_{Ω} dans un espace $\mathbb{C}^{P_{\omega}}$, où $\omega \in P^+/\Gamma$ relève Ω , de la façon suivante :

(i) si $\Omega = 0$, on prend deux sous-espaces P_0 et Q_0 isotropes supplémentaires que $[\ ,\ ]$ met en dualité, et on choisit une représentation irréductible η_{τ}^{0} de H_0 dans $\mathbb{C}^{P_0}$ par la proposition 3 ; on la prolonge trivialement à T en une représentation $\delta_{\tau,1}^{0}$ du produit direct $T.H_0$.

(ii) si Ω provient d'une orbite non symétrique $\omega \in P^+/\Gamma$ on pose $P_{\omega} = V_{\omega}$ et $Q_{\omega} = V_{-\omega} = P_{-\omega}$. Les deux sous-espaces P_{ω} et Q_{ω} sont isotropes maximaux dans V_{ω} et $[\ ,\ ]$ les met en dualité. La représentation $\delta_{\tau,1}^{\omega}$ est alors réalisée dans l'espace $\mathbb{C}^{P_{\omega}}$ des fonctions complexes sur P_{ω} par :

$$\delta_{\tau,1}^{\omega}(s_{\omega}(u))f\,(x) = f(x+u) \quad \text{pour } u \in P_{\omega} ,$$
$$\delta_{\tau,1}^{\omega}(s_{\omega}(v))f\,(x) = \tau([x,v])f(x) \quad \text{pour } v \in Q_{\omega} ,$$
$$\delta_{\tau,1}^{\omega}(t)f\,(x) = f(t^{-1}.x) \quad \text{pour } t \in T .$$

La proposition 3 montre en effet que la restriction au sous-groupe H_{Ω} est irréductible, et l'action de T ainsi définie prolonge cette représentation au produit semi-direct $T.H_{\Omega}$. Remarquons que changer ω en $-\omega$ revient à réaliser la représentation dans l'espace $\mathbb{C}^{Q_{\omega}}$, et on passe de $\delta_{\tau,1}^{\omega}$ à $\delta_{\tau,1}^{-\omega}$ par la transformation de Fourier que définit $\tau([x,y])$, $x \in P_{\omega}$ et $y \in Q_{\omega}$.

(iii) si $\Omega \neq 0$ provient d'une orbite symétrique ω, on fixe un endomorphisme $a(\omega)$ de $\underline{\underline{V}}^{\alpha}_{i}(k_{2i(\Omega)})$ en choisissant $a \in k_{2i(\Omega)}$, $a_{\alpha} + \bar{a}_{\alpha} = 1$ et $a(\omega) = \mathrm{diag}(a_{\alpha}^{(q)^{i}})_{0 \leq i < 2i(\Omega)}$ sur $\bigoplus_{0 \leq i < 2i(\Omega)} \underline{\underline{V}}(k_{2i(\Omega)})$. En caractéristique différente de 2, on prend $a(\omega) = 1/2$. On prend ensuite une base $(X_{\alpha,i})_{1 \leq i \leq m_{\Omega}}$ de $\underline{\underline{V}}^{\alpha}(k_{2i(\Omega)})$ telle que $[X_{\alpha,i}, \overline{X_{\alpha,j}}] = 0$ si $i \neq j$, ce qui est possible, puisque $[\ ,\ ]$ met les $k_{2i(\Omega)}$-espaces vectoriels isotropes $\underline{\underline{V}}^{\alpha}$ et $\underline{\underline{V}}^{-\alpha}$ en dualité et que $^{-}$ échange $\underline{\underline{V}}^{\alpha}$ et $\underline{\underline{V}}^{-\alpha}$. On note $X_{-\alpha,i} = -\bar{X}_{\alpha,i}$; les $X_{-\alpha,i}$ forment une base de $\underline{\underline{V}}^{-\alpha}$, et $[X_{\alpha,i}, X_{-\alpha,i}] = h_{\alpha,i}$ n'est pas nul. Soit $P_{\omega,i}$ le sous-espace de V_{ω} image de $k_{i(\Omega)}\, a_{\alpha} X_{\omega,i}$ par Tr_{α} (1.4.9.c)), $Q_{\omega,i}$ l'image de $k^{!}_{i(\Omega)} X_{\alpha,i}$ par Tr_{α}. Soit $H_{\omega,i}$ le sous-groupe de H_{ω} que définit l'image réciproque de $V_{\omega,i} = P_{\omega,i} + Q_{\omega,i}$. Alors H_{ω} est produit central des $H_{\omega,i}$. Le groupe $H_{\omega,i}$ est l'image du groupe $\underline{\underline{H}}'(k_{i(\Omega)})$ du §1.3 par l'application

$$\begin{array}{ccccccccc}
0 & \longrightarrow & \mathfrak{a}'(k_{i(\Omega)}) & \longrightarrow & \underline{\underline{H}}'(k_{i(\Omega)}) & \underset{s'}{\rightleftarrows} & \mathfrak{m}'(k_{i(\Omega)}) & \longrightarrow & 0 \\
 & & \downarrow{\scriptstyle \mathrm{Tr}'_{\alpha}} & & \downarrow & & \downarrow{\scriptstyle s} & & \\
0 & \longrightarrow & k & \longrightarrow & H_{\omega,i} & \underset{s_{\omega,i}}{\rightleftarrows} & V_{\omega,i} & \longrightarrow & 0
\end{array}$$

où la flèche Tr'_{α} de $\mathfrak{a}'(k_{i(\Omega)})$ sur k est $zH_{\alpha'} \longmapsto \mathrm{Tr}_{k_{i(\Omega)}/k}\, zh_{\alpha,i}$, et la flèche $\mathfrak{m}'(k_{i(\Omega)}) \xrightarrow{\sim} V_{\omega,i}$ est $xX_{\alpha'} - \bar{x}X_{-\alpha'} \longmapsto \mathrm{Tr}_{\alpha}(xX_{\alpha,i})$, si $z \in k^{!}_{i(\Omega)}$ et $x \in k_{i(\Omega)}$. On définit une représentation irréductible $\delta^{\omega,i}_{\tau,1}$ de $H_{\omega,i}$ dans l'espace $\mathbb{C}^{P_{\omega,i}}$ des fonctions complexes sur $P_{\omega,i}$ via la représentation $\delta^{T}_{\tau.\mathrm{Tr}'_{\alpha},1}$ de 1.3.13 a/ (i), le groupe T opérant sur $\underline{\underline{H}}'(k_{i(\Omega)})$ comme il opère sur $H_{\omega,i}$: il laisse invariant s', et sur $\mathfrak{m}'(k_{i(\Omega)})$ il opère par multiplication par $t^{\pm\alpha}$ sur $\mathfrak{g}_{\pm\alpha'}$. On définit donc une représentation irréductible $\delta^{\omega}_{\tau,1}$ de H_{ω} dans l'espace $\mathbb{C}^{P_{\omega}} = \mathbb{C}^{\oplus P_{\omega,i}} = \otimes\, \mathbb{C}^{P_{\omega,i}}$ des fonctions complexes sur P_{ω} par la formule (cf. 1.4.7) $\delta^{\omega}_{\tau,1} = \bigodot_{i} \delta^{\omega,i}_{\tau,1}$, i.e, si $z \in k$, $t \in T$, $w = \sum w_i \in V_{\omega} = \sum V_{\omega,i}$

$$\delta^{\omega}_{\tau,1}(e^{z} t s_{\omega}(w)) = \tau(z) \bigotimes_{i} \delta^{\omega,i}_{\tau,1}(t s_{\omega,i}(w_i)) \ .$$

c/ La représentation cherchée est alors réalisée dans l'espace $\mathbb{C}^{P} = \bigotimes_{P^{+}/\Gamma} \mathbb{C}^{P_{\omega}}$ des fonctions complexes sur $P = \bigoplus_{P^{+}/\Gamma} P_{\omega}$ par la formule

$$(35) \quad \delta^{P^{+}/\Gamma}_{\tau,\theta}(e^{z} t s_{P^{+}/\Gamma}(w))^{P^{+}/\Gamma} = \tau(z)\, \theta(t) \bigotimes_{P^{+}/\Gamma} \delta^{\omega}_{\tau,1}(t s_{\omega}(w_{\Omega})) \quad (\Omega = \omega \cup -\omega)$$

si $t \in T$, $z \in k$, $w = \sum w_{\omega} \in V = \sum_{P^{+}/\Gamma} V_{\omega}$. Il est clair que c'est une représentation irréductible de H dans l'espace $\mathbb{C}^{P}$. Son caractère est donné par

$$\mathrm{Tr}\, \delta^{P^{+}/\Gamma}_{\tau,\theta}(e^{z} t s_{P^{+}/\Gamma}(w)) = \tau(z)\, \theta(t) \prod_{P^{+}/\Gamma} \mathrm{Tr}\, \delta^{\omega}_{\tau,1}(t s_{\omega}(w_{\Omega})).$$

CHAPITRE II

GROUPES DE CHEVALLEY SUR LES CORPS $\mathfrak{p}$-ADIQUES

Ce chapitre donne les propriétés des groupes semi-simples déployés sur un corps $\mathfrak{p}$-adique qui serviront ultérieurement. On a utilisé essentiellement les travaux d'Iwahori-Matsumoto ([14]) et le cours de Steinberg à Yale ([18]). On étudie les objets fournis par la donnée d'un système de Chevalley au §2, puis démontre quelques résultats sur les caractères de certains groupes finis associés (§3). Le groupe de Weyl affine est étudié au §4, par son action sur un espace affine ; on a suivi à cette occasion la présentation de Bruhat-Tits ([6]) pour introduire les valuations sur le groupe $\mathfrak{p}$-adique.

2.1. Définition des groupes de Chevalley.

2.1.1. On désigne par $\mathfrak{g}$ une algebre de lie semi-simple complexe de dimension finie. Fixons une sous-algèbre de Cartan $\mathfrak{a}$ de $\mathfrak{g}$; la représentation adjointe de $\mathfrak{a}$ dans $\mathfrak{g}$ donne la décomposition

$$\mathfrak{g} = \mathfrak{a} \oplus \bigoplus_{\alpha \in R} \mathfrak{g}^{\alpha} ,$$

où R est l'ensemble des racines de $(\mathfrak{g}, \mathfrak{a})$. Choisissons un système de Chevalley $(X_\alpha)_{\alpha \in R}$ dans $\mathfrak{g}$ relativement à $\mathfrak{a}$, c'est-à-dire des vecteurs non nuls $X_\alpha \in \mathfrak{g}^{\alpha}$ tels que, si l'on pose

$$H_\alpha = [X_\alpha, X_{-\alpha}] \quad , \alpha \in R$$

l'ensemble des $H_\alpha, \alpha \in R$ s'identifie au système de racines inverses $R^\vee$ de R, et que l'on ait les relations de commutation suivantes

$$(1) \begin{cases} [X_\alpha, X_\beta] = 0 \quad \text{si} \quad \alpha, \beta \in R, \ \alpha+\beta \notin R, \ \alpha+\beta \neq 0 \\ [X_\alpha, X_\beta] = N_{\alpha,\beta} X_{\alpha+\beta} , \ \text{si} \ \alpha, \beta, \alpha+\beta \in R, \ \text{avec} \ N_{\alpha,\beta} + N_{-\alpha,-\beta} = 0 , \end{cases}$$

où $N_{\alpha,\beta}$ est, au signe près, le plus petit entier $p \geqslant 1$ tel que $\beta - p\alpha \notin R$.
Si $\alpha + \beta \notin R$, on posera $N_{\alpha,\beta} = 0$.

Pour chaque racine α on désigne par w_α la réflexion par rapport à la racine α, opérant sur $\mathfrak{a}$ par

$$w_\alpha H = H - \langle \alpha, H \rangle H_\alpha ,$$

et sur le dual $\mathfrak{a}'$ de $\mathfrak{a}$ par

$$w_\alpha H' = H' - \langle H', H_\alpha \rangle \alpha .$$

Le groupe de transformations de $\mathfrak{a}$, et de $\mathfrak{a}'$, engendré par les réflexions w_α est le groupe de Weyl W de R. Si Γ est un réseau intermédiaire entre le réseau Q(R) engendré par les racines, et le réseau P(R) des poids, alors W laisse stable Γ, et il opère trividement sur le quotient P(R)/Q(R). Il en est de même pour les réseaux duaux $\hat{\Gamma}$, intermédiaires entre le réseau $Q(R^\vee)$ des racines inverses, et le réseau $P(R^\vee)$ des copoids, et le quotient $P(R^\vee)/Q(R^\vee)$.

2.1.2. Soit (ρ, E) un $\mathfrak{g}$-module de dimension finie. On dit qu'une $\mathbb{Z}$-forme de E est <u>admissible</u> (relativement au système de Chevalley $(X_\alpha)_{\alpha \in R}$) si elle est stable par les opérateurs $\rho(X_\alpha)^n/n!$ notés $\rho(X_\alpha^n/n!)$, pour $\alpha \in R$, $n \in \mathbb{N}$. Soit $P(\rho)$ l'ensemble des poids de $\mathfrak{a}$ dans la représentation (ρ, E) ; il est invariant par W. Si $\varpi \in P(\rho)$ soit E^ϖ le sous-espace des $v \in E$ tels que $\rho(H)\, v = \varpi(H)\, v$ pour $H \in \mathfrak{a}$. Soit $E(\mathbb{Z})$ une $\mathbb{Z}$ - forme admissible de E, alors ([18],Cor. 1 au lemme 13) :

$$E(\mathbb{Z}) = \bigoplus_{P(\rho)} E^\varpi(\mathbb{Z}) \quad \text{où} \quad E^\varpi(\mathbb{Z}) = E(\mathbb{Z}) \cap E^\varpi .$$

Tout $\mathfrak{g}$-module de dimension finie admet une $\mathbb{Z}$-forme admissible ([18]). Soit X un réseau de $\mathfrak{a}'$ intermédiaire entre le réseau Q(R) des poids radiciels et le réseau P(R) des poids ; alors si $\mathfrak{a}_X(\mathbb{Z})$ est le réseau X' des $H \in \mathfrak{a}$ entiers sur X (réseau dual de X) il contient le réseau $Q(R^\vee)$ des coracines et est contenu dans le réseau $P(R^\vee)$ des copoids. Si l'on pose

$$\mathfrak{g}_X(\mathbb{Z}) = \mathfrak{a}_X(\mathbb{Z}) \oplus \bigoplus_{\alpha \in R} \mathbb{Z} X_\alpha ,$$

on obtient une $\mathbb{Z}$-forme admissible de $\mathfrak{g}$, et on les a toutes ainsi. Si (ρ, E) est un $\mathfrak{g}$-module fidèle, les éléments de $\mathfrak{g}$ qui conservent une $\mathbb{Z}$-forme admissible de E constituent une $\mathbb{Z}$-forme admissible $\mathfrak{g}_{X(\rho)}(\mathbb{Z})$ de $\mathbb{Z}$ où $X(\rho)$ est le réseau qu'engendrent les poids de ρ. De plus, pour tout réseau X de $\mathfrak{a}$ entre Q(R) et P(R) il y a une représentation fidèle ρ de $\mathfrak{g}$, de dimension finie, pour laquelle $X = X(\rho)$ ([18]).

L'involution de Cartan relative au système de Chevalley $(X_\alpha)_{\alpha \in R}$, est définie sur $\mathfrak{g}$ par $X_\alpha \longmapsto -X_{-\alpha}$, $\alpha \in R$, et $H \longmapsto -H$ sur $\mathfrak{a}$. Elle laisse stable chaque $\mathbb{Z}$-forme admissible $\mathfrak{g}(\mathbb{Z})$ de $\mathfrak{g}$.

2.1.3. Fixons un $\mathfrak{g}$-module fidèle de dimension finie (ρ, E) et soit X le réseau engendré par les poids de ρ. On écrira $\mathfrak{g}(\mathbb{Z})$ pour $\mathfrak{g}_X(\mathbb{Z})$ et $\mathfrak{a}(\mathbb{Z})$ pour $\mathfrak{a}_X(\mathbb{Z})$. On se donne une $\mathbb{Z}$-forme admissible $E(\mathbb{Z})$ de (ρ, E). Pour tout groupe commutatif C et tout espace vectoriel complexe V muni d'une $\mathbb{Z}$-forme $V(\mathbb{Z})$ on pose

$$V(C) = V(\mathbb{Z}) \oplus_{\mathbb{Z}} C .$$

En particulier

$$\mathfrak{g}(C) = \mathfrak{a}(C) \oplus \bigoplus_{\alpha \in R} C X_\alpha \ , \ \mathfrak{g}'(C) = \mathfrak{a}'(C) \oplus \bigoplus_{\alpha \in R} C X'_\alpha \ , \ E(C) = \bigoplus_{P(\rho)} E^{\varpi}(C) .$$

Soit C un anneau commutatif unitaire et C^* le groupe de ses unités. On désignera par A(C) le sous-groupe de SLE(C) image du groupe Hom (X, C^*) par l'application h^ρ définie par

$$\chi \in \mathrm{Hom}(X, C^*) \longmapsto h^\rho(\chi) \in SLE(C) \ : \ h^\rho(\chi) v = \chi(\varpi) v \text{ si } v \in E^{\varpi}(C).$$

Si $X' = \mathfrak{a}_X(\mathbb{Z})$, on a les isomorphismes :

(2) $$X' \oplus C^* \xrightarrow{\sim} \mathrm{Hom}(X, C^*) \xrightarrow{\sim} A(C) ,$$

et on écrira parfois t^H, si $t \in C^*$, $H \in X'$, l'élément de A(C) qui provient de $H \otimes t \in X' \oplus C^*$; on notera aussi $h^\rho_\alpha(t)$ pour t^{H_α} si $\alpha \in R$, $t \in C^*$.

2.1.4. Pour chaque racine $\alpha \in R$, l'opérateur sur $E(\mathbb{Z}[u])$ défini par

(3) $$x^\rho_\alpha(u) = \sum_{n \geq 0} \rho(X^n_\alpha / n!)\, u^n$$

appartient au groupe $SLE(\mathbb{Z}[u])$. En particulier, si on prend la représentation adjointe de $\mathfrak{g}$, et $\mathfrak{g}(\mathbb{Z}) = \mathfrak{g}_{Q(R)}(\mathbb{Z})$ comme réseau admissible on a les opérateurs $x^{ad}_\alpha(u)$ sur $\mathfrak{g}_{Q(R)}(\mathbb{Z}[u])$. Dans l'algèbre enveloppante de $\mathfrak{g}$ la formule $\mathrm{ad}\, X_\alpha = g(X_\alpha) - d(X_\alpha)$ (où $g(X)$ est $Y \mapsto XY$ et $d(X)$ est $Y \mapsto YX$) implique

$$(\mathrm{ad}\, X_\alpha)^n / n! = \sum_{p+q=n} g(X_\alpha)^p / p! \ (- d(X_\alpha)^q / q!)$$

$$= \sum_{p+q=n} g(X^p_\alpha / p!)\, d((-X_\alpha)^q / q!) ,$$

et donc, pour tout $Y \in \mathfrak{g}_X(\mathbb{Z}[u])$, on a l'identité dans End $E(\mathbb{Z}[u])$

(4) $$x^\rho_\alpha(u)\, \rho(Y)\, x^\rho_\alpha(u)^{-1} = \rho_{\mathbb{Z}[u]}(x^{ad}_\alpha(u) . Y) ,$$

où $\rho_{\mathbb{Z}[u]}$ désigne le prolongement canonique de ρ à $\mathfrak{g}_X(\mathbb{Z}[u])$.

Dans SL E($\mathbb{Z}[u,v]$) on a les identités

$$(5)\qquad \begin{cases} x^{\rho}_{\alpha}(u+v) = x^{\rho}_{\alpha}(u)\, x^{\rho}_{\alpha}(v) \quad \alpha\in R\ , \\ (x^{\rho}_{\alpha}(u)\ ,\ x^{\rho}_{\beta}(v)) = \prod x^{\rho}_{i\alpha+j\beta}\,(C^{i,j}_{\alpha,\beta}\ u^{i}\ v^{j}),\ \alpha,\beta\in R,\ \alpha+\beta\neq C\ , \end{cases}$$

où le produit porte sur les couples d'entiers i,j, i et j $\geqslant 1$, pour lesquels $i\alpha + j\beta \in R$, pris dans un ordre donné, et où les $C^{i,j}_{\alpha,\beta}$ sont des entiers, avec $C^{i,j}_{\alpha,\beta} = N_{\alpha,\beta}$ (2.1.1.).

2.1.5. Soit C un anneau commutatif unitaire. Les opérateurs $\rho(X^{n}_{\alpha}/n!)$ définissent des endomorphismes de C. On note G(C) le sous-groupe de G(C) engendré par les sous-groupes $X_{\alpha}(C)$, $\alpha\in R$, et A(C) (2.1.3) : c'est le groupe de Chevalley sur C associé au $\mathfrak{g}$-module (E,ρ) muni de la $\mathbb{Z}$-forme admissible $E(\mathbb{Z})$ relativement au système de Chevalley $(X_{\alpha})_{\alpha\in R}$. Soit ρ_{C} la représentation de $\mathfrak{g}(C)$ dans E(C) obtenue par extension des scalaires de $\mathbb{Z}$ à C. L'identité (4) implique

$$(6)\qquad x^{\rho}_{\alpha}(u)\,\rho_{C}(Y)\,x^{\rho}_{\alpha}(u)^{-1} = \rho_{C}(x^{ad}(u)\,Y)\ ,\ Y\in\mathfrak{g}(C)\ ;$$

on a également, pour $\chi\in \mathrm{Hom}\,(X,\ C^{*})$:

$$h^{\rho}(\chi)\ \rho_{c}\,(Y)\ h^{\rho}(\chi)^{-1} = \rho_{c}(h^{ad}\,(\chi|_{Q(R)})Y) \quad \text{si}\quad Y\in\mathfrak{g}(C).$$

et en particulier, si $Y\in\mathfrak{g}^{\alpha}(C)$, c'est égal à $\rho_{c}\ (\chi(\alpha)\ Y)$.

Pour $\alpha\in R$ on pose $w^{\rho}_{\alpha}(t) = x^{\rho}_{\alpha}(t)\ x^{\rho}_{-\alpha}(-t^{-1})\ x^{\rho}_{\alpha}(t)$ si $t\in C^{*}$; alors ([ ],§3), $w^{\rho}_{\alpha}(t)$ envoie $E^{\varpi}(C)$ sur $E^{w_{\alpha}\varpi}(C)$ pour tout poids ϖ de ρ, et

$$w^{\rho}_{\alpha}(t) = w^{\rho}_{\alpha}(-t)^{-1} = w^{\rho}_{-\alpha}(t^{-1})^{-1}$$

$$h^{\rho}_{\alpha}(t) = w^{\rho}_{\alpha}(t)\ w^{\rho}_{\alpha}(1)^{-1}\ ,\ w^{\rho}_{\alpha}(t)\ w^{\rho}_{-\alpha}(t') = h^{\rho}_{\alpha}(tt'),$$

$$w^{\rho}_{\alpha}(t)\ \rho_{c}(Y)\ w^{\rho}_{\alpha}(t)^{-1} = \rho_{c}(w^{ad}_{\alpha}\,(t)\ Y) \quad \text{si}\quad Y\in\mathfrak{g}(C).$$

Soit SL'_{2} (C) le sous-groupe de $SL_{2}(C)$ engendré par $\begin{pmatrix}1&u\\0&1\end{pmatrix}$, $\begin{pmatrix}1&0\\v&1\end{pmatrix}$, $\begin{pmatrix}t&0\\0&t^{-1}\end{pmatrix}$ pour $u\in C$, $v\in C$, $t\in C^{*}$. C'est $SL_{2}(C)$ si C est un corps, ou un anneau local, ou un anneau euclidien. Pour chaque $\alpha\in R$, on a un homomorphisme ϕ^{ρ}_{α} de $SL'_{2}(C)$ dans G(C) obtenu en envoyant les trois matrices précédentes respectivement sur $x^{\rho}_{\alpha}(u)$, $x^{\rho}_{-\alpha}(v)$, $h^{\rho}_{\alpha}(t)$.

On désigne par N(C) le sous-groupe de G(C) engendré par A(C) et les éléments $w_\alpha^\rho(t)$, $t \in C^*$, $\alpha \in R$; il normalise A(C), puisque

$$w_\alpha^\rho(t)\, h^\rho(\chi)\, w_\alpha^\rho(t)^{-1} = h(w_\alpha \chi) \qquad \chi \in \mathrm{Hom}(X, C^*).$$

et le quotient N(C) / A(C) s'identifie au groupe de Weyl W de R :

(8) $$1 \longrightarrow A(C) \longrightarrow N(C) \longrightarrow W \longrightarrow 1 .$$

Si $C_1 \xrightarrow{\varphi} C_2$ est un homomorphisme d'anneaux commutatifs unitaires, il se prolonge en un homomorphisme de $SLE(C_1)$ dans $SLE(C_2)$, et il est clair que la restriction à $G(C_1)$ est donnée par $x_\alpha^\rho(u) \longmapsto x_\alpha^\rho(\varphi(u))$ et $h^\rho(\chi) \longmapsto h^\rho(\varphi \circ \chi)$: c'est un homomorphisme dans $G(C_2)$, surjectif si φ est surjective et si sa restriction à C_1^* est surjective sur C_2^*.

Posons $\omega_\alpha^\rho = w_\alpha^\rho(1)$. C'est un élément de N(C) qui relève la réflexion w_α, et qui provient de l'élément correspondant de $N(\mathbb{Z})$; son carré est

$h_\alpha^\rho(-1) = (-1)^{H_\alpha}$. On a $\omega_\alpha^\rho\, \rho(Y)\, (\omega_\alpha^\rho)^{-1} = \rho(\omega_\alpha^{ad} . Y)$ si $Y \in \mathfrak{g}(C)$ et

$$\omega_\alpha^\rho\, \rho(X_\alpha)\, (\omega_\alpha^\rho)^{-1} = -\rho(X_{-\alpha}) , \quad \omega_\alpha^\rho\, \rho(X_\beta)\, (\omega_\alpha^\rho)^{-1} = \pm \rho(X_{w_\alpha \beta}) .$$

Le sous-groupe engendré par les ω_α^ρ dans N(C) est image de $N(\mathbb{Z})$, c'est donc une extension du groupe de Weyl W par un 2-groupe. Si $w \in W$ est d'ordre n, un ω qui relève dans ce sous-groupe est donc d'ordre n ou 2n .

2.1.6. Lemme 1

Soit C un anneau commutatif. Alors la représentation ρ_C de $\mathfrak{g}(C)$ dans End E(C) est fidèle.

Preuve. Si on a $\rho_C(Y) = 0$ pour Y de $\mathfrak{g}(C)$, décomposons $Y = H + \sum_{\alpha \in R} x_\alpha X_\alpha$, $H \in \mathfrak{h}(C)$, $x_\alpha \in C$. Alors, pour tout poids ϖ de ρ, on a $\rho_C(Y)\, E^\varpi(C) = 0$, et donc $\varpi(H) = 0$, et $x_\alpha\, \rho_C(X_\alpha) = 0$ pour tout $\alpha \in R$. Il en résulte que $H \in X' \otimes C$ est nul contre tout élément de X, donc que H = 0 ; pour montrer que $x_\alpha = 0$, il suffit de prouver que l'élément $\rho(X_\alpha) \in \mathrm{End}\, E(\mathbb{Z})$ est primitif. Si l'on avait $\rho(X_\alpha) \in n\, \mathrm{End}\, E(\mathbb{Z})$ pour un entier $n \geq 2$, on aurait aussi $\omega_\alpha^\rho\, \rho(X_\alpha)\, (\omega_\alpha^\rho)^{-1} = \rho(\omega_\alpha^{ad} X_\alpha) = -\rho(X_{-\alpha})$ $\in n\, \mathrm{End}\, E(\mathbb{Z})$ puisque $\omega_\alpha^\rho \in SLE(\mathbb{Z})$; d'où $\rho(H_\alpha) = \rho([X_\alpha, X_{-\alpha}])$ $= \rho(X_\alpha)\, \rho(X_{-\alpha}) - \rho(X_{-\alpha})\, \rho(X_\alpha) \in n^2\, \mathrm{End}\, E(\mathbb{Z})$. Mais alors $2\rho(X_\alpha) = \rho([H_\alpha, X_\alpha]) =$ $= \rho(H_\alpha)\, \rho(X_\alpha) - \rho(X_\alpha)\, \rho(H_\alpha) \in n^3\, \mathrm{End}\, E(\mathbb{Z})$, et, dans tous les cas $\rho(X_\alpha) \in n^2\, \mathrm{End}\, E(\mathbb{Z})$. En conséquence $\rho(X_\alpha)$ est nul dans $\mathrm{End}\, E(\mathbb{Z})$, ce qui est exclu, ρ ayant été supposé fidèle.

Du lemme résulte immédiatement la conséquence suivante.

Corollaire

Soit C un anneau commutatif unitaire, et soit $C(\varepsilon)$ l'anneau $C[u]/(u^2)$, ε étant la classe de u . On a la décomposition suivante :

$$(9) \qquad 0 \longrightarrow \mathfrak{g}(C) \longrightarrow G(C(\varepsilon)) \longrightarrow G(C) \longrightarrow 1$$

où l'injection est $Y \longmapsto I + \varepsilon \rho_C(Y)$, la surjection est la trace sur $G(C(\varepsilon))$ de l'application $x + \varepsilon y \longmapsto x$ de End $(EC(\varepsilon))$ sur End $E(C)$.

Cette action de G(C) sur $\mathfrak{g}(C)$ définie par (9) est la représentation adjointe :

$$\rho_C(\mathrm{Ad}\, x.Y) = x\ \rho_C(Y)\ x^{-1} \qquad x \in G(C),\ Y \in \mathfrak{g}(C).$$

Des relations obtenues en 2.1.4 et 2.1.5 on déduit

$$\mathrm{Ad}\, x_\alpha^\rho(u) = x_\alpha^{ad}(u),\ \mathrm{Ad}\, h^\rho(\chi) = h^{ad}\ (\chi|_{Q(R)}).\ u \in C,\ \chi \in \mathrm{Hom}\ (X, C^*),$$

et donc, si $H \in \mathfrak{a}(C)$, on a les identités :

$$(10) \qquad \begin{array}{l} \mathrm{Ad}\, x_\alpha^\rho(u).\ H = H - u\,\alpha(H)\ X_\alpha,\ \mathrm{Ad}\, x_\alpha^\rho(u)\ X_{-\alpha} = X_{-\alpha} + u\ H_\alpha - u^2\ X_\alpha \\ \mathrm{Ad}\, h^\rho(\chi).\ H = H\ ,\ \mathrm{Ad}\, h^\rho(\chi)\ .\ X_\alpha = \chi(\alpha)\ X_\alpha\ . \end{array}$$

De plus, si ω est dans le sous-groupe de N(C) image de $N(\mathbb{Z})$ (2.1.5) on a

$$(11) \qquad \begin{array}{ll} \mathrm{Ad}\,\omega\ .\ X_\alpha = \pm X_{w.\alpha} & \text{où } w \text{ est la projection de } \omega \text{ dans } W, \text{ et} \\ \omega\ x_\alpha(u)\omega^{-1} = x_{w.\alpha}(\pm u) & ,\quad u \in C\ . \end{array}$$

2.1.7. On entendra par hauteur sur R la restriction à R d'un homomorphisme de $Q(R^\vee)$ dans $\mathbb{Z}$. Pour que $h : R \to \mathbb{Z}$ soit une hauteur, il faut et il suffit que l'on ait ([5] c), VI.1.6. Cor. 3) :

$$h(\alpha) + h(\beta) = 0 \text{ si } \alpha, \beta \in R \text{ et } h(\alpha) + h(\beta) + h(\gamma) = 0 \text{ si } \alpha, \beta, \gamma \in R.$$

Si h est une hauteur sur R, les racines α pour lesquelles $h(\alpha) \geqslant 0$ forment une partie parabolique de R ([5] c),VI.1.7, déf. 4) ; d'une façon générale, on associe à la hauteur h une filtration décroissante de l'algèbre de lie

$$\mathfrak{g}_i = \bigoplus_{h(\alpha) \geqslant i} \mathfrak{g}^\alpha \qquad (\text{avec } \mathfrak{g}^0 = \mathfrak{a}) \quad ;$$

si C est un anneau commutatif, on définit pour chaque entier $i \geqslant 1$ le sous-groupe $U_i(C)$ de SLE(C) engendré par les images $x_\alpha(C)$ pour $h(\alpha) \geqslant i$.

On a également le sous-groupe additif $\mathfrak{u}_i(C) = \mathfrak{g}_i(C)$.

Lemme 2.

Soient h *une hauteur sur* R *et* C *un anneau commutatif. Avec les notations ci-dessus, on a les inclusions suivantes* :

$$(12)\qquad \begin{aligned} &U_i(C) \subset U_j(C) \ \underline{\text{si}}\ i \geqslant j \geqslant 1 \ ; \ (U_i(C),\, U_j(C)) \subset U_{i+j}(C) \ \underline{\text{si}}\ i,j \geqslant 1 \ ; \\ &[\mathfrak{g}_i(C)\ ,\mathfrak{g}_j(C)] \subset \mathfrak{g}_{i+j}(C) \ ; \ (\mathrm{Ad}\ U_i(C)-1)\,\mathfrak{g}_j(C) \subset \mathfrak{g}_{i+j}(C),\ i \geqslant 1. \end{aligned}$$

De plus

a) *Tout* $u \in U_i(C)$ *s'écrit de façon unique sous la forme* $u = \prod_{h(\alpha) \geqslant i} x_\alpha(u_\alpha)$,

$u_\alpha \in C$, *le produit étant pris dans un ordre fixé arbitraire*.

b) *Pour tout* $i \geqslant 1$, *l'application de* $\mathfrak{u}_i(C)/\mathfrak{u}_{i+1}(C)$ *dans* $U_i(C)/U_{i+1}(C)$ *définie par* $\sum_{h(\alpha) = i} u_\alpha X_\alpha \longrightarrow \prod_{h(\alpha) = i} x_\alpha(u_\alpha)$ *est un isomorphisme de groupes commutatifs*.

Preuve. Les formules (12) résultent immédiatement des relations de commutation (5) et de l'implication : $\alpha, \beta, \alpha+\beta \in R \Rightarrow h(\alpha+\beta) = h(\alpha) + h(\beta)$. Le a) est prouvé dans Steinberg ([18],lemme 17) lorsque C est un corps, mais la démonstration utilise seulement le fait que la représentation ρ est fidèle sur $\mathfrak{g}(C)$. Pour le b), on a : $U_{i+1}(C) \supset U_{2i}(C) \supset (U_i(C),U_i(C))$ par (5), ce qui montre que le quotient $U_i(C)/U_{i+1}(C)$ est commutatif et on applique alors a).

2.1.8. Lorsque C est un corps k , alors, pour toute extension K de k , le groupe G(k) est le sous-groupe de G(K) qui conserve le sous-espace E(k) de E(K) ([18], Cor.3 au Th.7) :

$$(13)\qquad G(k) = G(K)\ \ SLE(k) .$$

Le groupe G(k) est l'ensemble des points rationnels sur k du groupe algébrique $\underline{\underline{G}} = \underline{\underline{G}}_X$,connexe semi-simple déployé et défini sur le sous-corps premier k_o de k, obtenu en prenant pour C une extension algébriquement close de k. L'algèbre de lie $\underline{\underline{\mathfrak{g}}}$ de $\underline{\underline{G}}$ s'identifie à $\mathfrak{g}(\mathbb{Z}) \otimes$ en ce sens que $\underline{\underline{\mathfrak{g}}}(k) = \mathfrak{g}(\mathbb{Z}) \otimes k = \mathfrak{g}(k)$ (cf.(9)) ; le groupe A(k) est l'ensemble des points rationnels sur k d'un tore maximal $\underline{\underline{A}} = \underline{\underline{A}}_X$ de $\underline{\underline{G}}$ défini et déployé sur k_o . Le groupe des caractères rationnels Hom $(\underline{\underline{A}}, \underline{\underline{G}}_m)$ de $\underline{\underline{A}}$ s'identifie au réseau X, le réseau X' s'identifiant au groupe Hom $(\underline{\underline{G}}_m, \underline{\underline{A}})$ des sous-groupes à un paramètre de $\underline{\underline{A}}$. Le groupe N(k) est l'ensemble des points rationnels sur k du normalisateur $\underline{\underline{N}}$ de $\underline{\underline{A}}$ dans $\underline{\underline{G}}$. Les isomorphismes x_α^ρ correspondent à des isomorphismes $x_\alpha : \underline{\underline{G}}_a \longrightarrow \underline{\underline{U}}_\alpha$, définis sur k_o, du groupe additif sur les différents sous-groupes de $\underline{\underline{G}}$, isomorphes au groupe additif, que $\underline{\underline{A}}$ normalise.

Le système de racines de $(\underline{\underline{G}}, \underline{\underline{A}})$ s'identifie au système de racines R, avec correspondance des groupes de Weyl. Soit $\underline{\underline{U}}^*_\alpha$ le complémentaire de 1 dans $\underline{\underline{U}}_\alpha$; pour chaque $u \in \underline{\underline{U}}^*_\alpha(k)$ il y a un unique $u^- \in \underline{\underline{U}}^*_{-\alpha}(k)$ tel que $u\,u^-u \in \underline{\underline{N}}(k)$, et sa projection dans W est la réflexion w_α .

Pour chaque racine α, $\phi^\rho_\alpha\begin{pmatrix}1 & u\\ 0 & 1\end{pmatrix} = x^\rho_\alpha(u)$, $\phi^\rho_\alpha\begin{pmatrix}1 & 0\\ v & 1\end{pmatrix} = x^\rho_{-\alpha}(v)$ définit un homomorphisme de $SL_2(k)$ dans G(k) qui provient d'un morphisme $\phi_\alpha : \underline{\underline{SL}}_2 \longrightarrow \underline{\underline{G}}$ défini sur k_o .

Soient ρ_1 et ρ_2 deux représentations fidèles de l'algèbre de Lie semi-simple complexe $\mathfrak{g}$, avec des réseaux X_1 et X_2 , $X_1 \supset X_2$, et des groupes de Chevalley $G^{\rho_1}(k)$ et $G^{\rho_2}(k)$. Les applications :

$$x^{\rho_1}_\alpha(u) \longmapsto x^{\rho_2}_\alpha(u),\ \alpha \in R,\ u \in k \quad \text{et} \quad h^{\rho_1}(\chi) \longmapsto h^{\rho_2}(\chi | X_2) \ \text{si}\ \chi \in \mathrm{Hom}\,(X,k^*)$$

définissent un homomorphisme de $G^{\rho_1}(k)$ dans $G^{\rho_2}(k)$, dont le noyau et le conoyau sont donnés par ceux de $A^{\rho_1}(k) \longrightarrow A^{\rho_2}(k)$: le noyau est donc $\mathrm{Hom}(X_1/X_2, k^*)$, le conoyau $X'_2/X'_1 \otimes k^* (\simeq \prod_i k^*/(k^*)^{d_i}$, si les d_i sont les diviseurs élémentaires de X'_1 dans X'_2 , i.e. de X_2 dans X_1). De plus $G^{\rho_2}(k)$ opère sur $G^{\rho_1}(k)$ par les formules

$$(14)\quad \begin{cases} \mathrm{Aut}\ x^{\rho_2}_\beta(v)\,(x^{\rho_1}_\alpha(u)) = x^{\rho_1}_\beta(v)\ x^{\rho_1}_\alpha(u)\ x^{\rho_1}_\beta(v)^{-1} \\ \mathrm{Aut}\ x^{\rho_2}_\beta(v)\,(h^{\rho_1}(\chi_1)) = x^{\rho_1}_\beta((1-\chi_1(\beta))v) \\ \mathrm{Aut}\ h^{\rho_2}(\chi_2)\,(x^{\rho_1}_\alpha(u)) = x^{\rho_1}_\alpha(\chi_2(\alpha)\,u) \\ \mathrm{Aut}\ h^{\rho_2}(\chi_2)\,(h^{\rho_1}(\chi_1)) = h^{\rho_1}(\chi_1) \end{cases}$$

si $\alpha, \beta \in R$, $u, v \in k$, $\chi_i \in \mathrm{Hom}\,(X_i, k^*)$. Ces actions viennent de morphismes $\underline{\underline{G}}_{X_1} \longrightarrow \underline{\underline{G}}_{X_2}$ et $\underline{\underline{G}}_{X_2} \longrightarrow \mathrm{Aut}\ \underline{\underline{G}}_{X_1}$ qui sont définis sur k_o. Le groupe $\hat{\underline{\underline{G}}} = \underline{\underline{G}}_{P(R)}$ est simplement connexe, le groupe $\check{\underline{\underline{G}}} = \underline{\underline{G}}_{Q(R)}$ est adjoint (sans centre). Ce dernier opère sur chaque $\underline{\underline{G}}_X$; en particulier $\underline{\underline{A}}_{Q(R)} = \check{\underline{\underline{A}}}$ opère transitivement sur chacun des ensembles $\underline{\underline{U}}^*_\alpha = \underline{\underline{U}}_\alpha - \{1\}$.

Pour des démonstrations voir [18] §5, et aussi [9] XX et XXIV.

2.1.9. Inversement, si $\underline{\underline{G}}$ est un groupe algébrique connexe semi-simple défini et déployé sur le corps k, alors il est isomorphe sur k à un groupe algébrique $_k\underline{\underline{G}}_X$ de 2.1.8. (l'indice k à gauche signifiant qu'on étend les scalaires du corps premier k_o à k) ([8] b) exp.23 et 24, ou [9], exp. XXIII).

Si $\underline{\underline{A}}$ est un tore maximal déployé de $\underline{\underline{G}}$, soient X le groupe de ses caractères rationnels et $(\underline{\underline{U}}_\alpha)_{\alpha \in R}$ les différents sous-groupes isomorphes au groupe additif que $\underline{\underline{A}}$ normalise, R étant le système de racines de $(\underline{\underline{G}},\underline{\underline{A}})$. Le groupe $\underline{\underline{A}}$ s'identifie à Hom $(X,\underline{\underline{G}}_m)$. Soit $\underline{\underline{N}}$ son normalisateur. Si $\underline{\underline{\mathfrak{g}}}$ est l'algèbre de lie de G, $\underline{\underline{\mathfrak{g}}}^\alpha$ le sous-espace de poids $\alpha \in R$, on appelle <u>système de Chevalley</u> de $\mathfrak{g}$ relativement à $\underline{\underline{A}}$ une famille $(X_\alpha)_{\alpha \in R}$ d'éléments de $\underline{\underline{\mathfrak{g}}}$ telle que ([9], XXIII.6) :

(i) pour toute racine $\alpha \in R$, X_α est une base de $\underline{\underline{\mathfrak{g}}}^\alpha$;

(ii) soit x_α l'isomorphisme de $\underline{\underline{G}}_a$ sur $\underline{\underline{U}}_\alpha$ de dérivée X_α , et posons $w_\alpha = x_\alpha(1)\, x_{-\alpha}(-1)\, x_\alpha(1)$; alors pour toutes racines $\alpha, \beta \in R$, on a

$$\mathrm{Ad}\, w_\alpha X_\beta = \pm X_{w_\alpha \cdot \beta}$$

On sait ([9] XXIII, 6.2), qu'on peut choisir arbitrairement les X_α pour α parcourant un système de racines simples de R, les autres étant déterminés au signe près. On a alors les relations de commutation (5), et, si $\chi \in$ Hom $(X, \underline{\underline{G}}_m)$, $u \in \underline{\underline{G}}_a$:

(15) $\qquad h(\chi)\, x_\alpha(u)\, h(\chi)^{-1} = x_\alpha(\chi(\alpha)u)$, si h est l'isomorphisme de

Hom$(X, \underline{\underline{G}}_m)$ sur $\underline{\underline{A}}$. L'isomorphisme de $\underline{\underline{G}}$ sur ${}_k\underline{\underline{G}}_X$ est donné par l'application $x_\alpha(u) \longmapsto x_\alpha^\rho(u)$, $h(\chi) \longmapsto h^\rho(\chi)$.

2.1.10. Conservons les notations de 2.1.9. Soit B(R) une base de R. Si $\alpha \in B(R)$, on appelle <u>horicycle</u> de α, et on note (α), l'ensemble des racines positives dont la coordonnée sur α est $\geqslant 1$, relativement à la base B(R) ; on dit alors que le sous-groupe $\underline{\underline{U}}_{(\alpha)} = \prod_{\beta \in (\alpha)} \underline{\underline{U}}_\beta$ est le <u>sous-groupe horicyclique</u> de α , et que l'algèbre de lie $\underline{\underline{\mathfrak{u}}}_{(\alpha)} = \bigoplus_{\beta \in (\alpha)} \underline{\underline{\mathfrak{g}}}^\beta$ est le <u>sous-algèbre horicyclique</u> de α. Plus généralement, si $F \subset B(R)$ est une partie non vide de B(R), on définit l'horicycle de F, noté (F), le sous-groupe horicyclique $\underline{\underline{U}}_{(F)}$ de F et la sous-algèbre horicyclique $\underline{\underline{\mathfrak{u}}}_{(F)}$ de F respectivement, par $\bigcup_{\alpha \in F} (\alpha)$, $\prod_{\alpha \in F} \underline{\underline{U}}_{(\alpha)}$, $\sum_{\alpha \in F} \underline{\underline{\mathfrak{u}}}_{(\alpha)}$. Les sous-groupes et algèbres horicycliques de $\underline{\underline{G}}$ sont définis comme les conjugués par G(k) des sous-groupes et algèbres horicycliques $\underline{\underline{U}}_{(F)}$ et $\underline{\underline{\mathfrak{u}}}_{(F)}$, qualifiés de <u>standards</u>. Si $\underline{\underline{U}} = \underline{\underline{U}}_{(F)}$, on écrira $\alpha \in \underline{\underline{U}}$ pour $\alpha \in (F)$, et de même pour $\alpha \in \underline{\underline{\mathfrak{u}}} = \underline{\underline{\mathfrak{u}}}_{(F)}$.

2.1.11. Si $\{\alpha_1, \ldots, \alpha_N\}$ est un système de racines positives ; si $(H_i)_{1 \leqslant i \leqslant \ell}$ est une base du réseau X′ , l'application de $\underline{\underline{G}}_a^N \times \underline{\underline{G}}_m \times \underline{\underline{G}}_a^N$ dans $\underline{\underline{G}}$:

$$((u_i)_{1 \leqslant i \leqslant N}\,, (t_k)_{1 \leqslant k \leqslant \ell}\,, (v_j)_{1 \leqslant j \leqslant N}) \longmapsto \prod_i x^\rho_{\alpha_i}(u_i) \prod_k t_k^{H_k} \prod_j x^\rho_{-\alpha_j}(v_j)$$

où les produits sont pris dans un ordre fixé, estun isomorphisme de variétés algébriques, défini sur k_o , sur un ouvert de Zariski Ω de $\underline{\underline{G}}$ ([18], th.7).

2.2. Groupes de Chevalley sur les corps $\wp$-adiques.

2.2.1. Soient k un corps $\wp$-adique, $\mathcal{O}$ l'anneau des entiers d'idéal maximal $\wp$, et de corps des restes $\mathcal{O}/\wp = \bar{k}$ dont q désigne le nombre d'éléments. Si on se donne une forme admissible $E(\mathbb{Z})$ d'un $\mathfrak{g}$-module fidèle (E,ρ) de dimension finie comme au § 2.1, on a donc les groupes de Chevalley $G=G(k)$, $G(\bar{k})$, $K=G(\mathcal{O})$, $G(\mathcal{O}/\wp^n)$ si $n \geq i$, et les sous-groupes respectifs $A=A(k)$, $A(\bar{k})$, $H=A(\mathcal{O})$, $A(\mathcal{O}/\wp^n)$. On ôte l'indice ρ dans x_α^ρ, k_α^ρ, w_α^ρ, ω_α^ρ.

Les décompositions suivantes, et le fait que $A(C) = X' \otimes C^*$,

$$1 \longrightarrow 1 + \wp^n \longrightarrow \mathcal{O}^* \longrightarrow (\mathcal{O}/\wp^n) \longrightarrow 1 \qquad , \quad n \geq 1 ,$$

$$1 \longrightarrow (1 + \wp^m)/(1 + \wp^n) \longrightarrow (\mathcal{O}/\wp^n)^* \longrightarrow (\mathcal{O}/\wp^m)^* \longrightarrow 1 \quad , \quad n \geq m \geq 1 ,$$

montrent que les réductions $A(\mathcal{O}) \longrightarrow A(\mathcal{O}/\wp^n)$ et $A(\mathcal{O}/\wp^n) \longrightarrow A(\mathcal{O}/\wp^m)$ sont surjectives, et donc aussi les réductions (cf. 2.1.5) :

$$G(\mathcal{O}) \longrightarrow G(\mathcal{O}/\wp^n) \text{ et } G(\mathcal{O}/\wp^n) \longrightarrow G(\mathcal{O}/\wp^m) \ , \quad n \geq m \geq 1 .$$

2.2.2. On désignera par $A(\wp^n)$ le noyau de la réduction modulo $\wp^n$ sur $A(\mathcal{O})$; c'est donc le sous-groupe $\mathrm{Hom}(X, 1 + \wp^n) = X' \otimes (1 + \wp^n)$ de $A(\mathcal{O})$; de même pour $A(\wp^m/\wp^n) = \mathrm{Hom}(X,(1 + \wp^m)/1 + \wp^n) = X' \otimes (1 + \wp^m)/(1 + \wp^n)$, noyau de $A(\mathcal{O}/\wp^n) \longrightarrow A(\mathcal{O}/\wp^m)$.

Remarquons que si $2m \geq n$, l'application $a \longmapsto 1 + a$ de $\wp^m$ sur $1 + \wp^m$ définit un isomorphisme des groupes commutatifs $\wp^m/\wp^n$ et $(1 + \wp^m)/(1 + \wp^n)$. Il en résulte que l'application $aH \rightarrow (1 + a)^H = 1 + a\rho(H)$, $a \in \wp^m/\wp^n$, $H \in \mathfrak{a}(\mathbb{Z})$ de $\mathfrak{a}(\wp^m/\wp^n)$ dans $A(\wp^m/\wp^n)$ est un isomorphisme de groupes commutatifs, noté aussi e . On a donc prouvé le résultat suivant

Lemme 3

Si $2m \geq n \geq m \geq 1$, on a la décomposition suivante :

$$(16) \qquad 0 \longrightarrow \mathfrak{a}(\wp^m/\wp^n) \xrightarrow{\ e\ } A(\mathcal{O}/\wp^n) \longrightarrow A(\mathcal{O}/\wp^m) \longrightarrow 1 .$$

Le sous-groupe H de A est ouvert, compact et maximal. Le quotient s'identifie naturellement au réseau $X' = \mathfrak{a}(\mathbb{Z})$:

$$(17) \qquad 1 \longrightarrow H \longrightarrow A \longrightarrow X' \longrightarrow 0 \quad ,$$

et le choix d'un élément premier π de k définit une section $\mu \mapsto \pi^{\mu}$ de cette suite (cf. 2.1.3.).

2.2.3. Le sous-groupe $G(\mathcal{O})$ est aussi le sous-groupe des éléments de G(k) qui conservent le réseau $E(\mathcal{O})$ de E(k) ([14] cor. 2.17). C'est un sous-groupe ouvert compact maximal de G(k), et on a la <u>décomposition de Cartan</u> G = K A K , et l'ensemble des doubles classes $K\backslash G/K$ est en bijection canonique avec X'/W, si W est le groupe de Weyl de R([18] th. 21).

2.2.4. Le choix d'un système de racines positives définit un sous-groupe unipotent maximal U. Le groupe B = AU est un sous-groupe de Borel et G = KB ([18] th. 18).

Soit V l'opposé de U. La donnée des morphismes x_α permet de définir pour chaque entier $n \geqslant 0$ le sous-groupe $U(\mathfrak{p}^n)$ (resp. $V(\mathfrak{p}^n)$) engendré par les $x_\alpha(\mathfrak{p}^n)$ pour $\alpha \in U$ (resp. $\alpha \in V$). De même, si $n \geqslant m \geqslant 0$, $U(\mathfrak{p}^m/\mathfrak{p}^n)$ et $V(\mathfrak{p}^m/\mathfrak{p}^n)$ sont engendrés par les $x_\alpha(\mathfrak{p}^m/\mathfrak{p}^n)$ pour $\alpha \in U$ et $\alpha \in V$ respectivement. Au système de racines positives, on associe le <u>sous-groupe d'Iwahori I</u> de G engendré par les $x_\alpha(\mathcal{O})$ pour $\alpha > 0$ simple, et les $x_{-\alpha}(\mathfrak{p})$ où α parcourt les plus grandes racines des composants irréductibles de R, et H ; on a alors $I = U(\mathcal{O})\, HV(\mathfrak{p})$. ([14] th. 2.5). Pour chaque entier $n \geqslant 0$ on introduit également le sous-groupe d'Iwahori $I(\mathcal{O}/\mathfrak{p}^n)$ de $G(\mathcal{O}/\mathfrak{p}^n)$ de la même façon, et $I(\mathcal{O}/\mathfrak{p}^n) = U(\mathcal{O}/\mathfrak{p}^n)\, A(\mathcal{O}/\mathfrak{p}^n)\, V(\mathfrak{p}/\mathfrak{p}^n)$, par le même raisonnement que pour I.

On se fixe un relèvement $w \longmapsto \omega_w$ des groupe de Weyl dans l'image de $N(\mathbb{Z})$ dans $N(\mathcal{O})$ grâce aux ω_α, $\alpha \in R$ (2.1.5) ; on notera également ω_w la projection dans $N(\mathcal{O}/\mathfrak{p}^n)$, qui est aussi un relèvement de W. On a alors les décompositions de Bruhat ([14] th. 2.17, et [18] th 22) :

$$(18) \qquad G = I\, N\, I \;,\; K = I\, W\, I = \bigcup_{W} B(\mathcal{O})\, V^{w}(\mathfrak{p})\, V_{w}(\mathcal{O})\, \omega_{w} \quad ,$$

où la réunion est disjointe, en notant $V^w(\mathfrak{p})$ (resp. $V_w(\mathcal{O})$) le sous-groupe engendré par les $x_{-\alpha}(\mathfrak{p})$ (resp. $x_{-\alpha}(\mathcal{O})$) pour $\alpha > 0$ et $w^{-1}\alpha > 0$ (resp. et $w^{-1}\alpha < 0$). De plus l'écriture sur $B(\mathcal{O}) \times V^w(\mathfrak{p}) \times V_w(\mathcal{O})$ est unique, et même, sur $B(\mathcal{O})$ (resp. $V^w(\mathfrak{p})$, resp. $V_w(\mathcal{O})$), on a une écriture unique sur les sous-groupe élémentaires $\mathcal{O}^{*H_i}$ et $x_\alpha(\mathcal{O})$ (resp. $x_{-\alpha}(\mathfrak{p})$, resp. $x_{-\alpha}(\mathcal{O})$). dès qu'on a choisi une base H_i de X' sur $\mathbb{Z}$, et un ordre sur les racines positives (cf. 2.1.7).

2.2.5. Lemme 4

Pour $n \geq 1$ soit $\Omega(\mathfrak{p}^n)$ le sous-groupe de $G(\mathcal{O})$ engendré par $A(\mathfrak{p}^n)$ et les sous-groupes $x_\alpha(\mathfrak{p}^n)$, $\alpha \in R$. C'est un sous-groupe invariant de $G(\mathcal{O})$. Soient U et V les sous-groupes horicycliques opposés associés à un système de racines positives. On a $\Omega(\mathfrak{p}^n) = V(\mathfrak{p}^n)\, A(\mathfrak{p}^n)\, U(\mathfrak{p}^n)$, avec unicité de l'écriture et même, une fois choisis une base H_i de X' sur $\mathbb{Z}$ et un ordre sur les racines, avec unicité sur $\prod_{\alpha<0} x_\alpha(\mathfrak{p}^n) \times \prod_i (1+\mathfrak{p}^n)^{H_i} \times \prod_{\alpha>0} x_\alpha(\mathfrak{p}^n)$. On a les inclusions :
$(\Omega(\mathfrak{p}^n), \Omega(\mathfrak{p}^m)) \subset \Omega(\mathfrak{p}^{n+m})$; $n, m \geq 1$.

Si $n \geq m \geq 1$, soit $\Omega(\mathfrak{p}^m/\mathfrak{p}^n)$ le sous-groupe de $G(\mathcal{O}/\mathfrak{p}^n)$ engendré par $A(\mathfrak{p}^m/\mathfrak{p}^n)$ et les $x_\alpha(\mathfrak{p}^m/\mathfrak{p}^n)$, $\alpha \in R$. C'est un sous-groupe invariant de $G(\mathcal{O}/\mathfrak{p}^n)$, et on a la décomposition :

$$(19) \qquad 1 \longrightarrow \Omega(\mathfrak{p}^n) \longrightarrow \Omega(\mathfrak{p}^m) \longrightarrow \Omega(\mathfrak{p}^n/\mathfrak{p}^m) \longrightarrow 1 .$$

Preuve. (i) Pour le groupe SL_2, posons $x_\alpha(u) = \begin{pmatrix} 1 & u \\ 0 & 1 \end{pmatrix}$, $x_{-\alpha}(v) = \begin{pmatrix} 1 & 0 \\ v & 1 \end{pmatrix}$,

$h_\alpha(t) = \begin{pmatrix} t & 0 \\ 0 & t^{-1} \end{pmatrix}$. Alors $x_{-\alpha}(\mathfrak{p}^n)\, h_\alpha(1+\mathfrak{p}^n)\, x_\alpha(\mathfrak{p}^n)$, $n \geq 1$, n'est autre que le sous-groupe $SL_2(\mathfrak{p}^n)$ des éléments de $SL_2(\mathcal{O})$ congrus à 1 modulo $\mathfrak{p}^n$, i.e qui envoient le réseau $\mathcal{O} \times \mathcal{O}$ dans le réseau $\mathfrak{p}^n \times \mathfrak{p}^n$: on décompose en effet

$$\begin{pmatrix} 1+t & u \\ v & * \end{pmatrix} = \begin{pmatrix} 1 & 0 \\ (1+t)^{-1} v & 1 \end{pmatrix} \begin{pmatrix} 1+t & 0 \\ 0 & (1+t)^{-1} \end{pmatrix} \begin{pmatrix} 1 & (1+t)^{-1} u \\ 0 & 1 \end{pmatrix} \qquad \text{si } u,v,t \in \mathfrak{p}^n .$$

On en déduit l'invariance dans $SL_2(\mathcal{O})$, et aussi que $x_\alpha(\mathfrak{p}^n)\, x_{-\alpha}(\mathfrak{p}^n) \subset x_{-\alpha}(\mathfrak{p}^n)\, h_\alpha(1+\mathfrak{p}^n)\, x_\alpha(\mathfrak{p}^n)$. On a les mêmes résultats avec $SL_2(\mathfrak{p}^m/\mathfrak{p}^n)$.

(ii) Le groupe $G(\mathcal{O})$ est engendré par les $x_\alpha(\mathcal{O})$, $\alpha \in R$, et les $h(\chi)$ pour $\chi \in \mathrm{Hom}(X, \mathcal{O}^*)$; les relations de commutation (5) et (15) donnent

$$(20) \quad \begin{cases} (x_\alpha(u), x_\beta(v)) = \prod_{i,j \geq 1} x_{i\alpha + j\beta}(C^{i,j}_{\alpha,\beta} u^i v^j), & \alpha, \beta \in R,\ \alpha+\beta \neq 0, \\ (h(\chi), x_\beta(v)) = x_\beta((\chi(\beta) - 1) v), \end{cases}$$

et on a aussi, par (i), $x_\alpha(u)\, \phi_\alpha(SL_2(\mathfrak{p}^n)) = \phi_\alpha(SL_2(\mathfrak{p}^n))\, x_\alpha(u)$ si $u \in \mathcal{O}$.

Elles montrent que l'action de $G(\mathcal{O})$ sur $\Omega(\mathfrak{p}^n)$ le laisse stable, et de plus que les commutateurs $(\Omega(\mathfrak{p}^n), \Omega(\mathfrak{p}^m))$ sont inclus dans $\Omega(\mathfrak{p}^{n+m})$.

(iii) Le lemme 2 et 2.1.11 donneront l'unicité des écritures énoncées, quand on aura prouvé que $V(\wp^n)\ A(\wp^n)\ U(\wp^n)$ est un groupe, puisque les générateurs de $\Omega(\wp^n)$ y sont. Pour cela on montre que cette partie est stable par les $x_\alpha(\wp^n)$ et $A(\wp^n)$ opérant à gauche ; comme elle contient 1, ce sera bien un groupe. La stabilité par les $x_\alpha(\wp^n)$ pour $\alpha < 0$ et par $A(\wp^n)$ est claire. Montrons la pour les $x_\alpha(\wp^n)$, $\alpha > 0$:

- d'abord, si α est une racine simple, soit h la hauteur (2.1.7) donnée par $h(\alpha) = 1$ et $h(\beta) = 2$ si β est simple distincte de α; le sous-groupe $V_2(\wp^n)$ opposé de $U_2(\wp^n)$ est donc égal (lemme 2) au produit des $x_{-\beta}(\wp^n)$, $\beta > 0$, $\beta \neq \alpha$. Comme α est simple, les relations de commutation montrent que $x_\alpha(\mathcal{O})$ normalise $V_2(\wp^n)$: en particulier, on a :

$$x_\alpha(\wp^n)\ V(\wp^n) = x_\alpha(\wp^n)\ V_2(\wp^n)\ x_{-\alpha}(\wp^n) = V_2(\wp^n)\ x_\alpha(\wp^n)\ x_{-\alpha}(\wp^n)\ ,$$

qui, par (i), est inclus dans $V_2(\wp^n)\ x_{-\alpha}(\wp^n)\ h_\alpha(1+\wp^n)\ x_\alpha(\wp^n)$, donc dans $V(\wp^n)\ A(\wp^n)\ U(\wp^n)$;

- pour montrer l'inclusion $x_\alpha(\wp^n)\ V(\wp^n) \subset V(\wp^n)\ A(\wp^n)\ U(\wp^n)$ pour toute racine positive α, on raisonne par récurence sur la somme $r(\alpha)$ des coefficients de α par rapport la base définie par le système de racines positives. On a prouvé cette inclusion si $r(\alpha) = 1$; supposons-la prouvée pour les $\alpha > 0$ de $r(\alpha) \leqslant r$. Soit $\beta > 0$ de $r(\beta) = r+1$; il y a une racine simple α telle que la racine $\beta' = w_\alpha \beta$ soit positive de $r(\beta') \leqslant r$: ceci signifie que $\langle \alpha^\vee, \beta\rangle \geqslant 1$ pour une racine simple α, qui résulte de ce que $\langle \beta^\vee, \beta\rangle = 2$ et que les coracines simples $\alpha^\vee$ forment une base des coracines où toute coracine positive est à coordonnées positives; soit ω_α^ρ comme en 2.1.6 ; c'est un élément de $G(\mathcal{O})$, et l'on a, si U^α est engendré par les U_β, $\beta > 0$, $\beta \neq \alpha$, et V^α est son opposé :

$$\omega_\alpha\ V(\wp^n)\ A(\wp^n)\ U(\wp^n)\,\omega_\alpha^{-1} = \omega_\alpha\ V^\alpha(\wp^n)\ x_{-\alpha}(\wp^n)\ A(\wp^n)x_\alpha(\wp^n)\ U^\alpha(\wp^n)\ \omega_\alpha^{-1}$$

$$= V^\alpha(\wp^n)\ x_\alpha(\wp^n)\ A(\wp^n)\ x_{-\alpha}(\wp^n)\ U^\alpha(\wp^n) = V^\alpha(\wp^n)\ x_{-\alpha}(\wp^n)\ A(\wp^n)x_\alpha(\wp^n)\ U^\alpha(\wp^n)\ ,$$

en utilisant le fait que ω_α envoie $\rho(X_{\pm\alpha})$ sur $-\rho(X_{\mp\alpha})$ (2.1.5), que la symétrie w_α permute les racines de même signe distinctes de $\pm\ \alpha$ ([5] c), VI.1.6. Prop. 17, Cor. 1) et le (i) ci-dessus. Ceci montre que $V(\wp^n)\ A(\wp^n)\ U(\wp^n)$ est invariant par l'automorphisme du à ω_α . Si on reprend β et $\beta' = w_\alpha \beta$, on a :

$$x_\beta(\wp^n)\ V(\wp^n)\ A(\wp^n)\ U(\wp^n) = x_\beta(\wp^n)\omega_\alpha\ V(\wp^n)\ A(\wp^n)\ U(\wp^n)\,\omega_\alpha^{-1} =$$

$$\omega_\alpha\ x_{\beta'}(\wp^n)\ V(\wp^n)\ A(\wp^n)\ U(\wp^n)\,\omega_\alpha^{-1}$$

qui, par l'hypothèse de récurrence est inclus dans $\omega_\alpha\ V(\wp^n)\ A(\wp^n)\ U(\wp^n)\,\omega_\alpha^{-1} = V(\wp^n)\ A(\wp^n)\ U(\wp^n)$.

(iv) On montre exactement de la même façon les résultats analogues pour $\Omega(\mathfrak{p}^m/\mathfrak{p}^n)$, et qu'on a la suite exacte (19).

2.2.6. Lemme 5

Si $2m \geqslant n \geqslant m \geqslant 1$, on définit un isomorphisme. :

$$(21) \qquad \mathfrak{g}(\mathfrak{p}^m/\mathfrak{p}^n) \longrightarrow \Omega(\mathfrak{p}^m/\mathfrak{p}^n), \quad X \longrightarrow 1+\rho(X)$$

Preuve. On a, avec l'hypothèse $2m \geqslant n \geqslant m \geqslant 1$, $1+\rho(u X_\alpha) = x_\alpha(u)$ si $u \in \mathfrak{p}^m/\mathfrak{p}^n$, et, joint avec le lemme 3 et la définition de $\Omega(\mathfrak{p}^m/\mathfrak{p}^n)$, ceci donne la surjectivité. L'injectivité provient de ce que ρ est fidèle (lemme 1).

2.2.7. Proposition 1

Pour tout $n \geqslant 1$ le noyau $G(\mathfrak{p}^n)$ de la réduction modulo $\mathfrak{p}^n$:

$$(22) \qquad 1 \longrightarrow G(\mathfrak{p}^n) \longrightarrow G(\mathcal{O}) \longrightarrow G(\mathcal{O}/\mathfrak{p}^n) \longrightarrow 1,$$

est égal à $\Omega(\mathfrak{p}^n)$. Si $n \geqslant m \geqslant 1$, le noyau $G(\mathfrak{p}^m/\mathfrak{p}^n)$ de la réduction :

$$(23) \qquad 1 \longrightarrow G(\mathfrak{p}^m/\mathfrak{p}^n) \longrightarrow G(\mathcal{O}/\mathfrak{p}^n) \longrightarrow G(\mathcal{O}/\mathfrak{p}^m) \longrightarrow 1,$$

est égal à $\Omega(\mathfrak{p}^m/\mathfrak{p}^n)$.

Preuve (i) L'égalité $\Omega(\mathfrak{p}^m/\mathfrak{p}^n) = G(\mathfrak{p}^m/\mathfrak{p}^n)$ résulte de (19) si on a prouvé $G(\mathfrak{p}^m) = \Omega(\mathfrak{p}^m)$ et $G(\mathfrak{p}^n) = \Omega(\mathfrak{p}^n)$.

(ii) Le noyau de la réduction $SLE(\mathcal{O}) \longrightarrow SLE(\mathcal{O}/\mathfrak{p}^n)$ est le sous-groupe $SLE(\mathfrak{p}^n)$ formé des $x \in SLE(\mathcal{O})$ congrus à I modulo $E(\mathfrak{p}^n)$, i.e. des $x \in SLE(\mathcal{O})$ tels que $(x-1).E(\mathcal{O}) \subset E(\mathfrak{p}^n)$. Comme la restriction de cette application à $G(\mathcal{O})$ a pour image $G(\mathcal{O}/\mathfrak{p}^n)$, le noyau de $G(\mathcal{O}) \rightarrow G(\mathcal{O}/\mathfrak{p}^n)$ est $G(\mathcal{O}) \cap SLE(\mathfrak{p}^n)$: ce sont les $x \in G(\mathcal{O})$ pour lesquels $(x-1).E(\mathcal{O}) \subset E(\mathfrak{p}^n)$. Montrons par récurrence sur $n \geqslant 1$ que c'est bien $\Omega(\mathfrak{p}^n)$.

(iii) Preuve de (22) pour $n = 1$. On sait déjà que le noyau de (22) est contenu dans tout sous-groupe d'Iwahori, puisque ce sont les images réciproques de sous-groupes de $G(\bar{k})$; si U désigne l'horicycle maximal que définit le sous-groupe engendré par les sous-groupes U_α quand α parcourt un système de racines positives, et si V est son opposé, ce noyau est donc contenu dans $V(\mathfrak{p})\, A(\mathcal{O})\, U(\mathfrak{p})$, intersection des deux Iwahori $V(\mathfrak{p})\, A(\mathcal{O})\, U(\mathcal{O})$ et $V(\mathcal{O})\, A(\mathcal{O})\, U(\mathfrak{p})$. D'autre part, il est clair que $\Omega(\mathfrak{p})$ est contenu dans le noyau de la réduction modulo $\mathfrak{p}$. Comme le noyau de $A(\mathcal{O}) \longrightarrow A(\bar{k})$ est $A(\mathfrak{p})$, il en résulte que ce noyau est exactement $\Omega(\mathfrak{p})$.

(iv) Supposons que $\Omega(\mathfrak{p}^n)$ soit le noyau de la réduction modulo $\mathfrak{p}^n$ sur $G(\mathcal{O})$. Le noyau de la réduction modulo $\mathfrak{p}^{n+1}$ est contenu dans $\Omega(\mathfrak{p}^n)$, et il contient clairement $\Omega(\mathfrak{p}^{n+1})$. On fabrique une section de la suite

$$1 \longrightarrow \Omega(\mathfrak{p}^{n+1}) \longrightarrow \Omega(\mathfrak{p}^n) \longrightarrow \mathfrak{g}(\mathfrak{p}^n/\mathfrak{p}^{n+1}) \longrightarrow 0 ,$$

qui résulte des lemmes 4 et 5 , de la façon suivante : on fixe un ordre sur les racines, on relève $X \in \mathfrak{g}(\mathfrak{p}^n/\mathfrak{p}^{n+1})$ en un élément X' dans $\mathfrak{g}(\mathfrak{p}^n) = \mathfrak{h}(\mathfrak{p}^n) \oplus \bigoplus_\alpha \mathfrak{p}^n X_\alpha$ en $\sum_i a_i H_i + \sum_\alpha u_\alpha X_\alpha$ si H_i est une base de X', et on pose, relativement à l'ordre choisi sur R :

$$s(X) = \prod_\alpha x_\alpha(u_\alpha) \prod_i (1+a_i)^{H_i}$$

Alors, si $x \in \Omega(\mathfrak{p}^n)$ on peut l'écrire $x = s(X)\, y$ avec un $y \in \Omega(\mathfrak{p}^{n+1})$ et X est la projection de x dans $\mathfrak{g}(\mathfrak{p}^n/\mathfrak{p}^{n+1})$. Si on suppose que x est dans le noyau de la réduction modulo $\mathfrak{p}^{n+1}$, on aura donc

$$(x-1).E(\mathcal{O}) = ((s(X)-1)(y-1) + (s(X)-1) + (y-1)).E(\mathcal{O}) \subset E(\mathfrak{p}^{n+1})$$
$$\text{i.e.} \quad (s(X)-1).E(\mathcal{O}) \subset E(\mathfrak{p}^{n+1})$$

mais $(s(X)-1).E(\mathcal{O}) \equiv \mathrm{Ad}\, X'.E(\mathcal{O})$ modulo $\mathfrak{p}^{n+1}$, par construction même de s(X), et donc $\rho(X').E(\mathcal{O}) \subset E(\mathfrak{p}^{n+1})$, avec $X' \in \mathfrak{g}(\mathfrak{p}^n)$. Cette inclusion signifie que l'image par ρ de la réduction de X' modulo $\mathfrak{p}^{n+1}$ est nulle dans End $E(\mathfrak{p}^n/\mathfrak{p}^{n+1})$: le lemme 1 donne alors $X' \in \mathfrak{g}(\mathfrak{p}^{n+1})$, et $X = 0$ dans $\mathfrak{g}(\mathfrak{p}^n/\mathfrak{p}^{n+1})$: l'élément x de $\Omega(\mathfrak{p}^n)$ est dans $\Omega(\mathfrak{p}^{n+1})$, ce qui achève de prouver la proposition.

Remarque. La proposition montre au passage que si $n \geqslant 1$, $U(\mathfrak{p}^n)$ est le noyau de la réduction $U(\mathcal{O}) \longrightarrow U(\mathcal{O}/\mathfrak{p}^n)$, puisque $U(\mathcal{O}) \cap G(\mathfrak{p}^n) = U(\mathfrak{p}^n)$ par le lemme 4. On en déduit qu'on a la décomposition de Bruhat pour $G(\mathcal{O}/\mathfrak{p}^n)$, avec les mêmes propriétés d'unicité et notations qu'en 2.2.4 :

$$G(\mathcal{O}/\mathfrak{p}^n) = I(\mathcal{O}/\mathfrak{p}^n)\, W\, I(\mathcal{O}/\mathfrak{p}^n) = \bigcup_w B(\mathcal{O}/\mathfrak{p}^n)\, V^w(\mathfrak{p}/\mathfrak{p}^n)\, V_w(\mathcal{O}/\mathfrak{p}^n)\, \omega_w$$

2.2.8. Lemme 6

Si $2m \geqslant n \geqslant m \geqslant 1$, on a la décomposition

$$(24) \qquad 0 \longrightarrow \mathfrak{g}(\mathfrak{p}^m/\mathfrak{p}^n) \xrightarrow{e} G(\mathcal{O}/\mathfrak{p}^n) \longrightarrow G(\mathcal{O}/\mathfrak{p}^m) \longrightarrow 1$$

où e est $X \longmapsto I + \rho(X)$, et l'action de $G(\mathcal{O}/\mathfrak{p}^m)$ sur $\mathfrak{g}(\mathfrak{p}^m/\mathfrak{p}^n)$ est donnée par la représentation adjointe de $G(\mathcal{O})$ restreinte à $\mathfrak{g}(\mathfrak{p}^m)$ et réduite modulo $\mathfrak{p}^n$.

Preuve. La première partie est le lemme 5. la seconde résulte de la définition de la représentation adjointe, et de ce que $\rho(\mathrm{Ad}\, x\,.\, X) = x\,\rho(X)\, x^{-1}$ pour $x \in G(\mathcal{O})$, $X \in \mathfrak{g}(\mathfrak{p}^m)$, réduit modulo $\mathfrak{p}^n$ est donné par les réduction mod $\mathfrak{p}^n$: $\bar{x}\rho(\bar{X})\,\bar{x}^{-1} = \rho(\mathrm{Ad}\,\bar{x}.\,\bar{X})$.

2.2.9. En appliquant (24) avec $n = m + 1$, on calcule par récurrence l'ordre de $G(\mathcal{O}/\mathfrak{p}^m)$

$$(25) \qquad \left|G(\mathcal{O}/\mathfrak{p}^m)\right| = q^{(2N+\ell)(m-1)}\ G(\mathcal{O}/\mathfrak{p}) \qquad m \geqslant 1\ , \quad q = \mathrm{Card}\ \mathcal{O}/\mathfrak{p},$$

où $2N$ est le nombre de racines, ℓ le rang de R ; l'ordre de $G(k)$ est ([18]) :

$$(25)' \qquad \left|G(\bar{k})\right| = q^N W(q)\ (q-1)^\ell$$

où W est le polynôme de Poincaré du groupe de Weyl de R.

2.2.10. Lemme 7

Les commutateurs de $G(\mathfrak{p}^m/\mathfrak{p}^n)$, si $3\,m \geqslant n \geqslant m \geqslant 1$ sont centraux, et donnés par le diagramme suivant :

$$(26) \qquad \begin{array}{ccc} G(\mathfrak{p}^m/\mathfrak{p}^n) \times G(\mathfrak{p}^m/\mathfrak{p}^n) & \xrightarrow{(\,,\,)} & G(\mathfrak{p}^{2m}/\mathfrak{p}^n) \\ \downarrow \qquad\qquad \downarrow & & \downarrow \\ \mathfrak{g}(\mathfrak{p}^m/\mathfrak{p}^{2m}) \times \mathfrak{g}(\mathfrak{p}^m/\mathfrak{p}^{2m}) & \xrightarrow{[\,,\,]} & \mathfrak{g}(\mathfrak{p}^{2m}/\mathfrak{p}^{3m}) \end{array}$$

où les flèches de gauche désignent la réduction modulo $\mathfrak{p}^{2m}$ suivies de l'isomorphisme $G(\mathfrak{p}^m/\mathfrak{p}^{2m}) \xrightarrow{\sim} \mathfrak{g}(\mathfrak{p}^m/\mathfrak{p}^{2m})$; la flèche de droite est la composée de l'isomorphisme $\mathfrak{g}(\mathfrak{p}^{2m}/\mathfrak{p}^{3m}) \xrightarrow{\sim} G(\mathfrak{p}^{2m}/\mathfrak{p}^{3m})$ avec la réduction mod $\mathfrak{p}^n$; le crochet $[\ ,\ ]$ est induit par le crochet de Lie sur $\mathfrak{g}(\mathfrak{p}^m)$.

Preuve. La première assertion résulte du lemme 2. Pour prouver la seconde, on remarque d'abord que la condition $3\,m \geqslant n$ implique que les commutateurs sont centraux ; le groupe $G(\mathfrak{p}^m/\mathfrak{p}^n)$ est engendré par les $x_\alpha(\mathfrak{p}^m/\mathfrak{p}^n)$ et les $h(\chi)$, $\chi \in \mathrm{Hom}\,(X,(1+\mathfrak{p}^m)/(1+\mathfrak{p}^n))$, les relations de commutation s'écrivant alors

$$(x_\alpha(u),\ x_\beta(v)) = x_{\alpha+\beta}(C^{1,1}_{\alpha,\beta}\ u\, v) \quad , \quad u,\ v \in \mathfrak{p}^m/\mathfrak{p}^n\ ,\ \alpha,\beta \in R,\ \alpha+\beta \in R,$$

$$(x_\alpha(u),\ x_{-\alpha}(v)) = h_\alpha\ (1+u\, v) \quad , \qquad u,\ v \in \mathfrak{p}^m/\mathfrak{p}^n,$$

$$(h(\chi),\ x_\alpha(u)) = x_\alpha((\chi(\alpha)-1)\ u) \quad , \quad \chi \in \mathrm{Hom}(X,(1+\mathfrak{p}^m)/(1+\mathfrak{p}^n)),\ u \in \mathfrak{p}^m/\mathfrak{p}^n,$$

et les seconds membres sont respectivement $e^{[u\,X_\alpha,\ v\,X_\beta]}$, $e^{[u\,X_\alpha,\ v\,X_{-\alpha}]}$ et $e^{[\chi-1,\ u\,X_\alpha]}$, avec des notations évidentes, ce qui prouve le lemme.

2.2.11. Lemme 8

La famille des sous-groupes $(G(\mathfrak{p}^n))_{n \geqslant 0}$ forme un système fondamental de voisinages de l'élément neutre dans $G(k)$. Le sous-groupe $G(\mathfrak{p}^n)$ est invariant dans $G(\mathcal{O})$; les quotients successifs de la suite $(G(\mathfrak{p}^n))_{n \geqslant 0}$ sont $G(\bar{k})$ et $\mathfrak{g}(\mathfrak{p}^n/\mathfrak{p}^{n+1})$ pour $n \geqslant 1$. L'action de $G(\mathcal{O})$ sur $\mathfrak{g}(\mathfrak{p}^n/\mathfrak{p}^{n+1})$ est donnée par la représentation adjointe de $G(\mathcal{O})$ restreinte à $\mathfrak{g}(\mathfrak{p}^n)$ et réduite modulo $\mathfrak{p}^{n+1}$; elle définit une action de $G(\bar{k})$ sur $\mathfrak{g}(\mathfrak{p}^n/\mathfrak{p}^{n+1})$.

Preuve. Les idéaux $(\mathfrak{p}^n)_{n \geqslant 0}$ forment un système fondamental de l'origine dans k ; en conséquence les sous-groupes $SLE(\mathfrak{p}^n)$, $n \geqslant 1$, forment un système fondamental de voisinages de 1 dans $SLE(k)$, et comme $G(\mathfrak{p}^n)$ est la trace de $SLE(\mathfrak{p}^n)$ sur $G(k)$, la première assertion est démontrée, ainsi que la seconde. Le quotient $G(\mathcal{O})/G(\mathfrak{p})$ est $G(\mathcal{O}/\mathfrak{p}) = G(\bar{k})$ et $G(\mathfrak{p}^n)/G(\mathfrak{p}^{n+1})$, qui est $G(\mathfrak{p}^n/\mathfrak{p}^{n+1})$, par la proposition 1, s'identifie à $\mathfrak{g}(\mathfrak{p}^n/\mathfrak{p}^{n+1})$ si $n \geqslant 1$ par le lemme 5

$$1 \longrightarrow G(\mathfrak{p}^{n+1}) \longrightarrow G(\mathfrak{p}^n) \longrightarrow \mathfrak{g}(\mathfrak{p}^n/\mathfrak{p}^{n+1}) \longrightarrow 0 \qquad , n \geqslant 1.$$

Le reste du lemme résulte du lemme 6, et de ce que $G(\mathfrak{p})$ envoie $\mathfrak{g}(\mathfrak{p}^n)$ dans $\mathfrak{g}(\mathfrak{p}^{n+1})$.

2.2.12. On note $\mathfrak{m}$ la somme des $\mathfrak{g}^\alpha$ pour α parcourant R. C'est un sous-espace de $\mathfrak{g}$, muni de la forme entière donnée par le système de Chevalley $(X_\alpha)_{\alpha \in R}$.

Proposition 2

Soit f un entier positif ; on note f' et f" les deux entiers donnés par

$$f = f' + f'' \qquad \text{et} \qquad 2f' \leqslant f \leqslant 2f'+1.$$

Alors

(i) $A(\mathcal{O}/\mathfrak{p}^f)\, G(\mathfrak{p}^{f'}/\mathfrak{p}^f)$ est un sous-groupe de $G(\mathcal{O}/\mathfrak{p}^f)$, et l'image de $\mathfrak{m}(\mathfrak{p}^{f''}/\mathfrak{p}^f)$ par l'injection (24) et un sous-groupe invariant de $A(\mathcal{O}/\mathfrak{p}^f)\, G(\mathfrak{p}^{f'}/\mathfrak{p}^f)$; on note $D^A(f)$ le quotient :

(27) $$0 \longrightarrow \mathfrak{m}(\mathfrak{p}^{f''}/\mathfrak{p}^f) \longrightarrow A(\mathcal{O}/\mathfrak{p}^f)\, G(\mathfrak{p}^{f'}/\mathfrak{p}^f) \longrightarrow D^A(f) \longrightarrow 1 \quad ;$$

(ii) si f est pair, $D^A(f)$ s'identifie au sous-groupe $A(\mathcal{O}/\mathfrak{p}^f)$ de $A(\mathcal{O}/\mathfrak{p}^f)\, G(\mathfrak{p}^{f'}/\mathfrak{p}^f)$, qui est alors produit semi-direct :

(28) $$0 \longrightarrow \mathfrak{m}(\mathfrak{p}^{f''}/\mathfrak{p}^f) \longrightarrow A(\mathcal{O}/\mathfrak{p}^f)\, G(\mathfrak{p}^{f'}/\mathfrak{p}^f) \rightleftarrows A(\mathcal{O}/\mathfrak{p}^f) \rightarrow 1 \quad ;$$

(iii) si f est impair, $f > 1$, le groupe $D^A(f)$ est extension d'un groupe d'Heisenberg $H^A(f)$ par $A(\mathcal{O}/\mathfrak{p}^{f-1})$

$$1 \longrightarrow H^A(f) \longrightarrow D^A(f) \longrightarrow A(\mathcal{O}/\mathfrak{p}^{f-1}) \longrightarrow 1 \qquad ; \tag{29}$$

le groupe d'Heisenberg $H^A(f)$ est associé à l'espace vectoriel $\mathfrak{m}(\mathfrak{p}^{f'}/\mathfrak{p}^{f''})$ sur $\bar{k}$ muni de l'application alternée à valeurs dans $\mathfrak{a}(\mathfrak{p}^{f-1}/\mathfrak{p}^f)$ définie par la restriction à $\mathfrak{A}$ du crochet de Lie (Ch. I, 1.4.1) :

$$0 \longrightarrow \mathfrak{a}(\mathfrak{p}^{f-1}/\mathfrak{p}^f) \longrightarrow H^A(f) \longrightarrow \mathfrak{m}(\mathfrak{p}^{f'}/\mathfrak{p}^{f''}) \longrightarrow 0 \qquad ; \tag{30}$$

le groupe $A(\mathcal{O}/\mathfrak{p}^{f-1})$ opère trivialement sur l'image de $\mathfrak{a}(\mathfrak{p}^{f-1}/\mathfrak{p}^f)$ dans $H^A(f)$, et par la représentation adjointe sur $\mathfrak{m}(\mathfrak{p}^{f'}/\mathfrak{p}^{f''})$.

Preuve : (i) Le sous-groupe $G(\mathfrak{p}^{f'}/\mathfrak{p}^f)$ de $G(\mathcal{O}/\mathfrak{p}^f)$ est invariant (Proposition 1), et $A(\mathcal{O}/\mathfrak{p}^f)\, G(\mathfrak{p}^{f'}/\mathfrak{p}^f)$ est un sous-groupe de $G(\mathcal{O}/\mathfrak{p}^f)$; on a $A(\mathcal{O}/\mathfrak{p}^f) \cap G(\mathfrak{p}^{f'}/\mathfrak{p}^f) = A(\mathfrak{p}^{f'}/\mathfrak{p}^f)$. Comme $2f'' \geqslant f$, pour montrer que l'image de $\mathfrak{m}(\mathfrak{p}^{f''}/\mathfrak{p}^f)$ dans $A(\mathcal{O}/\mathfrak{p}^f)\, G(\mathfrak{p}^{f'}/\mathfrak{p}^f)$ est un sous-groupe invariant, il suffit de montrer que $\mathfrak{m}(\mathfrak{p}^{f''}/\mathfrak{p}^f)$ est stable par la restriction à $A(\mathcal{O}/\mathfrak{p}^f)\, G(\mathfrak{p}^{f'}/\mathfrak{p}^f)$ de la représentation adjointe de $G(\mathcal{O}/\mathfrak{p}^f)$ (lemme 6). Or l'égalité $f' + f'' = f$ implique que $G(\mathfrak{p}^{f'}/\mathfrak{p}^f)$ opère trivialement sur $\mathfrak{g}(\mathfrak{p}^{f''}/\mathfrak{p}^f)$ donc sur $\mathfrak{m}(\mathfrak{p}^{f''}/\mathfrak{p}^f)$; quant à $A(\mathcal{O}/\mathfrak{p}^f)$ il conserve chaque $\mathfrak{g}^{\alpha}(\mathfrak{p}^{f''}/\mathfrak{p}^f)$ donc aussi leur somme $\mathfrak{m}(\mathfrak{p}^{f''}/\mathfrak{p}^f)$.

(ii) Si f est pair, on a $f' = f''$, $f = 2f'$, et l'image de $\mathfrak{m}(\mathfrak{p}^{f'}/\mathfrak{p}^f)$ dans $G(\mathfrak{p}^{f'}/\mathfrak{p}^f)$ est facteur direct du sous-groupe $A(\mathfrak{p}^{f'}/\mathfrak{p}^f)$ (lemme 5), donc dans $A(\mathcal{O}/\mathfrak{p}^f)\, G(\mathfrak{p}^{f'}/\mathfrak{p}^f)$, cette image est facteur direct de $A(\mathcal{O}/\mathfrak{p}^f)$, et on a bien la décomposition (28).

(iii) Si f est impair, $f > 1$, on a $f'' = f' + 1$, $f = 2f' + 1$, $f' \geqslant 1$. Si l'on effectue une réduction de la suite (27) modulo $\mathfrak{p}^{f-1}$, on obtient la suite (28) relativement à l'entier pair f-1 : on a donc le diagramme suivant, commutatif :

$$\begin{array}{ccccccccc}
0 \longrightarrow & \mathfrak{m}(\mathfrak{p}^{f'}/\mathfrak{p}^{f-1}) & \longrightarrow & A(\mathcal{O}/\mathfrak{p}^{f-1})\, G(\mathfrak{p}^{f'}/\mathfrak{p}^{f-1}) & \longrightarrow & A(\mathcal{O}/\mathfrak{p}^{f-1}) & \longrightarrow 1 \\
 & \beta\uparrow & & \alpha\uparrow & & \gamma\uparrow & \\
0 \longrightarrow & \mathfrak{m}(\mathfrak{p}^{f''}/\mathfrak{p}^{f}) & \longrightarrow & A(\mathcal{O}/\mathfrak{p}^{f})\, G(\mathfrak{p}^{f'}/\mathfrak{p}^{f}) & \longrightarrow & D^A(f) & \longrightarrow 1 \quad ;
\end{array}$$

on en déduit que le noyau de la flèche γ s'envoie dans le conoyau de β ; mais ce conoyau est $\mathfrak{m}(\mathfrak{p}^{f'}/\mathfrak{p}^{f''})$, et le noyau de γ est le sous-groupe $H^A(f)$. Cette flèche $H^A(f) \longrightarrow \mathfrak{m}(\mathfrak{p}^{f'}/\mathfrak{p}^{f''})$ est surjective puisque α l'est, et son noyau est donné par le conoyau de $\operatorname{Ker}\beta \longrightarrow \operatorname{Ker}\alpha$, à savoir $\mathfrak{m}(\mathfrak{p}^{f-1}/\mathfrak{p}^f) \longrightarrow \mathfrak{g}(\mathfrak{p}^{f-1}/\mathfrak{p}^f)$: c'est $\mathfrak{a}(\mathfrak{p}^{f-1}/\mathfrak{p}^f)$. On a donc la décomposition (30), où $\mathfrak{a}(\mathfrak{p}^{f-1}/\mathfrak{p}^f)$ est central dans $H^A(f)$, puisque $G(\mathfrak{p}^{f'}/\mathfrak{p}^f)$ opère trividement sur $\mathfrak{g}(\mathfrak{p}^{f-1}/\mathfrak{p}^f)$. De plus les commutateurs sur $H^A(f)$ s'obtiennent à partir du lemme 7 puisque $3f' \geqslant f$; les commutateurs sur $G(\mathfrak{p}^{f'}/\mathfrak{p}^{f})$ appartiennent à $G(\mathfrak{p}^{f-1}/\mathfrak{p}^{f})$, et en regardant l'image dans $H^{A}(f)$, on élimine la composante hors de $A(\mathfrak{p}^{f-1}/\mathfrak{p}^{f})$. On a donc entièrement prouvé (iii).

Lorsque $f = 1$, le groupe considéré n'est autre que $G(\bar{k})$.

2.2.13. Etant donnés les isomorphismes x_{α} du groupe additif sur les sous-groupes radiciel U_{α} – c'est-à-dire un système de Chevalley (X_{α}) étant donné –, pour chaque horicycle standard de G relativement à un système de racines positives (2.1.10), on peut définir une filtration de son sous-groupe (resp. de sa sous-algèbre) horicyclique : pour $n \geqslant 0$, $U(\mathfrak{p}^{n})$ est engendré par les $x_{\alpha}(\mathfrak{p}^{n})$, $\alpha \in U$, et de même $\mathfrak{u}(\mathfrak{p}^{n}) = \sum_{\alpha \in \mathfrak{u}} \mathfrak{g}^{\alpha}(\mathfrak{p}^{n})$. Les résultats précédents montrent que si $n \geqslant m \geqslant 0$, le quotient $U(\mathfrak{p}^{m})/ U(\mathfrak{p}^{n})$ s'identifie au sous-groupe $U(\mathfrak{p}^{m}/\mathfrak{p}^{n})$ de $G(\mathfrak{p}^{m}/\mathfrak{p}^{n})$ engendré par les $x_{\alpha}(\mathfrak{p}^{m}/\mathfrak{p}^{n})$.

Soit V un sous-groupe horicyclique. On posera :

$$V(\mathfrak{p}^{n}) = V \cap G(\mathfrak{p}^{n}) \text{ pour } n \geqslant 0, \text{ et } V(\mathfrak{p}^{m}/\mathfrak{p}^{n}) = V(\mathfrak{p}^{m}/\mathfrak{p}^{n}) \text{ si } n \geqslant m \geqslant 0 .$$

Comme le normalisateur d'un sous-groupe horicyclique standard U contient un sous-groupe de Borel B (2.2.4) et que $G = KP$, si V est conjugué de U, on a $V = k\,\mathbf{U}\,k^{-1}$ pour un $k \in K$, et donc, le sous-groupe $G(\mathfrak{p}^{n})$ étant invariant par K, on a :

$$V(\mathfrak{p}^{n}) = k \ U(\mathfrak{p}^{n}) \ k^{-1} \qquad \text{pour} \quad n \geqslant 0 .$$

Dans l'algèbre de Lie $\mathfrak{g}(k)$, on définit de même, pour une sous-algebre horicycle $\mathfrak{v}$, les sous-groupes $\mathfrak{v}(\mathfrak{p}^{n}) = \mathfrak{g}(\mathfrak{p}^{n}) \cap \mathfrak{v}(k)$, n entier.

2.3. Caractères.

2.3.1. Reprenons les notations de 2.1.1 et 2.1.2. La $\mathbb{Z}$-forme $\mathfrak{g}_{X}(\mathbb{Z})$ de $\mathfrak{g}$ définit une $\mathbb{Z}$-forme $\mathfrak{g}'_{X}(\mathbb{Z})$ sur l'espace vectoriel dual $\mathfrak{g}'$, constitué des formes linéaires sur $\mathfrak{g}$ qui prennent des valeurs entières sur $\mathfrak{g}_{X}(\mathbb{Z})$; on a donc

$$\mathfrak{g}'_{X}(\mathbb{Z}) = \mathfrak{a}'_{X}(\mathbb{Z}) \oplus \bigoplus_{\alpha \in R} \mathbb{Z} \ X'_{\alpha}$$

où $\mathfrak{a}'(\mathbb{Z})$ est le réseau X, naturellement plongé dans $\mathfrak{g}'$, et où X'_{α} est la forme linéaire définie par $\langle X'_{\alpha} , X_{\alpha} \rangle = 1$, $\langle X'_{\alpha} , X_{\beta} \rangle = 0$, $\beta \neq \alpha$, et $\langle X'_{\alpha} , \mathfrak{a} \rangle = 0$. On omet l'indice X dans les notations.

2.3.2. La <u>représentation coadjointe</u> de $\mathfrak{g}$ dans $\mathfrak{g}'$ est définie par

$$\langle \mathrm{ad}^{\vee} X.X', Y \rangle = \langle X', [Y,X] \rangle \ , \ X, Y \in \mathfrak{g} \ , \ X' \in \mathfrak{g}'$$

Elle définit une représentation de $\mathfrak{g}(\mathbb{Z})$ dans $\mathfrak{g}'(\mathbb{Z})$, et donc, pour tout anneau commutatif unitaire C une représentation de $\mathfrak{g}(C)$ dans $\mathfrak{g}'(C)$; l'action des éléments de base est donnée par les formules :

$$\mathrm{ad}^{\vee} X_{\alpha}.X'_{\alpha} = -\alpha \ ; \ \mathrm{ad}^{\vee} X_{\beta}.X_{\alpha} = N_{\beta,\alpha} X'_{\beta-\alpha} \text{ si } \beta \neq \alpha \ ;$$

$$\mathrm{ad}^{\vee} X_{\alpha}.H' = -\langle H', H_{\alpha} \rangle X'_{-\alpha} . H' \in \mathfrak{a}' \ ; \ \mathrm{ad}^{\vee} H.X'_{\alpha} = -\alpha(H) X'_{\alpha} \ , \ H \in \mathfrak{a} \ ;$$

$$\mathrm{ad}^{\vee} H.H' = 0 \text{ si } H \in \mathfrak{a} \ , \ H' \in \mathfrak{a}'.$$

On définit également la <u>représentation co-adjointe</u> du groupe de Chevalley G(C) dans $\mathfrak{g}'(C)$ par

$$\langle \mathrm{Ad}^{\vee} x.X', \mathrm{Ad}\, x.X \rangle = \langle X', X \rangle \ , \ X \in \mathfrak{g}(C) \ , \ X' \in \mathfrak{g}'(C) \ , \ x \in G(C).$$

En particulier, on a les formules suivantes, qui résultent de 2.1.6 et 2.1.7 :

$$\mathrm{Ad}^{\vee} x_{\alpha}(u).H' = H' - u\langle H', H_{\alpha} \rangle X'_{-\alpha} \ , \ u \in C \ , \ H' \in \mathfrak{a}'(C) \ ;$$

$$\mathrm{Ad}^{\vee} x_{\alpha}(u).X'_{\alpha} = X'_{\alpha} + u\alpha - u^2 X'_{-\alpha} \ , \ u \in C \ ;$$

$$\mathrm{Ad}^{\vee} h(\chi).X'_{\alpha} = \chi(\alpha)^{-1} X'_{\alpha} \ , \ \chi \in \mathrm{Hom}(X, C^*) \ ;$$

$$\mathrm{Ad}^{\vee} h(\chi).H' = H' \ , \ H' \in \mathfrak{a}'(C).$$

Si $n \in N(C)$ (2.1.4) est au-dessus de $w \in W$, $\mathrm{Ad}^{\vee} n \, X'_{\alpha} \in C^* X'_{w^{-1}.\alpha}$.

Reprenons les notations de 2.1.7 ; la donnée d'une hauteur h sur R définit une filtration sur $\mathfrak{g}'$: on pose $\mathfrak{g}'_i = \bigoplus_{h(\alpha) \geq i} \mathfrak{g}'^{\alpha}$ où $\mathfrak{g}'^{\alpha}$ est le sous-espace de $\mathfrak{g}'$ de poids α ($\mathfrak{g}'^{0} = \mathfrak{a}'$ et, si $\alpha \in R$, $X'_{-\alpha}$ est une base de $\mathfrak{g}'^{\alpha}$). Avec les notations de 2.1.7 on a

$$(\mathrm{Ad}^{\vee} U_j(C) - 1).\mathfrak{g}'_i(C) \subset \mathfrak{g}'_{i+j}(C) \ , \ j \geq 1 \ ,$$

$$\mathrm{ad}^{\vee} \mathfrak{u}_j(C).\mathfrak{g}'_i(C) \subset \mathfrak{g}'_{i+j}(C) \ , \ j \geq 1 \ .$$

Le sous-espace $\mathfrak{g}'_i$ est l'orthogonal de la sous-algèbre $\mathfrak{g}_{1-i}$.

2.3.3. Soit k un corps $\mathfrak{p}$-adique, d'anneau des entiers $\mathfrak{O}$ et de corps des restes $\bar{k} = \mathfrak{O}/\mathfrak{p}$. On note q l'ordre de $\bar{k}$. Un caractère (continu) du groupe additif de k est dit d'ordre n, si n est le plus petit entier tel que ce caractère soit trivial sur l'idéal $\mathfrak{p}^n$.

Lemme 9

Soit τ un caractère d'ordre 0 de k. Soient m et n deux entiers tels que $2m \geqslant n \geqslant m \geqslant 1$. L'application qui associe à chaque $X' \in \mathfrak{g}'(\mathfrak{p}^{-n}/\mathfrak{p}^{-m})$ la fonction $1 + \rho(X) \mapsto (\langle X',X\rangle)$ sur $G(\mathfrak{p}^m/\mathfrak{p}^n)$ est un isomorphisme sur le groupe des caractères de $G(\mathfrak{p}^m/\mathfrak{p}^n)$.

Preuve. Comme le groupe $G(\mathfrak{p}^m/\mathfrak{p}^n)$ est isomorphe au groupe $\mathfrak{g}(\mathfrak{p}^m/\mathfrak{p}^n)$ par le lemme 5, il suffit de montrer que, pour $n \geqslant m$, l'application $X \mapsto \tau(\langle X',X\rangle)$ sur $\mathfrak{g}(\mathfrak{p}^m/\mathfrak{p}^n)$ définit un caractère pour chaque $X' \in \mathfrak{g}'(\mathfrak{p}^{-n}/\mathfrak{p}^{-m})$, et que cette correspondance est un isomorphisme de $\mathfrak{g}'(\mathfrak{p}^{-n}/\mathfrak{p}^{-m})$ sur le groupe des caractères de $\mathfrak{g}(\mathfrak{p}^m/\mathfrak{p}^n)$; ce qui est immédiat, le caractère τ étant d'ordre 0.

2.3.4. Posons $\mathfrak{m}(\mathbb{Z}) = \bigoplus_{\alpha \in R} \mathbb{Z} X_\alpha$, et, comme toujours, pour tout groupe commutatif C, $\mathfrak{m}(C) = \mathfrak{m}(\mathbb{Z}) \otimes C$.

Lemme 10.

Soient τ un caractère d'ordre 0 du corps $\mathfrak{p}$-adique k, et n un entier. Pour un élément $H' \in \mathfrak{a}'(\mathfrak{p}^{-2n-1}/\mathfrak{p}^{-2n})$ les cinq conditions suivantes sont équivalentes :

(i) l'application: $X,Y \in \mathfrak{m}(\mathfrak{p}^n/\mathfrak{p}^{n+1}) \mapsto \langle H',[X,Y]\rangle \in \mathfrak{p}^{-1}/\mathcal{O}$ est une application bilinéaire alternée non dégénérée sur l'espace vectoriel (sur $\bar{k}$) $\mathfrak{m}(\mathfrak{p}^n/\mathfrak{p}^{n+1})$;

(ii) l'application: $X,Y \in \mathfrak{m}(\mathfrak{p}^n/\mathfrak{p}^{n+1}) \mapsto \tau(\langle H',[X,Y]\rangle)$ met $\mathfrak{m}(\mathfrak{p}^n/\mathfrak{p}^{n+1})$ en dualité avec lui-même ;

(iii) $\prod_{\alpha \in R} |\langle H',H_\alpha\rangle| = q^{2N(2n+1)}$, (où 2N est le nombre de racines) ;

(iv) le centralisateur de H' dans $\mathfrak{g}(\bar{k})$ est $\mathfrak{a}(\bar{k})$;

(v) le centralisateur de H' dans $G(\bar{k})$ est contenu dans $N(\bar{k})$;

Preuve. Le caractère d'ordre 0, τ de k définit un caractère non trivial $x \mapsto \tau(x)$ de $\mathfrak{p}^{-1}/\mathcal{O}$, espace vectoriel de dimension 1 sur $\bar{k}$: ceci prouve l'équivalence entre (i) et (ii).

Si on écrit $X = \sum_R x_\alpha X_\alpha$, $Y = \sum_R y_\alpha X_\alpha$, pour $X,Y \in \mathfrak{m}(\mathfrak{p}^n/\mathfrak{p}^{n+1})$, alors $\langle H',[X,Y]\rangle = \sum_R x_\alpha y_{-\alpha} \langle H',H_\alpha\rangle$ où $\langle H',H_\alpha\rangle \in \mathfrak{p}^{-2n-1}/\mathfrak{p}^{-2n}$.

Dire que cette application alternée est non dégénérée signifie que, pour chaque $\alpha \in R$, l'élément $\langle H',H_\alpha\rangle$ de $\mathfrak{p}^{-2n-1}/\mathfrak{p}^{-2n}$ n'est pas nul, et donc que $|\langle H',H_\alpha\rangle| = q^{2n+1}$, d'où $\prod_R |\langle H',H_\alpha\rangle| = q^{2N(2n+1)}$: on a montré (i) $\Rightarrow$ (iii).

Montrons que (iii) implique (iv) : si $\prod_R |\langle H',H_\alpha\rangle| = q^{2N(2n+1)}$, chaque terme étant: $|\langle H',H_\alpha\rangle| = q^{2n+1}$ si $\langle H',H_\alpha\rangle \neq 0$, et $|\langle H',H_\alpha\rangle| = 0$ si $\langle H',H_\alpha\rangle = 0$, c'est qu'aucun des $\langle H',H_\alpha\rangle$ n'est nul. Si l'élément $X = H + \sum x_\alpha X_\alpha$ de $\mathfrak{g}(\bar{k})$ centralise H' ($H \in \mathfrak{a}(\bar{k})$), c'est, d'après les formules de 2.3.2., que $x_\alpha \langle H',H_\alpha\rangle = 0$, $\alpha \in R$, et donc $x_\alpha = 0$ pour tout α, i.e. $X \in \mathfrak{a}(\bar{k})$.

Prouvons (iv) $\Rightarrow$ (v). Fixons un système de racines positives, et donc une base B(R) de R. Tout $x \in G(\bar{k})$ s'écrit sous la forme $x = uvn$, $u \in U(\bar{k})$, $v \in V(\bar{k})$, $n \in N(\bar{k})$ (décomposition de Bruhat 2.2.4); si x fixe H' , alors

$$\mathrm{ad}^{\vee} v.(\mathrm{Ad}^{\vee} n.H') = \mathrm{Ad}^{\vee} u^{-1}.H' ;$$

comme le premier membre est dans $\mathrm{Ad}^{\vee} n.H' + v(\bar{k})$, le second dans $H' + u(\bar{k})$, ils sont donc égaux à $H' = \mathrm{Ad}^{\vee} n.H' = w.H'$ si w est la projection de $n \in N(\bar{k})$ dans W. Supposons donc qu'un $x \notin N(\bar{k})$ fixe H' ; on a donc $u \neq 1$ (au besoin en prenant la base opposée) ; on peut écrire (lemme 2) $u = \prod_{h(\alpha)=i} x_{\alpha}(u_{\alpha})\, u_1$, $u_{\alpha} \neq 0$ pour un α au moins, $u_1 \in U_{i+1}(\bar{k})$; les formules de 2.3.2 donnent alors

$$H' = \mathrm{Ad}^{\vee} u^{-1}.H' \in H' + \sum_{h(\alpha)=i} u_{\alpha} \langle H',H_{\alpha}\rangle X'_{-\alpha} + \mathfrak{g}'_{i+1}(\bar{k}) ,$$

et donc $\sum_{h(\alpha)=i} u_{\alpha} \langle H',H_{\alpha}\rangle X'_{-\alpha} = 0$; or c'est aussi $\mathrm{ad}^{\vee}\Big(\sum_{h(\alpha)=i} u_{\alpha} X_{\alpha}\Big).H'$: on a ainsi trouvé un élément de $\mathfrak{g}'(\bar{k})$, n'appartenant pas à $\mathfrak{a}(\bar{k})$, qui centralisait H'.

Enfin, prouvons (v) $\Rightarrow$ (i) : si $\alpha \in R$, l'élément $x_{\alpha}(1)$ ne centralise pas H'; on a donc $\mathrm{Ad}^{\vee} x_{\alpha}(1).H' \neq H'$ i.e. $\langle H',H_{\alpha}\rangle \neq 0$, et l'application bilinéaire $\langle H',[,]\rangle$ sur $\mathfrak{m}(\mathfrak{p}^n/\mathfrak{p}^{n+1})$ est non dégénérée.

2.3.5. Proposition 3

Soit G un groupe algébrique connexe semi-simple déployé défini sur le corps fini $\bar{k}$. On note $\mathfrak{g}$ son algèbre de Lie et $\mathfrak{g}'$ sa duale. Soit $H' \in \mathfrak{g}'(\bar{k})$ un élément dont le centralisateur dans $\mathfrak{g}$ est l'algèbre de Lie d'un tore maximal anisotrope défini sur $\bar{k}$ de G . Alors pour toute sous algèbre horicyclique $\mathfrak{u}$ définie sur $\bar{k}$ de $\mathfrak{g}$, on a

(31) $\langle H',\mathfrak{u}(\bar{k})\rangle \neq 0$

Preuve. On va raisonner par l'absurbe. Soit $\mathfrak{u}$ une sous-algèbre horicyclique de $\mathfrak{g}$, définie sur $\bar{k}$, pour laquelle on a $\langle H',\mathfrak{u}(\bar{k})\rangle = 0$. On peut supposer $\mathfrak{u}$ minimale. Fixons un tore maximal déployé A de G qui normalise $\mathfrak{u}$. On a donc, avec les notations de 2.1.10, $\mathfrak{u} = \mathfrak{u}_{(\alpha_1)}$ pour une racine simple α_1 de A relativement à un système de racines positives des racines de G par rapport à A. Soit ϖ_1 la hauteur définie par α_1 : $\varpi_1(\alpha)$ est la composante de α sur α_1 relativement à la base de R définie par le système de racines positives choisi. On a $\mathfrak{g}_1 = \mathfrak{u}$, et $\mathfrak{g}_0$ est l'algèbre de Lie du normalisateur de $\mathfrak{u}$ dans G. A cette hauteur sont associées des filtrations $(\mathfrak{g}_i)$ et $(\mathfrak{g}'_i)$ de $\mathfrak{g}$ et $\mathfrak{g}'$ (cf 2.1.7 et 2.3.2).

Montrons que pour $i \geqslant 1$, l'application $X \longmapsto \mathrm{ad}^{\vee} X.H'$ de $\mathfrak{g}(\bar{k})$ dans $\mathfrak{g}'(\bar{k})$ définit un isomorphisme de $\mathfrak{g}_i(\bar{k})$ sur $\mathfrak{g}'_i(\bar{k})$; le lemme 2 donne

$$\langle \mathrm{ad}^{\vee} \mathfrak{g}_i(\bar{k}).H' , \mathfrak{g}_{1-i}(\bar{k})\rangle = \langle H',[\mathfrak{g}_{1-i}(\bar{k}) , \mathfrak{g}_i(\bar{k})]\rangle \subset \langle H',\mathfrak{g}_1(\bar{k})\rangle$$

ceci pour tout i ; l'hypothèse faite sur H' implique donc que l'image $\mathrm{ad}^{\vee} \mathfrak{g}_i(\bar{k})$. H' est orthogonale à $\mathfrak{g}_{1-i}(\bar{k})$, i.e. $\mathrm{ad}^{\vee} \mathfrak{g}_i(\bar{k}).H' \subset \mathfrak{g}'_i(k)$. D'autre part, le centralisateur de H' étant l'algèbre de Lie d'un tore, aucun élément nilpotent ne centralise H';

il en résulte que si $i \geqslant 1$, on ne peut avoir $\mathrm{ad}^{\vee} X.H'$ pour un $X \in \mathfrak{g}_i(\bar{k})$, c'est-àdire que, pour $i \geqslant 1$, l'application $X \mapsto \mathrm{ad}^{\vee} X.H'$ de $\mathfrak{g}_i(\bar{k})$ dans $\mathfrak{g}'_i(\bar{k})$ est injective. Comme ces espaces sont de même dimension, c'est bien un isomorphisme.

Soit U_i le sous-groupe de G engendré par les sous-groupes radiciels associés aux racines α de $\varpi_1(\alpha) \geqslant i \geqslant 1$. Le lemme 2 montre que $U_i(\bar{k})/U_{i+1}(\bar{k})$ est isomorphe à $\mathfrak{g}_i(\bar{k})/\mathfrak{g}_{i+1}(\bar{k})$, et, par ce qui précède, l'application

(32) $\quad u \in U_i(\bar{k})/U_{i+1}(\bar{k}) \longmapsto (\mathrm{Ad}^{\vee} u-1).H' \in \mathfrak{g}'_i(\bar{k})/\mathfrak{g}'_{i+1}(\bar{k})$

est un isomorphisme de groupes commutatifs.

Soit $\mathfrak{m}' = \bigoplus_{\varpi_1(\alpha)=0} \mathfrak{g}^{\alpha}$: c'est l'espace vectoriel dual de la sous-algèbre $\mathfrak{m} = \bigoplus_{\omega_1(\alpha)=0} \mathfrak{g}^{\alpha}$. Le sous-module de Hom $(\underline{\underline{G}}_m, A)$ défini par l'inter-section des noyaux des racines α telles que $\varpi_1(\alpha) = 0$ est de rang 1 : en effet, il est défini par l'intersection des noyaux des racines de la base autres que α_1. Il lui correspond donc un sous-tore A_1 de A qui est déployé de rang 1. Il est clair que ce tore centralise $\mathfrak{m}$ et $\mathfrak{m}'$ et son algèbre de Lie $\mathfrak{a}_1$ également centralise $\mathfrak{m}$ et $\mathfrak{m}'$.

Ecrivons $H' \in \mathfrak{g}'_0(\bar{k})$ sur $\mathfrak{m}'(\bar{k}) \oplus \mathfrak{g}'_1(\bar{k})$ en $H' = H'_0 + H'_1$. Il y a un $u_1 \in U_1(\bar{k})$ tel que $(\mathrm{Ad}^{\vee} u_1 - 1).H'$ soit congru à $-H'_1$ modulo $\mathfrak{g}'_2(k)$ par (32), et donc $\mathrm{Ad}^{\vee} u.H'$ est congru à H'_0 modulo $\mathfrak{g}'_2(k)$. En continuant, grâce à (27), on a donc un $u = \ldots u_2.u_1 \in U_1(\bar{k})$ tel que $\mathrm{Ad}^{\vee} u.H' = H'_0$. Mais H'_0 se faisant centraliser par $\mathfrak{a}_1$, H' se fait alors centraliser par $\mathrm{Ad}^{\vee} u.\mathfrak{a}_1$ qui est l'algèbre de Lie d'un tore déployé de rang 1, ce qui contredit l'hypothèse que H' a pour centralisateur l'algèbre de Lie d'un tore anisotrope de G.

On ne peut donc avoir H' orthogonal à $\mathfrak{g}_1(\bar{k}) = \mathfrak{u}(\bar{k})$. C'est que $\langle H', \mathfrak{u}(\bar{k})\rangle \neq 0$, et la proposition est démontrée.

2.3.6 Corollaire

Soient k un corps $\mathfrak{p}$-adique, $\mathcal{O}$ l'anneau des entiers, $\mathfrak{p}$ l'idéal maximal et τ un caractère d'ordre $n \geqslant 2$ de k. On se donne également un groupe de Chevalley G(k) associé à $(\mathfrak{g}, \rho, (X_{\alpha})_{\alpha \in R})$. Soit θ un caractère du groupe $G(\mathfrak{p}^{n-1})$ qui est trivial sur $G(\mathfrak{p}^n)$; si H' est l'élément de $\mathfrak{g}'(\mathcal{O}/\mathfrak{p})$ défini par $\tau(\langle H', X\rangle) = \theta(1 + \rho(X))$ si $X \in \mathfrak{g}(\mathfrak{p}^{n-1}/\mathfrak{p}^n)$ (cf. lemme 9), on suppose que H' vérifie l'hypothèse de la proposition 3. Alors, pour tout sous-groupe horicyclique U, on a :

(33) $\quad \int_{U(\mathfrak{p}^{n-1})} \theta(u)\, du = 0$, où du est une mesure de Haar sur U(k)

Preuve. L'action de $G(\mathcal{O})$ sur $\mathfrak{g}'(\mathcal{O}/\mathfrak{p})$ donnée par la représentation co-adjointe de $G(\mathcal{O})$ dans $\mathfrak{g}'(\mathcal{O})$ est trivia sur $G(\mathfrak{p})$; : c'est en fait l'action co-adjointe de $G(\bar{k})$ sur $\mathfrak{g}'(\bar{k})$. L'identité à démontrer s'écrit aussi, si $\mathfrak{u}$ est l'algèbre de Lie horicyclique associée à U :

$$\int_{\mathfrak{u}(\mathfrak{p}^{n-1}/\mathfrak{p}^n)} \tau(\langle H',X\rangle)\, dX = 0$$

ce qui signifie que $\langle H', \mathfrak{u}(\mathfrak{p}^{n-1}/\mathfrak{p}^n)\rangle$ n'est pas contenu dans $\mathfrak{p}^n$ c'est-à-dire que $\langle H',\mathfrak{u}(\bar{k})\rangle \neq 0$, qui résulte de la proposition 3.

2.4. Groupes de Weyl affines.

2.4.1. Soient k un corps $\mathfrak{p}$-adique, $\mathcal{O}$ l'anneau de ses entiers, $\mathfrak{p}$ l'idéal premier de $\mathcal{O}$ et val la valuation normalisée. On fixe une clôture algébrique Ω de k, et on note encore val la valuation de Ω qui prolonge k; l'anneau $\mathcal{O}_\Omega$ est formé des $x \in \Omega$ pour lesquels val $x \geqslant 0$ et l'idéal $\mathfrak{p}_\Omega$ des $x \in \Omega$ de val $x > 0$. Le corps Ω est la réunion des extensions finies k' de k qu'il contient, $\mathcal{O}_\Omega$ est la réunion des anneaux d'entiers $\mathcal{O}_{k'}$ et $\mathfrak{p}_\Omega$ la réunion des idéaux premiers $\mathfrak{p}_{k'}$. On notera val la valuation de k' qui prolonge la valuation normalisée de k ; on a donc val $k'^* = 1/e(k').\mathbb{Z}$ si e(k') est l'indice de ramification de k dans k'.

Si maintenant $\underline{\underline{G}}$ est un groupe algébrique connexe semi-simple déployé sur k, soient $\underline{\underline{A}}$ un tore maximal déployé de $\underline{\underline{G}}$, X le $\mathbb{Z}$-module libre des caractères rationnels de $\underline{\underline{A}}$, X', son dual, étant identifié à l'ensemble Hom $(\underline{\underline{G}}_m,\underline{\underline{A}})$ des sous-groupes à un paramètre de $\underline{\underline{A}}$.

Si k' est une extension finie de k, on définit une application sur $\underline{\underline{A}}(k')$ à valeurs dans $X' \otimes$ val $k'^* = 1/e(k').X'$, notée val_A, par

$$\langle \mathrm{Val}_A t, \varpi\rangle = \mathrm{val}\, t^{\varpi} \qquad , \varpi \in X\ , t \in \underline{\underline{A}}(k')\ ;$$

son noyau est le sous-groupe $\underline{\underline{A}}(\mathcal{O}_{k'})$ ouvert compact maximal de $\underline{\underline{A}}(k')$ (cf. (17)) :

$$1 \longrightarrow \underline{\underline{A}}(\mathcal{O}_{k'}) \longrightarrow \underline{\underline{A}}(k') \longrightarrow 1/e(k').X' \longrightarrow 0 \quad ,$$

ce qui permet d'écrire la décomposition

(34) $$1 \longrightarrow \underline{\underline{A}}(\mathcal{O}_\Omega) \longrightarrow \underline{\underline{A}}(\Omega) \longrightarrow X' \otimes \mathbb{Q} \longrightarrow 0 \ .$$

2.4.2. Soit $\underline{\underline{U}}$ le sous-groupe radiciel de $\underline{\underline{G}}$ associé à la racine α de $\underline{\underline{A}}$. On note R l'ensemble des racines de $(\underline{\underline{G}},\underline{\underline{A}})$, et on écrit $\underline{\underline{U}}_R^* = \bigcup_{\alpha\in R} \underline{\underline{U}}_\alpha^*$ où $\underline{\underline{U}}_\alpha^*$ désigne $\underline{\underline{U}}_\alpha$ privé de 1. On écrit plus simplement $G = \underline{\underline{G}}(k)$, $U_R^* = \underline{\underline{U}}_R^*(k)$, $A = \underline{\underline{A}}(k)$, $H = \underline{\underline{A}}(\mathcal{O})$,...

Pour chaque système de Chevalley $X_R = (X_\alpha)_{\alpha\in R}$ (2.1.9), relativement à $\underline{\underline{A}}$, et défini sur Ω , on définit une application ([6]b),6.3) :

$$\mathrm{val}_{X_R} : \underline{\underline{U}}_R^*(\Omega) \longrightarrow \mathbb{Q} : \mathrm{val}_{X_R}(x_\alpha(u)) = \mathrm{val}\, u\ , u \in \Omega^*$$

dite <u>valuation</u> (normalisée) <u>de</u> $(\underline{\underline{G}},\underline{\underline{A}})$ <u>relativement au système de Chevalley</u> X_R. On note E_Ω l'ensemble des valuations de $(\underline{\underline{G}},\underline{\underline{A}})$ définies sur Ω , et $E_{k'}$, pour tout sous-corps k' de Ω extension de k, les valuations qui proviennent des systèmes de Chevalley définis sur k' : On a $E_{\Omega} = \bigcup_{k \subset k' \subset \Omega} E_{k'}$, où, même, on peut se limiter aux extensions finies de k.

Le tore adjoint $\underline{\underline{A}}^{\vee} = \mathrm{Hom}\,(Q(R), \underline{\underline{G}}_m) = P(R^{\vee}) \otimes \underline{\underline{G}}_m$ opère transitivement sur chaque $\underline{\underline{U}}^{*}_{\alpha}$ (2.1.8). Pour chaque extension k', $k \subset k' \subset \Omega$, le groupe $\underline{\underline{A}}^{\vee}(k')$ opère donc sur $\underline{\underline{U}}^{*}_{R}(\Omega)$, ce qui fournit une action sur E_{Ω} ; comme l'action de $A^{\vee}(\mathcal{O}_{k'})$ fixe les valuations, on a en fait une action du quotient $P(R^{\vee}) \otimes \mathrm{val}\, k'^{*}$ sur E_{Ω} :

$$\varpi \in P(R^{\vee}) \otimes \mathrm{val}\, k'^{*} \ : v \in E_{\Omega} \xrightarrow{e^{\varpi}} v - \varpi \in E_{\Omega}$$

$$(v-\varpi)(u) = v(u) - \langle \varpi, Du \rangle \quad \text{où} \quad Du = \alpha \quad \text{si } u \in \underline{\underline{U}}^{*}_{\alpha}(\Omega) \ .$$

On vérifie immédiatement que cette action de $P(R^{\vee}) \otimes \mathrm{val}\, k'^{*}$ est fidèle. Montrons qu'elle est transitive sur $E_{k'}$. Soient $X_R = (X_{\alpha})_{\alpha \in R}$ et $X'_R = (X'_{\alpha})_{\alpha \in R}$ deux systèmes de Chevalley définis sur k' : si B(R) est une base de R, on a vu en 2.1.9 que $(X'_{\alpha})_{\alpha \in B(R)}$ détermine les X'_{β} , $\beta \in R$, au signe près. Si $t_{\alpha} \in k'^{*}$ est donné par $X'_{\alpha} = t_{\alpha} X_{\alpha}$, soit $t \in \underline{\underline{A}}^{\vee}(k')$ l'élément défini par $t^{\alpha} = t_{\alpha}$ pour $\alpha \in B(R)$; on a donc $t^{\beta} = \pm\, t_{\beta}$ si $\beta \in R$, puisque $\mathrm{Ad}t\, X_R = (\mathrm{Ad}t\, X_{\alpha})_{\alpha \in R}$ est un système de Chevalley. On a donc les identités $x'_{\beta}(u_{\beta}) = x_{\beta}(\pm\, t^{\beta} u_{\beta}) = \mathrm{Aut}\, t\, (x_{\beta}(\pm\, u_{\beta}))$, $u_{\beta} \in \Omega^{*}$, d'où, puisque $\mathrm{val}\, t^{\beta} = \langle \mathrm{val}_{A^{\vee}} t, \beta \rangle$ $\mathrm{val}_{X'_R} u = \mathrm{val}_{X_R} u - \langle \mathrm{val}_{A^{\vee}} t , \beta \rangle$ si $u \in \underline{\underline{U}}_{\beta}(\Omega)$:

$$(35) \quad \mathrm{val}_{\mathrm{Ad}t.X_R} = \mathrm{val}_{X_R} - \mathrm{val}_{A^{\vee}} t = \mathrm{val}_{X_R} \circ \mathrm{Aut}(t^{-1}) = \mathrm{Aut}(t)\, \mathrm{Val}_{X_R} ,$$

ce qui prouve la transitivité de $\mathrm{Val}\, k'^{*} \otimes P(R^{\vee})$ sur $E_{k'}$. On a donc le début du

Lemme 11

Soient k un corps $\wp$-adique et Ω une extension algébriquement close de k. On se donne un groupe algébrique $\underline{\underline{G}}$ connexe semi-simple déployé et défini sur k, et un tore maximal déployé $\underline{\underline{A}}$ de $\underline{\underline{G}}$. Pour toute extension k' de k , $k' \subset \Omega$, le groupe $V_{k'} = P(R^{\vee}) \otimes \mathrm{val}\, k'^{*}$ (où $P(R^{\vee})$ est le réseau des copoids de $(\underline{\underline{G}}, \underline{\underline{A}})$), opère de façon simplement transitive sur l'ensemble $E_{k'}$ des valuations de $(\underline{\underline{G}}, \underline{\underline{A}})$ définies sur k' . Si $k \subset k' \subset k'' \subset \Omega$, alors $E_{k'}$ s'identifie aux valuations $v \in E_{k''}$ telles que $v(u) \in \mathrm{val}\, k'^{*}$ pour tout $u \in \underline{\underline{U}}^{*}_{R}(k')$.

Preuve. Reste à démontrer la dernière assertion. Prouvons d'abord que si k" est une extension finie non ramifiée de k', avec $k \subset k' \subset k'' \subset \Omega$, alors $E_{k'} = E_{k''}$; soit $X_R = (X_{\alpha})_{\alpha \in R}$ un système de Chevalley défini sur k" ; si γ est un générateur du groupe de Galois de k" sur k', on a $\gamma X_{\alpha} = a_{\alpha} X_{\alpha}$, $a_{\alpha} \in k''$, et l'élément a_{α} est de norme 1 puisque X_{α} est défini sur k". Par le théorème 90 de Hilbert, il y a un élément t_{α} dans k''^{*} tel que $a_{\alpha} = t_{\alpha} \gamma\, t_{\alpha}^{-1}$, qu'on prend dans $\mathcal{O}^{*}_{k'}$, ce qui est possible puisqu'il y a un élément premier de k" qui appartient à k'. Alors $t_{\alpha} X_{\alpha}$ est défini sur k'. En procédant ainsi pour les racines α appartenant à une base de R, on a un élément $t \in \underline{\underline{A}}^{\vee}(\mathcal{O}_{k''})$ tel que $(\mathrm{Ad}t.X_{\alpha})_{\alpha \in R}$ est un système de Chevalley défini sur k'. Il est alors clair que la valuation attachée à $\mathrm{Adt}.X_R$ est définie sur k' et coïncide avec celle attachée à X_R : on a $E_{k''} = E_{k'}$.

Il en résulte que si $k \subset k' \subset k'' \subset \Omega$, alors $E_{k'} = E_{I(k''/k')}$ où $I(k''/k')$ est le corps d'inertie de l'extension k" sur k', plus grand sous corps non ramifié : en effet $I(k''/k')$ est la réunion des extensions finies $k_1 \supset k'$, non ramifiées et contenues dans k". On en déduit le lemme si on remarque que pour un $x \in k''$, l'appartenance de val x à val k'^* équivaut à l'appartenance de x mod $\mathcal{O}^*_{k''}$ à $I(k''/k')$: $v(u) \in$ val k'^* si $u \in U_R(k')$ signifie donc $v \in E_{I(k''/k')} = E_{k'}$. Ainsi le lemme est entièrement prouvé.

On notera $V_{k'} = V(\mathrm{val}\ k')$, $E_{k'} = E(\mathrm{val}\ k')$. On a donc en particulier $V(\mathbb{Z}) = P(R^\vee)$, $E(\mathbb{Z})$ est l'ensemble des valuations de $(\underline{\underline{G}},\underline{\underline{A}})$ définies sur k : le réseau $V(\mathbb{Z})$ opère de façon somplement transitive sur $E(\mathbb{Z})$; on a aussi $V(\mathbb{Q}) = P(R^\vee) \otimes \mathbb{Q}$: c'est un espace vectoriel de dimension ℓ, le rang de R, qui opère de façon simplement transitive sur $E(\mathbb{Q})$, qui apparaît ainsi comme un espace affine sous $V(\mathbb{Q})$, muni d'une forme entière.

Si k' est une extension finie, de k, la partie $E_{k'} = E(\mathrm{val}\ k'^*)$ est un réseau de $E(\mathbb{Q})$ contenant $E(\mathbb{Z})$, et l'indice $[E_{k'} : E(\mathbb{Z})]$ est égal à l'indice de ramification e(k') élevé à la puissance ℓ.

Remarquons que la variété $\underline{\underline{U}}^*_R$ ne dépend que de R mais pas du réseau X ; il en résulte que l'espace affine $E(\mathbb{Q})$ muni de sa forme entière ne dépend que du système de racines R. En un certain sens, on peut dire qu'il ne dépend pas du choix du corps $\wp$-adique k.

2.4.3. A chaque valuation $v \in E_\Omega$ de $(\underline{\underline{G}},\underline{\underline{A}})$, on associe la famille $(G^{v,n})$, n entier positif, des sous-groupes de G ainsi définis :

$G^{v,n}$ est engendré par $\underline{\underline{A}}(\wp^n) = H^n$ (cf. 2.2.2 : si $n \geq 1$, $\underline{\underline{A}}(\wp^n)$ est le sous-groupe de A défini par $\mathrm{Hom}\ (X,1+\wp^n) = X' \otimes (1+\wp^n) \subset \mathrm{Hom}\ (X,k^*) = X' \otimes k^*$) , et les $U_\alpha^{v,n}$, $\alpha \in R$, définis par les $u \in U_\alpha$ de $v(u) \geq n$.

<u>Lemme</u> 12

$(G^{v,n})_{n\geq 0}$ <u>est une filtration de</u> G, <u>et</u> $G^{v,n} \cap U_\alpha = U_\alpha^{v,n}$ <u>si</u> $\alpha \in R$.

<u>Preuve</u>. Si $n \geq n'$, on a l'inclusion $G^{v,n} \subset G^{v,n'}$. Fixons $v_0 \in E(\mathbb{Z})$ on a alors $v(u) \geq n$ si et seulement si $v_0(u) + \langle v-v_0, Du\rangle \geq n$ où $Du = \alpha$ si $u \in U^*_\alpha$. Comme on a vu (lemme 8) que les $G^{v_0,n}$ formaient un système fondamental de voisinages de 1, l'équivalence précédente montre qu'il en est de même de $(G^{v,n})_{n\geq 0}$, ce qui prouve la première assertion. Remarquons que les relations de commutation (20) impliquent les inclusions

$$(G^{v,n}, G^{v,m}) \subset G^{v,n+m} \qquad , \qquad n,m \geq 0.$$

Pour la seconde, soit $(X_\alpha)_{\alpha\in R}$ un système de Chevalley qui fournit la valuation v ; il est défini sur une extension finie k' de k. Dans cette extension, on a donc les sous-groupes $\underline{\underline{G}}(\mathfrak{p}^n_{k'})$ du n° 2.2, engendrés par les $x_\alpha(\mathfrak{p}^n_{k'})$ et $\underline{\underline{A}}(\mathfrak{p}^n_{k'})$, $\alpha\in R$; le lemme 4, si $n \geqslant 1$, et la décomposition de Bruhat (18), pour n = 0, montrent que $\underline{\underline{G}}(\mathfrak{p}^n_{k'}) \cap \underline{\underline{U}}_\alpha(k') = \underline{\underline{U}}_\alpha(\mathfrak{p}^n_{k'})$. Si e(k') est l'indice de ramification de k dans k', on a $G^{v,n} \subset G \cap \underline{\underline{G}}(\mathfrak{p}^{e(k')n}_{k'})$ donc $G^{v,n} \cap U \subset G \cap \underline{\underline{G}}(\mathfrak{p}^{e(k')n}_{k'}) \cap \underline{\underline{U}}_\alpha(k') = G \cap \underline{\underline{U}}_\alpha(\mathfrak{p}^{e(k')n}_{k'}) = U^{v,n}_\alpha \subset G^{v,n}$, par construction.

2.4.4. Remarque: si $n \geqslant 1$, alors pour tout système de racines positives, on a $G^{v,n} = \prod_{\alpha>0} U^{v,n}_\alpha . A(\mathfrak{p}^n) . \prod_{\alpha<0} U^{v,n}_\alpha$, avec unicité de la décomposition. En effet, le lemme 4 donne la décomposition de $\underline{\underline{G}}(\mathfrak{p}^{n'}_{k'})$ où $n' = e(k')\, n$, en $\prod_{\alpha>0} \underline{\underline{U}}_\alpha(\mathfrak{p}^{n'}_{k'}) . \underline{\underline{A}}(\mathfrak{p}^{n'}_{k'}) . \prod_{\alpha<0} \underline{\underline{U}}_\alpha(\mathfrak{p}^{n'}_{k'}) \subset \Omega(k')$ (2.1.11). Si donc $x \in G \cap \underline{\underline{G}}(\mathfrak{p}^{n'}_{k'})$, on a $x \in G \cap \Omega(k') = \Omega(k)$ par 2.1.11, les composantes sont dans G, ce qui donne $G^{v,n} \supset G \cap \underline{\underline{G}}(\mathfrak{p}^{n'}_{k'})$; l'inclusion opposée étant claire, on a $G^{v,n} = G \cap \underline{\underline{G}}(\mathfrak{p}^{n'}_{k'})$, et la décomposition annoncée.

On reviendra en 2.4.12 sur $G^{v,0}$ et $G \cap \underline{\underline{G}}(\mathcal{O}_{k'})$.

2.4.5. Soit $\underline{\underline{N}}$ le normalisateur de $\underline{\underline{A}}$. Le groupe quotient $\underline{\underline{N}}/\underline{\underline{A}}$ s'identifie au groupe de Weyl W du système de racines R. Le groupe H est également invariant dans $N = \underline{\underline{N}}(k)$; le quotient est le groupe de Weyl affine du couple (G,A) :

(36) $\quad 1 \longrightarrow H \longrightarrow N \longrightarrow W_X \longrightarrow 1 .$

En raison des décompositions de $\underline{\underline{A}}(k)$ et $\underline{\underline{N}}(k)$, on a immédiatement :

(37) $\quad 0 \longrightarrow X' \xrightarrow{\ e\ } W_X \xrightarrow{\ D\ } W \longrightarrow 1 .$

Le groupe $\underline{\underline{N}}$ permute les sous-groupes radiciels $\underline{\underline{U}}_\alpha$; le groupe N permute donc les éléments de U^*_R ; comme H opère trivialement sur les valuations de $(\underline{\underline{G}},\underline{\underline{A}})$, on a donc défini une action du groupe de Weyl affine W_X sur $E(\mathbb{Q})$, qui conserve le réseau $E(\mathbb{Z})$. On pourrait définir de façon analogue une action du groupe $\underline{\underline{N}}(k')/\underline{\underline{A}}(\mathcal{O}_{k'})$ sur $E_{k'}$, pour toute extension k' de k contenue dans Ω.

Soit $X \subset X_1 \subset P(R)$ un réseau contenant X et contenu dans le réseau des poids de R. L'inclusion $X'_1 \rightarrow X'$ et (32) permettent d'identifier W_{X_1} à un sous-groupe de W_X. On a alors un quotient fini :

$$1 \longrightarrow W_{X_1} \longrightarrow W_X \longrightarrow X'/X'_1 \longrightarrow 0 ,$$

la projection étant définie par l'isomorphisme $X'/X'_1 \simeq W_X/W_{X_1}$. En particulier, si $X_1 = P(R)$, $W_{P(R)}$, noté $\hat{W}$, est plongé dans W_X, et a pour conoyau $X'/Q(R^\vee)$, groupe fini sur qui W opère trivialement ([5]c), VI.1, prop. 27). On dira que $\hat{W}$ est le groupe de Weyl affine du système de racines R. D'après ce qui précède, il opère sur l'espace affine $E(\mathbb{Q})$ en conservant le réseau $E(\mathbb{Z})$.

2.4.6. On définit une involution sur $\underline{\underline{U}}^*_R(\Omega)$ dite <u>opposition</u>, et notée $u \longrightarrow u^-$, en posant, relativement à un système de Chevalley $X_R = (X_{\alpha/\alpha\in R})$ défini sur Ω : $u^- = x_{-\alpha}(-u_\alpha^{-1})$ si $u = x_\alpha(u_\alpha)$ (cf. 2.1.8).
L'opposé u^- de u ne dépend pas du choix du système de Chevalley.

Si $v \in E(\mathbb{Q})$, il est clair que $v(u^-) = -v(u)$. On définit $v^- \in E(\mathbb{Q})$ par $v^-(u) = v(u^-)$ si $u \in \underline{\underline{U}}^*_R(\Omega)$: on dit que v^- est la valuation opposée à la valuation v. L'opposition laisse stable le réseau $E(\mathbb{Z})$.

On appelle <u>direction</u> de l'élément $u \in \underline{\underline{U}}^*_R$, la racine α pour laquelle $u \in \underline{\underline{U}}_\alpha$; on écrira $\alpha = Du$. On a $Du^- = -Du$.

On note w_u, pour $u \in U^*_R$, l'automorphisme de l'espace affine $E(\mathbb{Q})$ défini par $(w_u(v))(x) = v(x) - v(u)\cdot\langle \check{D}u, Dx\rangle$ si $x \in \underline{\underline{U}}^*_r(K)$, i.e.

$$(38) \qquad w_u(v) = v - v(u)\,\check{D}u \quad , \quad v \in E(\mathbb{Q}) \ , \ D^\vee u = (Du)^\vee .$$

Il conserve le réseau $E(\mathbb{Z})$, on a $w_u^2 = I$ et $w_u = w_{u^-}$. De plus w_u ne dépend que de u modulo $\check{H} = \check{A}(\mathcal{O})$. D'autre part, l'application tangente à w_u est la réflexion w_{Du} de $V(\mathbb{Q})$ définie par la racine Du. On a le résultat plus précis suivant (cf. [6] b), 6.2.10 et 1q) :

<u>Lemme</u> 13

<u>Soit</u> u <u>un élément de</u> U^*_R. <u>Alors</u>

(i) $u u^- u \in N$;

(ii) <u>la projection de</u> $u u^- u$ <u>dans</u> W_X <u>est</u> w_u, <u>et</u> $w_u \in \hat{W}$, $Dw_u = w_{Du}$;

(iii) <u>le groupe</u> $\hat{W}$ <u>est engendré par les</u> w_u <u>quand</u> u <u>parcourt</u> U^*_R.

<u>Preuve</u>. Identifions $\underline{\underline{G}}$ à un groupe de Chevalley (cf. 2.1.9) ; alors $u u^- u$ donnera $w_\alpha^\rho(u_\alpha)$ si u_α donne $x_\alpha^\rho(u_\alpha)$, avec les notations de 2.1.5, ce qui établit (i). Pour (ii), si $v \in E(Q)$, écrivons $u = x_\alpha(u_\alpha)$ avec x_α provenant d'un système de Chevalley qui a défini v ; si $x \in \underline{\underline{U}}^*_R(\Omega)$, et si w'_u désigne l'élément de W_X image de $u u^- u \in N$, on a

$$(w'_u(v))(x) = v(w'^{-1}_u(x)) = v(w_\alpha^\rho(u_\alpha)^{-1}\, x\, w_\alpha^\rho(u_\alpha)) = v((\omega_\alpha^\rho)^{-1}\, u_\alpha^{-H_\alpha}\, x\, u_\alpha^{H_\alpha}\, \omega_\alpha^\rho) ,$$

avec les notations de 2.1.5. ; c'est aussi $v(\mathrm{Aut}\, u_\alpha^{-H_\alpha}(x))$ puisque l'action de ω_α^ρ sur $x_\beta^\rho(t)$ donne $x^\rho_{w_{\alpha}.\beta}(\pm t)$; en appliquant alors (30), on a donc

$$w'_u(v) = v - \mathrm{val}_{\check{A}}\, u_\alpha^{H_\alpha} = v - \mathrm{val}\, u_\alpha\, \alpha^\vee = v - v(u)\, D^\vee u ,$$

et ainsi, par définition de w_u (33), on a bien $w'_u = w_u$.

Ensuite, $u u^- u$ appartient à l'image du groupe simplement connexe de type R, et donc à l'image du normalisateur du tore maximal déployé qui se projette sur $\underline{\underline{A}}$; sa projection modulo H est ainsi dans l'image du groupe de Weyl affine du groupe simplement connexe, i.e. dans $\hat{W}$. Enfin (iii) est une définition équivalente à celle du groupe de Weyl affine attaché à un système de racines ([5] c), VI.2, Déf. 1 et Prop. 1).

2.4.7. Pour chaque $u \in U_R^*$ on définit une forme linéaire affine (u) sur $E(\mathbb{Q})$ par $(u) : v \longmapsto v(u)$; elle est entière sur $E(\mathbb{Z})$: c'est la <u>racine affine</u> associée à u. On a (u) = (u') si et seulement u et u' sont conjugués par $H^\vee$. L'ensemble $\hat{R}$ des racines affines s'identifie donc à $U_R^*/H^\vee$. En raison du lemme 12, l'ensemble $E(\mathbb{Q})$ s'identifie à l'hyperplan affine des formes linéaires sur l'espace vectoriel $E'(\mathbb{Q})$ des formes linéaires affines sur $E(\mathbb{Q})$ qui envoient la forme constante 1 sur 1, et le réseau $E(\mathbb{Z})$ à celles qui sont entières sur le réseau $E'(\mathbb{Z})$ engendré par $\hat{R} \subset E'(\mathbb{Q})$.

A chaque racine affine $a \in \hat{R}$ on associe sa <u>direction</u> $Da \in R$: si a = (u) , $u \in U_R^*$, Da = Du ; Da n'est autre que l'application linéaire tangente $V(\mathbb{Q}) \longrightarrow \mathbb{Q}$ à la forme linéaire affine a. On dira que $D^\vee a = (Da)^\vee$ est la coracine de la racine affine a. L'ensemble des racines affines de direction $\alpha \in R$ s'obtient à partir de l'une d'entre elles en lui ajoutant un entier quelconque. L'<u>opposée</u> a^- de la racine affine $a \in \hat{R}$ est $a^- = (u^-)$: on a $a^-(v) = -a(v)$ si $v \in E(\mathbb{Q})$. La <u>réflexion</u> w_a associée à la racine affine a est w_u si a = (u). Cette définition des racines affines est celle de Mac-Donald ([15],2) ; on retrouve celle de Bruhat-Tits ([6] I), 1.3.3) en associant à $a \in \hat{R}$ l'ensemble L_a^+-appelé <u>moitié</u> de $E(\mathbb{Q})$- des $v \in E(\mathbb{Q})$ pour qui $a(v) \geqslant 0$:en effet, si on fixe une valuation $v_o \in E(\mathbb{Z})$, la formule (35) montre que si a = (u) , $u \in U_R^*$, on a $v(u) \geqslant 0$ si et seulement si on a $v_o(u) - \langle v_o - v, \alpha \rangle \geqslant 0$ i.e. $\langle v - v_o, \alpha \rangle + m \geqslant 0$, $m = v_o(u) \in \mathbb{Z}$.

On note $L_{a^-}^+ = L_a^-$: ce sont les $v \in E(\mathbb{Q})$ pour qui $a(v) \leqslant 0$; on dit que L_a^- est la moitié de $E(\mathbb{Q})$ <u>opposée</u> à la moitié L_a^+ . On appelle <u>murs</u> de $E(\mathbb{Q})$ les hyperplans L_a noyaux des racines affines $a \in \hat{R}$; on a $L_a = L_a^+ \cap L_a^-$. En raison du lemme 12, les points spéciaux de $E(\mathbb{Q})$ ([5] c), V. 3.10) sont les points du réseau $E(\mathbb{Z})$. Comme les groupes $P(R^\vee)$ et W_X opèrent sur $E(\mathbb{Q})$ en conservant $E(\mathbb{Z})$, ils permutent les racines affines, et donc aussi les murs et les moitiés de $E(\mathbb{Q})$ par

$$(w.a)\,(w.v) = a(v) \text{ si } w \in W_X,\ a \in \hat{R},\ v \in E(\mathbb{Q}) \text{ et donc}$$

(39) $$w_a.b = b - \langle D^\vee a, D\, b \rangle\ a, \text{ si } a \text{ et } b \in \hat{R}$$

et, lorsque $\overline{\omega} \in P(R^\vee)$, $(e^{\overline{\omega}} a)(e^{\overline{\omega}} v) = a(v)$, soit

(40) $$e^{\overline{\omega}}\, a = a + \langle \overline{\omega}, Da \rangle \text{ , ce qu'on notera } a + \overline{\omega} .$$

Si L est un mur de E(Q), on notera aussi w_L la réflexion w_a si $L = L_a$, dite associée au mur L. Elle permute les moitiés $L^+ = L_a^+$ et $L^- = L_a^-$.

On pourrait également définir, pour toute extension k' de k contenue dans Ω , l'ensemble $\hat{R}_{k'}$ des racines relatives à k'.

2.4.8. En raison du lemme 12, dire que deux valuations v et v' définissent la même filtration signifie que $U_\alpha^{v,n} = U_\alpha^{v',n}$ pour toute racine $\alpha \in R$, c'est-à-dire que si $u \in U_R^*$, on a l'équivalence $v(u) \geq n \iff v'(u) \geq n$. Comme $A^\vee$ opère transitivement sur $v(U_\alpha^*)$, il suffit que cette équivalence soit vérifiée pour un n pour qu'elle le soit pour tous.

Transcrivons alors les résultats de [5] c), ch. V :

(i) La relation d'équivalence sur $E(\mathbb{Q})$ définie par : "v et v' définissent la même filtration" est compatible avec l'action des groupes $\hat{W}$, W_X et $P(R^\vee)$. Les classes d'équivalence s'appellent les facettes de $E(\mathbb{Q})$ pour $\hat{R}$; l'action des groupes $\hat{W}$, W_X , $P(R^\vee)$ permute les facettes. Le support affine de la facette Φ est égal à l'intersection des murs qui la contiennent ; la dimension de ce support est la dimension de Φ , sa codimension est appelée le rang de Φ. Les facettes sont des parties convexes de $E(\mathbb{Q})$.

(ii) Les facettes qui ne sont contenues dans aucun mur s'appellent des chambres : ce sont les parties convexes maximales de l'ensemble $E(\mathbb{Q})$ privé de ses murs. Le groupe $\hat{W}$ opère de façon simplement transitive sur l'ensemble des chambres. Les groupes W_X et $P(R^\vee)$ permutent les chambres.

(iii) Appelons enclos d'une partie de $E(\mathbb{Q})$ l'intersection des moitiés de $E(\mathbb{Q})$ qui la contiennent ; on note cl(M) l'enclos de M. L'enclos d'un point est l'enclos de la facette à laquelle il appartient. L'enclos d'une facette Φ est la réunion des segments fermés $[v,v']$ pour lesquels $]v,v'[\subset \Phi$; l'enclos d'une facette est la réunion de Φ et de facettes de dimension strictement plus petite que celle de Φ. L'enclos d'une chambre est un domaine fondamental pour le groupe $\hat{W}$. Si Φ et Φ' sont deux facettes, on dit que Φ est une facette de Φ' si $\Phi \subset cl(\Phi')$. Soit C une chambre, alors toute facette est conjuguée par $\hat{W}$ d'une unique facette de C.

(iv) On appelle faces d'une chambre C les facettes de C dont le support est un mur, appelé alors mur de C. La réflexion associée à une face de la chambre C est la réflexion w_a si L_a est le support de cette face, $a \in \hat{R}$. Les réflexions associées aux faces de C engendrent $\hat{W}$. Si Φ est une facette de C, de rang $\ell(\Phi)$, il y a exactement $\ell(\Phi)$ murs de C contenant Φ, leur intersection est le support de Φ, et les réflexions associées à ces murs engendrent le stabilisateur de Φ dans W.

(v) Les sommets de $E(\mathbb{Q})$ sont les facettes réduites à un point. Les éléments de $E(\mathbb{Z})$ sont des sommets, les sommets spéciaux. Toute chambre possède un sommet spécial.

(vi) Si $R = \bigcup_i R_i$ est la décomposition de R en systèmes de racines irréductibles, alors $P(R^\vee) = \bigoplus_i P(R_i^\vee)$, $\underline{\underline{U}}_R = \prod_i \underline{\underline{U}}_{R_i}$, $E(\mathbb{Q}) = \prod_i E_i(\mathbb{Q})$, $E(\mathbb{Z}) = \prod_i E_i(\mathbb{Z})$, $\hat{W} = \prod_i \hat{W}_i$, $\hat{R} = \coprod_i \hat{R}_i$, avec des notations évidentes. Toute chambre C se décompose en produit $\prod_i C_i$ de chambres respectivement relatives aux espaces affines $E_i(\mathbb{Q})$ et groupes de Weyl affines $\hat{W}_i$. Si ℓ_i est le rang de R_i, toute chambre a $\prod_i (\ell_i + 1)$ sommets et $\sum_i (\ell_i + 1)$ faces ; un sommet appartient aux enclos de $\sum_i \ell_i$ faces.

(vii) A chaque face ϕ d'une chambre C, on associe la racine affine a_ϕ dont le mur est le support de ϕ et qui est positive sur C ; si $w \in \hat{W}$, on a $a_{w.\phi} = w.a_\phi$. L'enclos de C est en bijection canonique avec $E(\mathbb{Q})/\hat{W}$. Le <u>diagramme de Dynkin</u> Dyn $\hat{R}$ est le graphe dont les sommets sont les faces de $E(\mathbb{Q})/\hat{W}$, on joint les sommets dus aux faces ϕ et ψ par $-\langle D\, a_\phi, D^\vee a_\psi\rangle$ liens si la longueur de la racine Da_ϕ est supérieure à celle de Da_ψ, en mettant une flèche du sommet du à ϕ vers celui du à ψ si $-\langle Da_\phi, D^\vee a_\psi\rangle$ vaut 2 ou 3. Si R est décomposé en systèmes de racines irréductibles R_i , Dyn $\hat{R}$ est la réunion des graphes de Dynkin complétés des R_i ([5] c), VI.4.3). On notera $A(\hat{R})$ le groupe des automorphismes du graphe de Dynkin de $\hat{R}$; on a $A(\coprod_i \hat{R}_i) = \prod_i A(\hat{R}_i)$.

2.4.9. <u>Lemme 14</u>

<u>Soit</u> $Q(R) \subset X \subset P(R)$ <u>un réseau intermédiaire entre le réseau des poids et le réseau engendré par les racines.</u> <u>Pour chaque chambre C dans</u> $E(\mathbb{Q})$, <u>le groupe de Weyl affine</u> W_X <u>s'écrit comme produit semi-direct du groupe de Weyl affine</u> $\hat{W}$ <u>par le groupe fini</u> W_X^C <u>stabilisateur de la chambre</u> C <u>dans</u> W_X.

(41) $$1 \longrightarrow \hat{W} \longrightarrow W_X \rightleftarrows W_X^C \longrightarrow 1 .$$

<u>Il existe un isomorphisme canonique</u> $\xi_C : X'/Q(R^\vee) \longrightarrow W_X^C$. <u>Si</u> $X = Q(R)$ <u>on définit ainsi une action simplement transitive de</u> $P(R^\vee)/Q(R^\vee)$ <u>sur l'ensemble des sommets spéciaux de la chambre</u> C.

<u>Preuve</u>. Elle est pratiquement écrite p. 176 de [5] c). Reprenons la : à chaque $\bar{\omega} \in X'$ on associe l'unique élément $w_C(\bar{\omega}) \in \hat{W}$ qui renvoie la chambre $e^{\bar{\omega}}.C = C - \bar{\omega}$ sur la chambre C. Si $\bar{\omega} \in Q(R^\vee)$, il est clair que $w_C(\bar{\omega})\, e^{\bar{\omega}'}$ envoie $e^{\bar{\omega}+\bar{\omega}'}.C$ sur C, et donc $w_C(\bar{\omega})\, e^{\bar{\omega}'} = w_C(\bar{\omega} + \bar{\omega}')$ pour $\bar{\omega} \in X'$, $\bar{\omega}' \in Q(R^\vee)$. Si maintenant $\bar{\omega}$ et $\bar{\omega}' \in X'$, alors l'élément $w_C(\bar{\omega})\, e^{\bar{\omega}}\, w_C(\bar{\omega}')\, e^{\bar{\omega}'} \in W_X$ conserve C ; d'autre part, il s'écrit aussi

$$w_C(\bar{\omega})\, w_C(\bar{\omega}')\, e^{(w_C(\bar{\omega}')^{-1}-1).\bar{\omega}}\, e^{\bar{\omega}+\bar{\omega}'} \quad ; \text{ or, si } w \in W ,$$

on a $(w-1).X' \subset Q(R^\vee)$: on décompose en effet w en produit de réflexions w_α , et comme $\prod_i X_i - 1$ est un polynôme à coefficients entiers en les $X_i - 1$, il suffit de prouver $(w_\alpha - 1).X' \subset Q(R^\vee)$ ce qui résulte du fait que α est entier sur $X' \subset P(R^\vee)$.

Ainsi, l'élément $w_C(\bar\omega)\, w_C(\bar\omega')\, e^{(w_C(\bar\omega)^{-1}-1).\bar\omega}$ est dans $\hat W$, et il envoie la chambre $e^{\bar\omega+\bar\omega'}$ C sur C ; c'est donc $w_C(\bar\omega + \bar\omega')$. On a donc prouvé que l'application $\bar\omega \longmapsto w_C(\bar\omega)\, e^{\bar\omega}$ est un homomorphisme de X' dans W_X, trivial sur $Q(R^\vee)$. son noyau est formé des $\bar\omega \in X'$ pour qui $w_C(\bar\omega)\, e^{\bar\omega} = 1$, et donc $e^{\bar\omega} \in \hat W$, $\bar\omega \in Q(R^\vee)$. On dispose donc d'un isomorphisme ξ_C de $X'/Q(R^\vee)$ dans W_X, qui relève clairement la projection $W_X \longrightarrow X'/Q(R^\vee)$. Comme aucun élément de $\hat W$ autre que 1 ne fixe la chambre C, ξ_C est un isomorphisme, canonique, de $X'/Q(R^\vee)$ sur le groupe des éléments de W_X qui conservent C. On a donc une injection ξ de $X'/Q(R^\vee)$ dans le groupe $A(\hat R)$ des automorphismes du diagramme de Dynkin de $\hat R$.

Soit $\bar\omega \in X'$ qui envoie le sommet s sur le sommet s' ; à conjuguaison près par $\hat W$, on peut supposer que s et s' sont deux sommets d'une même chambre C ; alors $\xi_C(\bar\omega).s = w_C(\bar\omega)\, e^{\bar\omega}.s = w_C(\bar\omega).s'$ est un élément de cl(C) donc c'est s'(cl(C) est un domaine fondamental pour $\hat W$) ; ainsi $\xi_C(\bar\omega)$ envoie s sur s'. Si maintenant s est un sommet spécial fixé par $\xi_C(\bar\omega)$, soit $E_s(\mathbb{Q})$ l'espace vectoriel obtenu en prenant s comme origine dans $E(\mathbb{Q})$; on écrit $w_C(\bar\omega) = w\, e^{-\mu}$, $\mu \in Q(R^\vee)$, $w \in W$, et $w_C(\bar\omega)\, e^{\bar\omega} s = s$ équivaut à

$\mu = \bar\omega \in Q(R^\vee)$, donc $\xi_C(\bar\omega) = 1$. Ceci montre que $X'/Q(R^\vee)$ opère de façon simplement transitive sur les orbites des sommets spéciaux de la chambre C. Si X = Q(R), alors $X' = P(R^\vee)$ opère transitivement sur l'ensemble des sommets spéciaux, donc $P(R^\vee)/Q(R^\vee)$, par ce qui précède, opère de façon simplement transitive sur l'ensemble des sommets spéciaux de la chambre C.

2.4.10. a) Soit C une chambre de $E(\mathbb{Q})$. On appelle positives les racines affines a telles que $a(C) > 0$; cette relation signifie que la chambre C est contenue dans la moitié L_a^+ (2.4.5) ; on dira que a est négative si son opposée est positive, c'est-à-dire si la chambre C est contenue dans la moitié L_a^-.

A la chambre C on associe l'ensemble B(C) des racines affines a_ϕ quand ϕ parcourt les faces de C (2.4.6 (vii)) ; pour une racine affine $a \in \hat R$, on a donc $a \in B(C)$ si et seulement si $0 < a(C) < 1$. Inversement la chambre C est formée des $v \in E(\mathbb{Q})$ pour lesquels on a $0 < b(v) < 1$ pour tout $b \in B(C)$; son enclos est constitué des $v \in E(\mathbb{Q})$ pour qui $0 \leq b(v) \leq 1$ si $b \in B(C)$.

b) Lorsque R est irréductible, faces et sommets d'une chambre donnée C se correspondent biunivoquement : à la face ϕ on associe le sommet s_ϕ de C qui n'est pas sommet de ϕ : c'est l'intersection des $\ell-1$ murs qui supportent les faces de C autres que ϕ (ℓ est le rang de R) ; on peut donc indexer les sommets par les éléments de B(C), et même par les sommets de Dyn $\hat R$; dans ce cas (R irréductible), on a les résultats suivants ([15] ,4)

i) B(C) est une base du réseau $E'(\mathbb{Z})$ des formes linéaires affines sur $E(\mathbb{Q})$ qui prennent des valeurs entières sur le réseau $E(\mathbb{Z})$ des points spéciaux ;

ii) toute racine affine $a \in \hat R$ s'écrit de façon unique $a = \sum_{B(C)} n_b(a)\, b$; les $n_b(a)$ sont des entiers tous de même signe, non tous nuls ;

iii) fixons un élément $b_o \in B(C)$ pour lequel le sommet s_{b_o} correspondant est un point spécial (2.4.6 (v)) ; les racines Db , $b \in B(C)$, $b \neq b_o$ forment une base de R , et $-Db_o$ est la plus grande racine de R dans cette base. Supposant toujours R irréductible, soient n_b , $b \in B(C)$, $b \neq b_o$ les coefficients de $-Db_o$ dans la base $DB(C) - \{Db_o\}$ de R ; posons $n_{b_o} = 1$; ainsi, la forme linéaire $\sum_{B(C)} n_b\, b$ sur $E(Q)$ ayant son application tangente nulle est constante, et comme sa valeur sur le sommet s_{b_o} intersection des murs L_b, $b \in B(C)$, $b \neq b_o$, vaut $n_{b_o} = 1$, on a

(42) $$\sum_{B(C)} n_b\, b = 1 \quad \text{si } R \text{ est irréductible.}$$

On en déduit que les sommets s_b , $b \in B(C)$ de la chambre C s'identifient à la base duale de la base $(n_b\, b)_{b \in B(C)}$, dans l'espace des formes linéaires sur $E'(\mathbb{Q})$, en identifiant $E(\mathbb{Q})$ au sous-espace des formes qui envoient la fonction constante 1 sur 1. De plus $n_{w.b} = n_b$ si w est dans W_X ou $P(R^\vee)$ (car $n_b^{-1} = b\,(s_b) = (w.b)\,(s_{w.b}) = n_{w.b}^{-1}$, si $b \in B(C)$).

c) Si maintenant $R = \coprod_i R_i$ en m systèmes de racines irréductibles, le système $B(C)$ engendre bien le réseau $E'(\mathbb{Z})$, mais on a $m-1$ relations sur ses éléments, provenant de (42) écrit pour chaque R_i. En recollant les résultats ci-dessus, on voit que toute racine $a \in \hat{R}$ s'écrit comme combinaison linéaire à coefficients entiers tous de même signe des éléments de $B(C)$. Si $C = \prod_i C_i$ et $B(C) = \coprod_i B(C_i)$, les sommets de C sont paramétrés par les éléments du produit $\prod_i B(C_i)$: à $(b_i) \in \prod_i B(C_i)$ on associe le sommet $s_{(b_i)}$ défini par la forme linéaire suivante sur $E'(Q)$: il suffit de la définir sur $B(C)$, où elle est donnée par $b \longmapsto 0$ si $b \neq b_i$ pour un i, et $b_i \longmapsto n_{b_i}^{-1}$ avec les notations précédentes. Autrement dit, $s_{(b_i)}$ est la combinaison linéaire des mesures ponctuelles aux points b_i affectés de la masse $n_{b_i}^{-1}$ respectivement.

2.4.11. Proposition 4

On désigne par ϕ une facette de $E(Q)$, et par L^ϕ son support (2.4.6(i)). Si $E^\phi(Q)$ est l'espace vectoriel $E(Q)/L^\phi$ et $(E^\phi)'(Q)$ l'orthogonal de L^ϕ dans $E'(Q)$, alors

(i) les espaces $E^\phi(Q)$ et $(E^\phi)'(Q)$ sont en dualité ; si R^ϕ est l'ensemble des racines affines nulles sur ϕ , soit $a \longmapsto a^\vee$ l'application de R^ϕ dans $E^\phi(Q)$ donnée par $a^\vee = D^\vee a + L^\phi$, alors R^ϕ est un système de racines dans $(E^\phi)'(Q)$ de rang égal au rang de la facette ϕ (2.4.6. (i)) ;

(ii) le groupe de Weyl de R est le stabilisateur W^ϕ de la facette ϕ dans le groupe de Weyl affine $\hat{W}$;

(iii) soit C une chambre de $E(Q)$ dont ϕ est une facette ; alors la projection de W^ϕ qui contient C est une chambre pour R^ϕ dans l'espace vectoriel $E^\phi(Q)$;

(iv) le diagramme de Dynkin Dyn R^{ϕ} de R^{ϕ} s'obtient à partir de celui Dyn $\hat{R}$ de $\hat{R}$ en en retirant les sommets (et les liens attachés) qui correspondent aux faces dont ϕ n'est pas facette, relativement à une chambre C;

(v) soit C une chambre ; le sous-groupe I^C engendré par H et les $u \in U_R^*$ tels que $C(u) \geqslant 0$ est un sous-groupe d'Iwahori de G ; si ϕ est une facette, W_X^{ϕ} son stabilisateur dans W_X, N^{ϕ} l'image réciproque de W_X dans N par (31), le sous-groupe P^{ϕ} engendré par N^{ϕ} et les $u \in U_R^*$ pour qui $\phi(u) \geqslant 0$ est ouvert et compact dans G ; on a $P^{\phi} = I^C N^{\phi} I^C$ si ϕ est la facette de la chambre C ; les sous-groupes P^{ϕ} et $P^{\phi'}$ sont conjugués dans G si et seulement si ϕ et ϕ' sont conjugués par W_X ; le sous-groupe P^{ϕ} est un sous-groupe compact maximal si et seulement si W_X^{ϕ} ne fixe aucune facette ϕ' de ϕ distincte de ϕ ; à conjuguaison près, on a ainsi tous les sous-groupes compacts maximaux de G ;

(vi) soient $(X')^{\phi}$ le sous-module de X' formé des éléments parallèles au support L^{ϕ} de ϕ et $\underline{\underline{A}}^{\phi} = (X')^{\phi} \otimes \underline{\underline{G}}_m$ le sous-tore correspondant de $\underline{\underline{A}}$; alors le sous-groupe $\underline{\underline{G}}^{\phi}$ de $\underline{\underline{G}}$ qu'engendrent $\underline{\underline{A}}$ et les sous-groupes radiciels $\underline{\underline{U}}_{\alpha}$ relatifs aux $\alpha \in DR^{\phi}$ est réductif, son tore central est $\underline{\underline{A}}^{\phi}$ et son rang semi-simple est le rang de ϕ ; soit K^{ϕ} le sous-groupe de G qu'engendrent H et les $u \in U_{\alpha}$ pour $\phi(u) \geqslant 0$, $\alpha \in DR^{\phi}$, alors, si $G^{\phi} = \underline{\underline{G}}^{\phi}(k)$, K^{ϕ} est un sous-groupe compact maximal de G^{ϕ}, $G^{\phi} = K^{\phi} A K^{\phi}$, et, si ϕ' est une facette de ϕ , $K^{\phi} = G^{\phi} \cap P^{\phi'}$;

(vii) $\underline{\underline{G}}^{\phi}$ est le centralisateur de $\underline{\underline{A}}^{\phi}$ dans G si et seulement si L^{ϕ} contient un point spécial.

Preuve (i). Il est clair que le sous-espace $(E^{\phi})'(\mathbb{Q})$ de $E'(\mathbb{Q})$ formé des éléments orthogonaux au sous-espace affine L^{ϕ} s'identifie au dual de l'espace vectoriel quotient $E(\mathbb{Q})/L^{\phi}$. Les racines affines de R^{ϕ} sont dans le sous-espace $(E^{\phi})'(\mathbb{Q})$. Si l'on fixe une chambre C dont ϕ est facette si $\ell(\phi)$ est le rang de ϕ , codimension de son support affine L^{ϕ}, il y a exactement $\ell(\phi)$ murs de la chambre C qui contiennent ϕ , et leur intersection est L (2.4.6 (iv)). Soit $B^{\phi}(C)$ ceux des éléments de B(C) (2.4.8) dont les murs contiennent ϕ ; alors l'assertion précédente signifie que $B^{\phi}(C)$ est un système libre, de rang $\ell(\phi)$ égal à la dimension de $E(\phi)'(\mathbb{Q})$. Il en résulte que R^{ϕ} engendre l'espace vectoriel $(E^{\phi})'(\mathbb{Q})$. D'autre part R^{ϕ} est fini, puisque pour chaque $\alpha \in R$ il y a au plus une racine affine nulle sur ϕ de direction α : ceci signifie aussi que la restriction de $D : \hat{R} \longrightarrow R$ à R^{ϕ} est injective. Par définition de $a^{\vee}$ pour $a \in R^{\phi}$, on est donc ramené à montrer que DR^{ϕ} est une partie close et symétrique de E ; mais il est clair que $a \in R^{\phi}$ l'implique $a^- \in R^{\phi}$ et que si $a,b \in R^{\phi}$, $a + b \in \hat{R}$, alors $a + b$ est encore nul sur ϕ et appartient donc à R^{ϕ}. On a ainsi prouvé le (i).

(ii) On sait (2.4.6 (iv)) que le groupe W^{ϕ} stabilisateur de la facette ϕ est engendré par les réflexions w_a associées aux murs qui contiennent ϕ , c'est-à-dire pour $a \in R^{\phi}$; c'est donc le groupe de Weyl de R^{ϕ}.

(iii)(iv). Si $a \in \hat{R}$, on sait (2.4.8 c)) que a s'écrit sous la forme $a = \sum_{B(C)} n_b(a)\, b$ où les $n_b(a)$ sont des entiers de même signe. Si $a \in R^\phi$, on a donc $\sum_{B(C)} n_b(a)\, b(v) = 0$ si $v \in \phi$; or si $b \in B(C)$, on a $b(v) = 0$ lorsque $b \in B^\phi(C)$, et $b(v) > 0$ sinon ; on a donc $\sum_{b \notin B^\phi(C)} n_b(a)\, b(v) = 0$, et le premier membre étant une somme de rationnels de même signe, ils sont tous nuls, c'est-à-dire $n_b(a) = 0$ si $b \notin B^\phi(C)$. On a donc prouvé que tout élément $a \in R^\phi$ s'écrit $a = \sum_{B^\phi(C)} n_b(a)\, b$, où les $n_b(a)$ sont des entiers tous de même signe ; comme le système $B^\phi(C)$ est une base de $(E^\phi)'(\mathbb{Q})$, c'est donc une base du système de racines R^ϕ ([5] c), VI.1.7, Prop. 20, Cor. 3). Le groupe de Weyl W^ϕ est engendré par les réflexions associées aux éléments de $B^\phi(C)$. On en déduit donc (iii) et (iv).

(v) Fixons un sommet spécial s_0 de la chambre C, et soit $(X_\alpha)_{\alpha \in R}$ un système de Chevalley défini sur k qui fournit la valuation s_0. Par définition, le sous-groupe I^C est engendré par H et les $x_\alpha(u_\alpha)$ pour lesquels $(s_0+\bar{\omega})\,(x_\alpha(u_\alpha)) = \mathrm{val}\, u_\alpha + \langle \bar{\omega}, \alpha \rangle \geq 0$ pour tout $\bar{\omega} \in V(\mathbb{Q})$ tel que $s_0 + \bar{\omega}$ appartienne à C ; cette condition définit une chambre C^0 dans $V(\mathbb{Q})$, et $\mathrm{val}\, u_\alpha + \langle \bar{\omega}, \alpha \rangle \geq 0$ pour tout $\bar{\omega} \in C^0$ signifie $\mathrm{val}\, u_\alpha \geq 0$ si $\alpha > 0$, $\mathrm{val}\, u_\alpha \geq 1$ si $\alpha > 0$. Ainsi I^C est engendré par H, les $x_\alpha(\mathcal{O})$ pour $\alpha > 0$, et les $x_\alpha(\mathfrak{p})$ pour $\alpha < 0$: c'est bien le sous-groupe d'Iwahori relatif au système de Chevalley $(X_\alpha)_{\alpha \in R}$ et au système de racines positives fourni par C^0 (2.2.4). Le reste de (v) est une simple transcription de résultats de Bruhat-Tits ([6] b), 3.3.4).

(vi) Les éléments de DR^ϕ forment une partie close et symétrique du système de racines R ; il en résulte que le groupe $\underline{\underline{G}}^\phi$ est réductif et que DR^ϕ est son système de racines ; son tore central est donné par l'orthogonal, dans X', de DR^ϕ, c'est-à-dire $(X')^\phi$: c'est donc bien $\underline{\underline{A}}^\phi = \mathrm{Hom}\,((X')^\phi, \underline{\underline{G}}_m)$; le rang de DR^ϕ est la dimension de $(E^\phi)'(\mathbb{Q})$, c'est-à-dire la codimension de L^ϕ : c'est bien le rang de ϕ.

Fixons un point spécial s_0 de $E(\mathbb{Q})$, c'est-à-dire donnons-nous un système de Chevalley $(X_\alpha)_{\alpha \in R}$ défini sur k, de $(\underline{\underline{G}}, \underline{\underline{A}})$. Dire que $a \in R^\phi$ signifie que $a(s_0 + \bar{\omega}) = 0$ si $s_0 + \bar{\omega} \in L^\phi$, et donc $(s_0 - s, Da)$ garde une valeur constante, $a(s_0)$, quand s parcourt L^ϕ, qui est entière puisque s_0 est spécial. Par définition, le sous-groupe K^ϕ est engendré par H et les $x_{Da}(\mathfrak{p}^{a(s_0)})$ pour $a \in R^\phi$. Soit π un élément premier de $\mathcal{O}$: alors $X_\alpha^\phi = \pi^{a(s_0)} X_\alpha$, si $a \in R^\phi$, $Da = \alpha$, définit un système de Chevalley de $(\underline{\underline{G}}^\phi, \underline{\underline{A}})$, et K^ϕ apparaît alors comme le sous-groupe des points entiers. C'est donc un sous-groupe compact maximal de G^ϕ, et on a la décomposition de Cartan $G^\phi = K^\phi A^\phi K^\phi$. Remarquons que G^ϕ et K^ϕ ne dépendent que du support L^ϕ de la facette ϕ.

Si maintenant ϕ' est une facette de ϕ, on a clairement les inclusions $P^\phi \subset P^{\phi'}$ et $K^\phi \subset P^\phi$; le sous-groupe $P^{\phi'}$ étant compact puisque le sous-groupe d'Iwahori I^C l'est et que $I^C \backslash P^{\phi'} / I^C$ est fini, on a un sous-groupe compact $P^{\phi'} \cap G^\phi$ de G^ϕ qui contient le sous-groupe compact maximal K^ϕ, d'où l'égalité $K^\phi = G^\phi \cap P^{\phi'}$.

(vii) Le groupe $\underline{\underline{G}}^{\phi}$ est le centralisateur de $\underline{\underline{A}}^{\phi}$ dans $\underline{\underline{G}}$ si et seulement si toute racine orthogonale à $(X')^{\phi}$ appartient à DR^{ϕ}, c'est-à-dire si et seulement si DR^{ϕ} est la trace, sur l'espace vectoriel $X \otimes \mathbb{Q}$, d'un sous-espace vectoriel. Si L^{ϕ} contient le point spécial s_o, on a $a \in R^{\phi}$ si et seulement si $\langle s-s_o, Da\rangle = 0$, et la condition précédente est réalisée. Inversement, si DR^{ϕ} est la trace d'un sous-espace vectoriel sur $X \otimes \mathbb{Q}$, fixons une chambre C et soit $B^{\phi}(C)$ la base de R^{ϕ} associée (voir ci-dessus (iii)-(iv)) ; on peut compléter la base $DB^{\phi}(C)$ de R^{ϕ} en une base B de R ([5]c),VI.1.7 prop.24) ; on obtient un point spécial appartenant à L^{ϕ} en prenant l'intersection de L^{ϕ} avec les murs associés aux racines de cette base qui ne sont pas dans DB^{ϕ}.

Remarquons que si R est irréductible, la condition (vii) se lit de la façon suivante sur les diagrammes de Dynkin : pour chaque sommet σ de Dyn $\hat{R}$, soit n_{σ} l'entier défini par (42) ; soit $\sigma(\phi)$ les sommets correspondant à la facette ϕ (c'est-à-dire les sommets de Dyn R^{ϕ}) ; la condition est : les $(n_{\sigma})_{\sigma\in\sigma(\phi)}$ sont premiers entre eux.

2.4.12. Soit v une valuation de $(\underline{\underline{G}},\underline{\underline{A}})$, définie sur l'extension finie k' de k. Soit P^v le sous-groupe de G engendré par le fixateur N^v de v dans N et les $u \in U_R^*$ pour lesquels $v(u) \geqslant 0$; si ϕ est la facette de v, c'est le groupe P^{ϕ} de la proposition 4(v). Comme $v \in E_{k'}$, on peut lui associer le sous-groupe $\underline{\underline{G}}(\mathcal{O}_{k'})$ construit à l'aide d'un système de Chevalley qui fournit v. En fait, on a $P^v = G \cap \underline{\underline{G}}(\mathcal{O}_{k'})$. Donnons les étapes successives de la démonstration.

(i) On fixe une chambre C dont l'enclos contient v, et un sommet spécial v_o de C. Soit R^v l'ensemble des racines affines qui s'annulent sur v. On a $\alpha \in DR^v$ si et seulement si $\langle v-v_o, \alpha\rangle$ est entier ; le sous-groupe d'isotropie $\hat{W}^v$ de v dans $\hat{W}$ est engendré par les réflexions par rapport aux murs de C contenant v.

(ii) Soit Π une uniformisante de k' ; si $e(k')$ est l'indice de ramification de k' sur k, $\Pi^{e(k')}/\pi$ est une unité ε de k'. Comme v est défini sur k', $v_o - v \in \text{val}\, k' \otimes P(R^{\vee})$ $= \frac{1}{e(k')} P(R^{\vee})$, et donc on peut définir l'élément $t = \Pi^{e(k')(v_o-v)}$ de $A^{\vee}(k')$; soit $(X_{\alpha}^o)_{\alpha\in R}$ un système de Chevalley qui fournit la valuation v_o ; alors le système de Chevalley $(X_{\alpha})_{\alpha\in R} = (\text{Ad}\,t\ X_{\alpha}^o)_{\alpha\in R}$ fournit la valuation v.

(iii) Soit $B^o(C)$ la base de $R^o = R^{v_o}$ définie par C ; le sous-groupe d'Iwahori I^C est engendré par les sous-groupes H, $x_{\alpha}^o(\mathcal{O})$ pour $\alpha \in DB^o(C)$, et $x^o_{\alpha}(\mathcal{V})$ pour α parcourant les opposées des plus grandes racines des systèmes irréductibles de $R = DR^o$ Chacun de ces sous-groupes des U_{α} est formé des éléments u de valuation $v(u) \geqslant 0$, et I^C est donc inclus dans le groupe $G^{v,o}$ introduit en 2.4.3.

(iv) Si $a \in R^v$, l'élément $x_{\alpha}(\varepsilon^{-a(v_o)})\ x_{-\alpha}(-\varepsilon^{a(v_o)})\ x_{\alpha}(\varepsilon^{-a(v_o)})$ où $\alpha = Da$, relève la symétrie $w_a \in \hat{W}^v$ dans $G^{v,o}$; si $\hat{N}^v$ est l'image réciproque de $\hat{W}^v$ dans N, $I^C\,\hat{N}^v\,I^C$ est un groupe, engendré par des générateurs de $G^{v,o}$, et contenant les générateurs de $G^{v,o}$: on a $G^{v,o} = I^C\,\hat{N}^v\,I^C$.

(v) Soit $W^{C,v}$ le sous-groupe de $\hat{W}$ formé des éléments qui conservent C et fixent v ; si $N^{C,v}$ est son image réciproque dans N, alors $N^{C,v}$ normalise I^C , et $P^v = I^C N^v I^C$; de plus $N \cap \underline{\underline{N}}(\mathcal{O}_{k'}) = N^{C,v} \hat{N}^v = N^v$.

(vi) Soit I'^C le sous-groupe d'Iwahori de G(k') associé à C et v;on a $\underline{\underline{G}}(\mathcal{O}_{k'}) = I'^C \underline{\underline{N}}(\mathcal{O}_{k'}) I'^C$; comme $G = I^C N I^C$, on a $G \cap \underline{\underline{G}}(\mathcal{O}_{k'}) = P^v$.

2.4.13. <u>Remarque</u>. Soient $\underline{\underline{A}}$ un tore maximal déployé de $\underline{\underline{G}}$ et v une valuation associée à $(\underline{\underline{G}},\underline{\underline{A}})$. Pour chaque extension finie k' de k, contenue dans Ω , on note $G^{v,n}_{k'}$, si $n \geqslant 0$, le sous-groupe de $\underline{\underline{G}}(k')$ engendré par $\underline{\underline{A}}(\mathfrak{p}^n_{k'})$ et les $u \in U^{*}_{R(\underline{\underline{G}},\underline{\underline{A}})}(k')$ de $v(u) \geqslant \frac{n}{e(k')}$ où e(k') est l'indice de ramification de $\mathfrak{p}$ dans l'extension k'/k. On associe à v le sous-groupe P^v (2.4.12) ; on vérifie que P^v est le normalisateur de $G^{v,n}_{k'}$ dans G. On définit également une application j_v, définie sur un voisinage de 1 dans $\underline{\underline{G}}(\Omega)$, et à valeurs dans val $\Omega = \mathbb{Q}$:

$$j_v(x) = \operatorname*{Max}_{G^{v,n}_{k'} \ni x} \frac{n}{e(k')}$$

A l'ensemble des systèmes de Chevalley de $\underline{\underline{G}}$, définis sur Ω , relativement aux tores maximaux déployés de $\underline{\underline{G}}$, correspond l'ensemble $E_{\Omega}(G) = \coprod_{\underline{\underline{A}}} E^{A}_{\Omega}$ et, pour tout corps $k \subset k' \subset \Omega$, on a le sous-ensemble $E_{k'}(G) = \coprod_{\underline{\underline{A}}} E^{A}_{k'}$. Le groupe G opère sur les systèmes de Chevalley de $\underline{\underline{G}}$ définis sur k' donc sur chaque $E_{k'}(G)$. Le groupe $\underline{\underline{G}}(k')$ opère également sur les $E_{k''}(G)$ pour $k'' \supset k'$, si $k \subset k' \subset k''$.

Si v et $v' \in E(G)$, alors j_v et $j_{v'}$ sont définis sur un même voisinage de 1 dans $\underline{\underline{G}}(\Omega)$, et dire que $j_v = j_{v'}$ signifie donc que pour toute extension finie k' de k, on a $G^{v,n}_{k'} = G^{v',n}_{k'}$ pour tout n assez grand. Il en résulte que, si k' est une extension de k, la relation "$j_v = j_{v'}$ sur un voisinage de 1 dans $\underline{\underline{G}}(\Omega)$", entre deux éléments v et v' de $E_{k'}(G)$ est une relation d'équivalence compatible avec l'action du groupe. L'ensemble quotient $I_{\Omega}(G)$ est la réunion des ensembles quotients $I_{k'}(G)$, et s'identifie naturellement à l'<u>immeuble</u> de G, ou plus exactement à un sous-espace dense ([6] b),7.4.1.) : les <u>appartements</u> sont les projections des E^{A}_{Ω}, et G les permute transitivement (conjugaison des tores maximaux déployés) ; le stabilisateur de l'élément de $I_{\Omega}(G)$ qui provient de $v \in E_{\Omega}(G)$ est le sous-groupe P^v. Les systèmes de Chevalley définis sur Ω sont permutés par le groupe $\underline{\underline{G}}(\Omega)$ qui opère donc sur l'immeuble, chaque $\underline{\underline{G}}(k')$ conservant $I_{k''}(G)$ si $k'' \supset k$. Si $\underline{\underline{G}}^v$ désigne le groupe adjoint, alors $\underline{\underline{G}}^v(k')$ permute transitivement les systèmes de Chevalley définis sur k' et opère sur l'immeuble $I_{\Omega}(G)$ en opérant transitivement sur $I_{k'}(G)$, ceci pour toute extension $k' \subset \Omega$. Signalons également que les <u>facettes</u> de $I_{\Omega}(G)$ ([6] b),7.4.12) s'obtiennent par la relation d'équivalence déduite de "$G^{v,n} = G^{v',n}$ pour n assez grand" sur v et $v' \in E_{\Omega}(G)$, par passage à $I_{\Omega}(G)$; le groupe G permute les facettes de son immeuble.

2.4.14. Soit X un réseau intermédiaire entre le réseau P(R) des poids et le réseau Q(R) des poids radiciels, relativement à un système de racines réduit R. On note W le groupe de Weyl de R. Les murs de R dans $X' \otimes \mathbb{Q}$ sont les noyaux L_α des formes linéaires α sur $X' \otimes \mathbb{Q}$, en désignant par X' le dual de X, réseau intermédiaire entre le réseau $P(R^\vee)$ des co-poids et le réseau $Q(R^\vee)$ engendré par les coracines.

Pour $w \in W$, on note L^w le sous-espace vectoriel de $X' \otimes \mathbb{Q}$ des points fixes de w : c'est aussi le noyau de l'application linéaire 1-w sur $X' \otimes \mathbb{Q}$, sa codimension est donc le rang de 1-w. Appelons longueur de w, le nombre minimum de réflexions w_α dont w est le produit ; notons $|w|$ la longueur de w. On a alors ([7], §2 et 3) :

(i) $|w|$ est égal au rang de 1-w ;

(ii) si $w = w_{\alpha_1} \dots w_{\alpha_n}$, on a $m = |w|$ si et seulement si les racines α_i sont linéairement indépendantes ; dans ce cas $L^w = \bigcap_i L_{\alpha_i}$.

Introduisons le sous-système de racines $R^w \subset R$ formé des racines nulles sur L^w, c'est-à-dire appartenant à l'orthogonal de L^w dans $X \otimes \mathbb{Q}$. La propriété (ii) montre que R^w est de rang égal à $|w|$. Le groupe de Weyl W^w de R^w s'identifie au fixateur de L^w dans W ([5] c), V.3.3., Prop. 1). L'élément w appartient à W^w, et sa longueur relativement à R^w est la même que celle relativement à R ; c'est un élément de longueur maximale dans W^w. On en déduit que l'on a l'équivalence :

$$|w_\alpha w| < |w| \iff \alpha \in R^w ,$$

donc que R^w est la trace sur R de l'image de 1-w opérant sur $X \otimes \mathbb{Q}$, puis que $(X')^w$ (les points de X' fixés par w) est l'orthogonal de R^w dans X'. Remarquons également que R admettant une base complétant une base de R^w ([5] c), VI.1.7, Prop. 2.4), $Q(R^w)$ est facteur direct dans Q(R).
Il est clair que la longueur de w ne dépend que de sa classe de conjugaison.

En particulier les éléments de longueur maximum ℓ (rang de R) sont ceux qui ne fixent que l'origine ; les transformations de Coxeter de R([5] c), VI.1.11) sont de longueur ℓ. La propriété (ii) entraîne que, pour un $w \in W$ de longueur ℓ, et pour toute base de R, toutes les racines simples interviennent dans toute décomposition réduite de w ; on peut encore exprimer cette propriété de la façon suivante : si (G,B,N,S) est un système de Tits de groupe de Weyl W ([5] c), IV.2.1), alors pour tout conjugué w' de w, la double classe Bw'B engendre le groupe G ([5] c), IV.2.5, Cor. 3).

Les tables des classes de conjugaison des groupes de Weyl des systèmes de racines irréductibles ont été publiées par R.W. Carter ([7]) .

2.4.15. Reprenons le groupe $\underline{\underline{G}}$ de 2.4.1 et les notations l'accompagnant. On a donc le groupe de Weyl affine $\hat{W}$ du système de racines R (2.4.5) ; il opère sur l'espace affine $E(\mathbb{Q})$ sous $X' \otimes \mathbb{Q}$, avec le réseau $E(\mathbb{Z})$ des points spéciaux. On note D la projection de $\hat{R}$ sur R et aussi de $\hat{W}$ sur W .

3.1.2. Soit $\underline{\underline{T}}$ un tore maximal de $\underline{\underline{G}}$ défini sur k ; on note Γ le groupe de Galois d'une extension galoisienne finie L de k où $\underline{\underline{T}}$ se déploie. On indexe par L à gauche les groupes algébriques obtenus par extension des scalaires de k à L. Les tores ${}_L\underline{\underline{T}}$ et ${}_L\underline{\underline{A}}$ de ${}_L\underline{\underline{G}}$ sont maximaux et déployés ; ils sont donc conjugués par un élément $g \in {}_L\underline{\underline{G}}(L) = \underline{\underline{G}}(L)$:

(1) $\qquad {}_L\underline{\underline{T}} = g\,{}_L\underline{\underline{A}}\, g^{-1}$.

Le groupe de Galois $\Gamma(k)$ opère sur $\underline{\underline{T}}(k_s)$ et $\underline{\underline{A}}(k_s)$ puisque $\underline{\underline{T}}$ et $\underline{\underline{A}}$ sont définis sur k. Le groupe $\Gamma(L)$ opère trivialement, les deux tores se déployant dans L. Si donc $\gamma \in \Gamma$, il résulte de (1) que les automorphismes intérieurs de $\underline{\underline{G}}$ définis par g et ${}^{\gamma}g$ envoient tous deux ${}_L\underline{\underline{A}}$ sur ${}_L\underline{\underline{T}}$, et donc que $g^{-1}\,{}^{\gamma}g$, qui appartient à $\underline{\underline{G}}(L)$, normalise ${}_L\underline{\underline{A}}$. Ainsi :

(2) $\qquad m_T(\gamma) = g^{-1}\,{}^{\gamma}g \in \underline{\underline{N}}(L)$, et donc $m_T(\gamma\gamma') = m_T(\gamma)\,{}^{\gamma}m_T(\gamma')$ si γ et $\gamma' \in \Gamma$:

la donnée d'un tore maximal déployé $\underline{\underline{A}}$ associe à chaque tore maximal $\underline{\underline{T}}$, défini sur k un 1-cocycle $m_T \in Z'(\Gamma, \underline{\underline{N}}(L))$. L'élément g de $\underline{\underline{G}}(L)$ satisfaisant à (1) n'est déterminé que par sa classe à gauche modulo le normalisateur de ${}_L\underline{\underline{A}}$ dans $\underline{\underline{G}}(L)$, c'est-à-dire $\underline{\underline{G}}(L)$, i.e. $\underline{\underline{N}}(L)$; changer g en g n, $n \in \underline{\underline{N}}(L)$ modifie l'application $\gamma \mapsto m(\gamma)$ en $\gamma \longmapsto n^{-1}m(\gamma)\,{}^{\gamma}n$. Ceci signifie que les cocycles correspondant à g et g n sont cohomologues ([16] b), p. 131). D'autre part, deux tores maximaux $\underline{\underline{T}}$ et $\underline{\underline{T}}'$ de $\underline{\underline{G}}$ définis sur k et qui se déploient tous deux dans l'extension galoisienne finie L fournissent deux cocycles m_T et $m_{T'}$ de Γ dans $\underline{\underline{N}}(L)$ cohomologues, si et seulement si ils sont conjugués par un élément de G : en effet on a successivement

$$m_T(\gamma) = n^{-1}m_{T'}(\gamma)\,{}^{\gamma}n \Longleftrightarrow g_T^{-1}\,{}^{\gamma}g_T = n^{-1}\,g_{T'}^{-1}\,{}^{\gamma}g_{T'}\,{}^{\gamma}n \Longleftrightarrow$$

$g'\,n\,g^{-1} \in G$, qui, par (1), est un élément qui envoie $\underline{\underline{T}}$ sur $\underline{\underline{T}}'$; inversement, si $h\,\underline{\underline{T}}\,h^{-1} = \underline{\underline{T}}'$, $h \in G$, alors $g_{T'} = h\,g_T$ et $m_{T'}(\gamma) = g_{T'}^{-1}\,{}^{\gamma}g_{T'} = g_T^{-1}\,{}^{\gamma}g_T = m_T(\gamma)$ pour $\gamma \in \Gamma$.

On munit les groupes de Galois de la topologie limite projective fournie par les sous-groupes d'indice fini. L'ensemble $Z^1(\Gamma(k), \underline{\underline{N}}(k_s))$ des 1-cocycles continus de $\Gamma(k)$ dans $\underline{\underline{N}}(k_s)$ s'identifie à la réunion des $Z^1(\Gamma, \underline{\underline{N}}(L))$ lorsque Γ parcourt les groupes de Galois des extensions galoisiennes finies L de k, et $H^1(\Gamma(k), \underline{\underline{N}}(k_s))$, l'ensemble des classes de 1-cocycles cohomologues dans $Z^1(\Gamma(k), \underline{\underline{N}}(k_s))$ à la réunion des $H^1(\Gamma(k)/\Gamma(L), \underline{\underline{N}}(L))$. Les raisonnements précédents donnent une première classification des tores maximaux.

Lemme 2

Soient k, $\underline{\underline{G}}$, $\underline{\underline{A}}$, $\underline{\underline{N}}$ comme ci-dessus. L'ensemble des classes de conjugaison sous G des tores maximaux de $\underline{\underline{G}}$ définis sur k s'envoie injectivement et canoniquement dans $H^1(\Gamma(k), \underline{\underline{N}}(k_s))$, les tores maximaux qui se déploient dans l'extension galoisienne L de groupe de Galois Γ correspondant aux éléments de $H^1(\Gamma, \underline{\underline{N}}(L))$.

3.1.3. Soit $\underline{\underline{A}}'$ un autre tore maximal déployé de $\underline{\underline{G}}$. Il y a donc un h $\in$ G tel que $\underline{\underline{A}}' = h\,\underline{\underline{A}}\,h^{-1}$; le normalisateur $\underline{\underline{N}}^{A'}$ de $\underline{\underline{A}}'$ est le conjugué de celui de $\underline{\underline{A}}$ par l'automorphisme intérieur défini par h ; il en résulte que $Z^1(\Gamma(k).\ \underline{\underline{N}}^{A'}(k_s))$ est en bijection avec $Z^1(\Gamma(k), \underline{\underline{N}}^A(k_s))$.

En composant avec la projection $\underline{\underline{N}}^A \longrightarrow W^A$ on obtient donc une application

$$Z^1(\Gamma(k), \underline{\underline{N}}^A(k_s)) \longrightarrow Z^1(\Gamma(k), W^A)$$

à valeurs dans l'ensemble des homomorphismes continus de $\Gamma(k)$ dans le groupe de Weyl de $\underline{\underline{A}}$. Comme $H^1(\Gamma(k), W^A)$ est canoniquement isomorphe à l'ensemble $H^1(\Gamma(k), W)$ des classes sous W des homomorphismes continus de $\Gamma(k)$ dans le groupe de Weyl W du graphe de Dynkin de $\underline{\underline{G}}$, on dispose donc d'une application

$$(3)\qquad H^1(\Gamma(k), \underline{\underline{N}}^A(k_s)) \longrightarrow H^1(\Gamma(k), W)\ .$$

Si $\underline{\underline{T}}$ se déploie dans l'extension galoisienne finie L de **k** de groupe de Galois $\Gamma = \Gamma(k)/\Gamma(L)$, on lui associe de cette façon un élément de $H^1(\Gamma, W)$, classe d'homomorphismes $\gamma \longmapsto w(\gamma)$ de Γ dans W modulo la conjugaison par W : $\gamma \longmapsto w(\gamma)$ équivalent à $\gamma \longmapsto w'(\gamma)$ signifie qu'il y a un $w \in W$ tel que

$$w'(\gamma) = w^{-1}\, w(\gamma)\, w \qquad , \quad \gamma \in \Gamma\ .$$

Remarquons que l'action de $w(\gamma)$ sur les racines de $\underline{\underline{A}}$ dans $\underline{\underline{G}}$ se relit sur les racines de $\underline{\underline{T}}$ dans $\underline{\underline{G}}$ par (1), et c'est donc, en tenant compte de (2), l'action de γ (définie en 3.1.1), qui se fait ainsi à travers le groupe de Weyl de $\underline{\underline{T}}$. D'autre part la longueur de cet élément dans ce groupe de Weyl (2.4.14) est celle de $w(\gamma)$. On la note $|\gamma|_T$.

3.1.4. Lorsque k est un corps $\wp$-adique, on note k_n l'extension non ramifiée maximale de k ([16] b), III.5). On dit qu'un tore maximal $\underline{\underline{T}}$ de $\underline{\underline{G}}$, défini sur k, est non ramifié s'il se déploie dans k_n. Pour qu'il en soit ainsi, montrons qu'il faut et il suffit que il y ait un $m_T \in Z^1(\Gamma(k), \underline{\underline{N}}(k_s))$ qui soit à valeurs dans $\underline{\underline{A}}(k_s)$ pour les éléments de $\Gamma(k_n)$: la condition est clairement nécessaire ; supposons donc que

$m_T(\gamma) \in \underline{\underline{A}}(k_s)$ pour $\gamma \in \Gamma(k_n)$: $m_T \in Z^1(\Gamma(k_n), \underline{\underline{A}}(k_s))$. Comme $\underline{\underline{A}}(k_s) = X'(A) \otimes k_s^*$, on a $H^1(\Gamma(k_n), X' \otimes k_s^*) = X' \otimes H^1(\Gamma(k_n), k_s^*) = 0$ par le th. 90 de Hilbert ([16] b), X.1, Prop. 2). On a donc $m_T(\gamma) = a^\gamma a^{-1}$ pour un $a \in \underline{\underline{A}}(k_s)$, si $\gamma \in \Gamma(k_n)$. Ainsi, $m'_T(\gamma) = a^{-1} m_T(\gamma)\, {}^\gamma a$ est un 1-cocycle de $\Gamma(k)$ dans $\underline{\underline{N}}(k_s)$, cohomologue à m_T et trivial sur $\Gamma(k_n)$ si m_T provenait de $m_T(\gamma) = g^{-1}\,{}^\gamma g$; on a donc $m'_T(\gamma) = g'^{-1}\,{}^\gamma g'$ avec $g' = g\,a$, et, pour $\gamma \in \Gamma(k_n)$, ${}^\gamma g' = g'$, c'est-à-dire que g' appartient à $\underline{\underline{G}}(k_n)$. Ainsi, T se déploie dans k_n, et donc dans une extension non ramifiée finie de k. On a finalement le résultat suivant :

Lemme 3

Pour qu'un tore maximal $\underline{\underline{T}}$ de $\underline{\underline{G}}$ soit non ramifié, il faut et il suffit que sa classe $w_T \in H^1(\Gamma(k), W)$ soit triviale sur $\Gamma(k_n)$.

Soit F la substitution de Frobenius, générateur topologique du groupe $\Gamma(k)/\Gamma(k_n) = \Gamma_n$; elle est caractérisée par

$$ {}^F x \equiv x^q \pmod{\mathfrak{P}_n}, \text{ si } x \in \mathcal{O}_n , $$

en notant $\mathcal{O}_n$ l'anneau des entiers de k_n et $\mathfrak{P}_n$ son idéal maximal. Pour toute extension non ramifiée L de k, on notera aussi F la substitution de Frobenius de $\Gamma(k)/\Gamma(L)$: c'est l'image de celle de Γ_n par l'application canonique

$$ \Gamma_n \longrightarrow \Gamma(k)/\Gamma(L) . $$

Si L est de degré m sur k, F est un générateur du groupe cyclique, d'ordre m, $\Gamma(k)/\Gamma(L)$.

Ainsi, lorsque $\underline{\underline{T}}$ est non ramifié, la classe de conjugaison de $w_T(F)$ dans W détermine un élément de $H^1(\Gamma(k), W)$, trivial sur $\Gamma(k_n)$, dont l'ordre est le degré de l'extension non ramifiée de k où $\underline{\underline{T}}$ se déploie, et dont la longueur $\ell(T)$ ne dépend que de $\underline{\underline{T}}$: c'est $|F|_T$ de 3.1.3.

3.1.5. Soit $\underline{\underline{T}}$ un tore maximal de $\underline{\underline{G}}$; fixons $g \in \underline{\underline{G}}(L)$ comme en (1). Soit ${}_m\underline{\underline{G}}$ le groupe $g^{-1}\,\underline{\underline{G}}\,g$ si m est le 1-cocycle $\gamma \longrightarrow g^{-1}\,{}^\gamma g$, et, de même, ${}_w\underline{\underline{A}} = g^{-1}\,\underline{\underline{T}}\,g$, si w est le 1-cocycle $\gamma \longmapsto w(\gamma)$, projection de $m(\gamma)$ dans W. Si $x \in \underline{\underline{G}}(L)$, on a donc

$$ x \in {}_m G \Longleftrightarrow x = m(\gamma)\,{}^\gamma x\, m(\gamma)^{-1} ,\ \gamma \in \Gamma \Longleftrightarrow g\,x\,g^{-1} \in G ; $$

le groupe ${}_m\underline{\underline{G}}(k_s)$ est $\underline{\underline{G}}(k_s)$ tordu par le 1-cocycle m. De même, pour un $a \in \underline{\underline{A}}(L)$, on a

$$a \in {}_w A \iff a = w(\gamma)\ {}^{\gamma}a\ w(\gamma)^{-1},\quad \gamma \in \Gamma \iff g\, a\, g^{-1} \in T \ ;$$

le groupe ${}_w\underline{\underline{A}}(k_s)$ est $\underline{\underline{A}}(k_s)$ tordu par le 1-cocycle w.

3.1.6. Soient X le groupe des caractères rationnels de $\underline{\underline{T}}$, et X' le groupe des sous-groupes à un paramètre de $\underline{\underline{T}}$. Le groupe Γ opère sur X et X' ; on note X^{Γ} et X'^{Γ} les invariants de Γ dans X et X'. On a alors ([2],8.15) :

Lemme 4

Soit $\underline{\underline{T}}$ un tore maximal de $\underline{\underline{G}}$ défini sur k. On note Γ le groupe de Galois d'une extension galoisienne finie L de k où $\underline{\underline{T}}$ se déploie. Alors, avec les notations précédentes :

(i) *L'image de $X'^{\Gamma} \otimes \underline{\underline{G}}_m$ dans $\underline{\underline{T}}$ est un sous-tore déployé maximal $\underline{\underline{T}}_d$ de $\underline{\underline{T}}$; on a $\underline{\underline{T}}_d(k) = X'^{\Gamma} \otimes k^{*}$;*

(ii) *L'intersection des noyaux des $\varpi \in X^{\Gamma}$ est un sous-tore anisotrope maximal $\underline{\underline{T}}_a$ de $\underline{\underline{T}}$; le groupe $\underline{\underline{T}}_a(k)$ s'identifie à $\mathrm{Hom}_{\Gamma}(X/X^{\Gamma}, L^{*})$;*

(iii) *$\underline{\underline{T}}$ est produit presque direct de $\underline{\underline{T}}_d$ et $\underline{\underline{T}}_a$.*

Corollaire

Supposons que k soit un corps $\wp$-adique. Si $\underline{\underline{T}}$ est un tore maximal non ramifié de $\underline{\underline{G}}$ (3.1.4), son ranganisotrope est $\ell(T)$.

Preuve. Un 1-cocycle w_T de $\Gamma(k)/\Gamma(k_n)$ dans W associé à $\underline{\underline{T}}$ est alors un homomorphisme d'un groupe cyclique fini dans W : son image est donc engendrée par celle de F ; X'^{Γ} s'identifie aux invariants de $w_T(F)$ dans X'(A), c'est-à-dire au noyau de $1-w_T(F)$ opérant sur X'(A); sa codimension, qui est le rang de $\underline{\underline{T}}_a$ par le lemme précédent, est égale à la longueur $\ell(T)$ de $w_T(F)$ (2.4.14).

3.1.7. Lemme 5

Soit N_T le normalisateur de $\underline{\underline{T}}$ dans G. Le choix d'un g vérifiant (1) identifie $N_T/T = W(T)$ à un sous-groupe du centralisateur dans W des $w(\gamma)$, $\gamma \in \Gamma$; (on appelle W(T) le petit sous-groupe de Weyl de $\underline{\underline{T}}$).

Preuve. Si $n \in G$ normalise $\underline{\underline{T}}$, (1) implique que ceci équivaut à $g^{-1}\, n\, g$ normalise ${}_L\underline{\underline{A}}$, et s'écrit donc $g^{-1}\, n\, g = n_1$ avec ${}^{\gamma}n_1 = {}^{\gamma}g^{-1}\ n\ {}^{\gamma}g = m(\gamma)^{-1}\, n_1\, m(\gamma)$ par définition de $m(\gamma)$; ainsi la projection w_1 de n_1 dans W vérifie $w_1 = w(\gamma)^{-1}\, w\, w(\gamma)$ si $\gamma \in \Gamma$, et w_1 commute à tous les $w(\gamma)$, $\gamma \in \Gamma$.

Remarque. En général $W(T)$ est distinct du centralisateur de tous les $w(\gamma)$, $\gamma \in \Gamma$: prenons un corps $\wp$-adique k et L une extension quadratique (séparable) pour qui -1 n'est pas une norme ; soit $\underline{G}$ le groupe $\underline{\underline{SL}}(L)$; le sous-groupe T de G formé des éléments qui conservent la norme est égal à son normalisateur, alors que W est d'ordre 2. Cependant, on verra (3.2.5. (vi)) que si $\underline{T}$ est non ramifié, alors $w(T)$ s'identifie au centralisateur de $w_T(F)$.

3.2. Nullité de cohomologie.

On se donne un corps $\wp$-adique k, de corps résiduel $\bar{k}$.

3.2.1. Si L est une extension galoisienne finie de k, alors le théorème de la base normale ([5], a), V.10) montre que, pour tout espace vectoriel $\underline{V}$ défini sur k, l'espace $\underline{V}(L)$ est un Γ-module induit (Γ est le groupe de Galois de L sur k) ; sa cohomologie est donc nulle en dimension $\geqslant 1$ ([16] b), VII, §3).

Soit $\underline{G}$ comme en 3.1.1. Si $\underline{T}$ est un tore maximal de $\underline{G}$ défini sur k, la somme $\underline{\mathfrak{m}}$ des sous-espaces radiciels $\underline{\mathfrak{g}}^{\alpha}$ de l'algèbre de Lie $\underline{\mathfrak{g}}$ de $\underline{G}$ pour $\alpha \in R(\underline{G},\underline{T})$ est définie sur k, et on a

(4) $$\mathfrak{g} = \mathfrak{k} + \mathfrak{m} ,$$

(où, d'une façon générale, on a noté V l'espace vectoriel $\underline{V}(k)$ lorsque $\underline{V}$ est défini sur k).

3.2.2. Lemme 6

Soit S un groupe compact, et $S_o = S \supset S_1 \supset \dots \supset S_n \supset \dots$ une suite de sous-groupes invariants formant un système fondamental de voisinages de 1. On se donne un groupe Γ qui opère continûment sur S en laissant invariant chaque S_n. Si $H^1(\Gamma, S_n/S_{n+1}) = 0$ pour tout $n \geqslant 0$, alors $H^1(\Gamma, S) = 0$.

Preuve. Soit $\gamma \longmapsto s(\gamma)$ un 1-cocycle de Γ dans S. Il est donc trivial modulo S_1, et on a un $y_o \in S_o = S$ tel que $y_o\, s(\gamma)\, {}^{\gamma}y_o^{-1}$ reste dans S_1 : $s_1(\gamma) = y_o\, s(\gamma)\, {}^{\gamma}y_o^{-1}$. On construit ainsi une suite y_n d'élements de S , $y_n \in S_n$, avec $(y_o \dots y_n)\, s(\gamma)\, {}^{\gamma}(y_o \dots y_n)^{-1} \in S_{n+1}$ les hypothèses donnent la convergence de $y_o \dots y_n$ vers un y pour lequel on aura $y\, s(\gamma)\, {}^{\gamma}y^{-1} = 1$ et donc $s(\gamma) = y^{-1}\, {}^{\gamma}y$.

3.2.3. Le corps résiduel $\bar{\Omega}$ de la clôture algébrique Ω de k est une clôture algégrique de $\bar{k}$, et c'est aussi le corps résiduel $\bar{k}_n$ de l'extension non ramifiée maximale k_n de k dans Ω ([16] (6),III.6, Cor.1). Si $\underline{\underline{S}}$ est un groupe algébrique connexe sur $\bar{k}$, on note $Z^1(\bar{k}, \underline{\underline{S}})$ les 1-cocycles continus de $\Gamma(\bar{k})$ dans $\underline{\underline{S}}(\bar{\Omega})$: ce sont donc les éléments $x \in \underline{\underline{S}}(\bar{\Omega})$ pour lesquels il y a un entier m tel que

$$x\, x^{(q)} \dots x^{(q^m)} = 1 ,$$

en notant $x \longmapsto x^{(q)}$ l'action du générateur canonique de $\Gamma(\bar{k})$.
Si $\sigma \in Z^1(\bar{k}, \underline{\underline{Aut}}\ \underline{\underline{S}})$, on note ${}_\sigma\underline{\underline{S}}$ le groupe $\underline{\underline{S}}$ tordu par σ : le groupe ${}_\sigma S$ des points rationnels dans $\bar{k}$ de ${}_\sigma\underline{\underline{S}}$ est formé des $x \in \underline{\underline{S}}(\bar{\Omega})$ pour lesquels $x = {}^\sigma(x^{(q)})$ (on note aussi σ l'image par σ de (q)).

Proposition 1

Soit $\underline{\underline{S}}$ un groupe algébrique linéaire connexe défini sur le corps fini $\bar{k}$. Si $\sigma \in Z^1(\bar{k}, \underline{\underline{Aut}}\ \underline{\underline{S}})$, on a $H^1(\bar{k}, {}_\sigma\underline{\underline{S}}) = 0$.

Preuve. On a $\sigma\sigma^{(q)} \dots \sigma^{(q)^{m-1}} = 1$ pour un entier m (on note $\sigma^{(q)}$ l'automorphisme $\sigma^{(q)}(x^{(q)}) = ({}^\sigma x)^{(q)}$) : le groupe ${}_\sigma S$ est donc contenu dans les points de $\underline{\underline{S}}$ rationnels sur l'extension de degré m de $\bar{k}$; le groupe ${}_\sigma S$ est donc fini. Comme l'application $x \longmapsto \sigma(x^{(q)})$ est surjective de $\underline{\underline{S}}(\bar{\Omega})$ sur $\underline{\underline{S}}(\bar{\Omega})$, on est dans les hypothèses de l'extension d'un théorème de Lang donnée par Steinberg ([3].E.I.2.2) et donc $H^1(\bar{k}, {}_\sigma\underline{\underline{S}}) = 0$.

La conclusion de la proposition signifie que si $x \in \underline{\underline{S}}(\bar{\Omega})$ vérifie $x.{}^\sigma(x^{(q)}).\dots.({}^{\sigma\sigma^{(q)}\dots\sigma^{(q)^{n-1}}}x^{(q)^n}) = 1$ pour un entier n, alors $x = y^{-1}\,{}^\sigma y^{(q)}$ pour un $y \in \underline{\underline{S}}(\bar{\Omega})$.

Corollaire 1

Si $\bar{k}$ est un corps fini, l'application (5), provenant de (3) :

(5) $\qquad H^1(\bar{k}, \underline{\underline{N}}) \longrightarrow H^1(\bar{k}, W)$

est bijective ; $H^1(\bar{k}, W)$ est l'ensemble des classes de conjugaison de W.

Preuve. L'ensemble $Z^1(\bar{k}, W)$ s'identifie à W par $w \longmapsto w((q))$. Si $w \in W$ soit $\omega \in N$ s'y projetant ; on a $w^m = 1$ pour un m, d'où $\omega^m \in A$. Trouvons $a \in \underline{\underline{A}}(\bar{\Omega})$ tel que $\omega\, a(\omega\, a)^{(q)} \dots (\omega\, a)^{(q)^{m-1}} = 1$, ce qui prouvera la surjectivité de (3) ; cette condition signifie $a.{}^{\omega}a^{(q)} \dots {}^{\omega^{m-1}}a^{(q)^{m-1}} = \omega^{-m}$. Mais $\omega^{-m} \in A$, et $H^1(\bar{k}, A) = 0$ par la proposition 1 ; en se limitant au groupe, cyclique, de Galois de l'extension L de degré m de k l'application

$a \longmapsto a.\omega_a(q) \ldots .\omega_a^{m-1}(q)^{m-1}$ de $\underline{A}(L)$ dans A est donc surjective ([16] b), VIII, 4, Prop.8), d'où un a convenable, et (5) est surjective.

Soient n_1 et $n_2 \in Z^1(\bar{k}, N)$ de même image dans $H^1(\bar{k}, W)$; si w_1 et w_2 sont les projections de $n_1 = n_1((q))$ et $n_2 = n_2((q))$ dans W, ceci signifie que w_1 et w_2 sont conjugués par un $w \in N$; relevons w en ω dans N. On a donc : $a'\ n_1 = \omega^{-1}\ n_2\ \omega$ pour un $a' \in \underline{A}(\bar{\Omega})$. Trouvons $a \in \underline{A}(\bar{\Omega})$ tel que $n_1 = (\omega\, a)^{-1}\, n_2(\omega\, a)^{(q)}$, i.e. tel que $a\, n_1\, a^{-(q)}\, n_1^{-1} = a'$. On applique la proposition 1 à l'automorphisme de $\underline{A}$ défini par w_1 : $H^1(\bar{k}, {}_{w_1}\underline{A}) = 0$, d'où un a convenable, ce qui prouve que n_1 et n_2 sont cohomologues, et (5) est injectif.

Corollaire 2

Soit $\underline{G}$ un groupe algébrique réductif connexe déployé sur le corps fini $\bar{k}$. Les classes de conjugaison sous $G(= \underline{G}(\bar{k}))$ des tores maximaux de $\underline{G}$ définis sur $\bar{k}$ correspondent bijectivement aux classes de conjugaison du groupe de Weyl W du graphe de Dynkin de $\underline{G}$ via (1) - (2) - (3). Si $\underline{T}$ est un tore maximal, alors

(i) l'ordre de T est det $(q - (q)_T)$ où $(q)_T$ désigne l'action de (q) sur X(T) ;

(ii) le rang anisotrope de T est $|(q)_T|$ (3.1.3) ;

(iii) le petit sous-groupe de Weyl W(T) (lemme 5) est le centralisateur de $(q)_T$ dans le groupe de Weyl de T.

Preuve. (cf [3],E II.1.2). Montrons que $H^1(\bar{k}, \underline{N})$ classe les tores maximaux de $\underline{G}$. En raison du lemme 2, il suffit que pour chaque $m \in Z^1(\bar{k}, \underline{N})$ il y ait un $g \in \underline{G}(\bar{\Omega})$ tel que $g^{-1}\, g^{(q)} = m\,((q))$; comme $Z^1(\bar{k}, \underline{N})$ est inclus dans $Z^1(\bar{k}, \underline{G})$, et que $H^1(\bar{k}, \underline{G}) = 0$ (Prop. 1 avec $\sigma = \mathrm{Id}$), l'assertion est prouvée. Le corollaire 1 donne alors la classification annoncée.

Soit $w \in W$ associé au tore maximal $\underline{T}$; on prouve les assertions (i)-(ii)-(iii) pour le groupe ${}_w\underline{A}$, où $(q)_T$ n'est autre que w. Si n est l'ordre de w, $\underline{T}$ se déploie dans l'extension $\bar{L}$ de degré n de $\bar{k}$. Soit ε un générateur du groupe cyclique $\bar{L}^*$; alors $\mu \longmapsto \varepsilon^{\mu}$ envoie X'(A) sur ${}_w\underline{A}(\bar{L}) = X'(A) \otimes \bar{L}^*$; les éléments de ${}_wA$ sont caractérisés par $\varepsilon^{\mu} = (\varepsilon^q)^{w\mu}$ c'est-à-dire $\varepsilon^{(1 - qw)\mu} = 1$; on a donc ${}_wA \simeq X'(A)/(1-qw)\, X'(A)$, et l'ordre de T est donc $|\det(qw-1)|$. Comme w et w^{-1} sont conjugués ([3] G.22), et que les valeurs propres de w sont de module 1, on a bien (i).

Le lemme 5 donne (ii).

Pour (iii), fixons g tel que (1), et posons $m = g^{-1} g^{(q)}$. En modifiant éventuellement g par un élément de $\underline{N}(\bar{L})$, on peut supposer (lemme 2) que m se projette sur w. Il faut prouver que si $w_1 \in W$ centralise w, il y a un $m_1 \in \underline{N}(\bar{\Omega})$

qui le relève tel que $m_1^{(q)} = m^{-1} m_1 m^{(q)}$ (cf. lemme 5). Si on relève w_1 en $\omega_1 \in N$, $\omega_1 m^{(q)} \omega_1^{-1} m^{-1}$ est un élément $a \in \underline{\underline{A}}(\bar{\Omega})$. Cherchons a_1 dans $\underline{\underline{A}}(\bar{\Omega})$ tel que $m_1 = a_1 \omega_1$ vérifie $m_1^{(q)} = m^{-1} m_1 m^{(q)}$, i.e. tel que $a = a_1^{-1} m a_1^{(q)} m^{-1} = a_1^{-1} {}^{w}a_1^{(q)}$. Comme la proposition 1 dit que $H^1(\bar{k}, {}_w\underline{\underline{A}}) = 0$, il suffit de vérifier que a_1 est un 1-cocycle continu dans ${}_w\underline{\underline{A}}(\bar{\Omega})$: comme m provient d'un élément de $Z^1(\bar{k}, \underline{\underline{N}})$, on a $mm^{(q)} \ldots m^{(q)^n} = 1$, et $a.{}^{w}a^{(q)} \ldots {}^{w^n}a^{(q)^n} = m \ldots m^{(q)^n} \omega\, m^{-(q)^n} \ldots m^{-1} \omega^{-1} = 1$.

3.2.4. On suppose désormais que k est un corps $\wp$-adique, $\bar{k}$ est son corps résiduel, $\mathcal{O}$ ses entiers, etc... Soit $\underline{\underline{T}}$ un tore maximal non ramifié de $\underline{\underline{G}}$(3.1.4.) et soit L une extension non ramifiée de k où $\underline{\underline{T}}$ se déploie. Le groupe de Galois Γ de L sur k s'identifie au groupe de Galois de l'extension résiduelle $\bar{L}$ de $\bar{k}$. Les Γ-modules $\wp_L^m$ et $\wp_L^n$ sont isomorphes, de même que les $\wp_L^m/\wp_L^n$ pour m-n positif fixé.

Fixons $g \in \underline{\underline{G}}(L)$ qui vérifie (1), et soit $w \in W$ l'élément donné par la projection de $g^{-1}\,{}^{F}g \in \underline{\underline{N}}(L)$ dans W. Pour chaque entier $n \geqslant 0$, on note ${}_wA(\wp^n)$ le groupe des invariants de Γ dans ${}_w\underline{\underline{A}}(\wp_L^n)$: ce sont les $a \in \underline{\underline{A}}(\wp_L^n)$ tels que $w\,{}^{F}a\,w^{-1} = a$. Soit $\mathfrak{a}$ l'algèbre de Lie de $\underline{\underline{A}}$; on définit de même ${}_w\mathfrak{a}(\wp^n)$ si $n \in \mathbb{Z}$, ${}_wA(\wp^m/\wp^n)$ si $n \geqslant m \geqslant 0$, ${}_w\mathfrak{a}(\wp^m/\wp^n)$ si $n \geqslant m$. Si $\bar{b} \in \bar{L}$ définit une base normale de $\bar{L}$ sur $\bar{k}$, c'est-à-dire si les ${}^{\gamma}\bar{b}$, $\gamma \in \Gamma$, forment une base de $\bar{L}$ sur $\bar{k}$, les éléments de $\bar{k}$ sont caractérisés par l'égalité de toutes leurs coordonnées ; on peut donc supposer que $\sum_{\Gamma} {}^{\gamma}\bar{b} = 1$. Soit b un relèvement de $\bar{b}$ dans $\mathcal{O}_L$. On a donc $\sum_{\Gamma} {}^{\gamma}b \in 1 + \wp$; en changeant éventuellement b en $b/\sum_{\Gamma} {}^{\gamma}b$, on peut supposer que $\sum_{\Gamma} {}^{\gamma}b = 1$.
On a $\wp_L^n = \bigoplus_{\Gamma} {}^{\gamma}b\,\wp^n$, $\wp_L^m/\wp_L^n = \bigoplus_{\Gamma} {}^{\gamma}b\,\wp^m/\wp^n$ pour $n \geqslant m$. Il en résulte qu'on a des isomorphismes de $\mathcal{O}$-modules :

$$\mathfrak{a}(\wp^n) \longrightarrow {}_w\mathfrak{a}(\wp^n) \quad : \quad H \longmapsto \sum_{\Gamma} {}^{\gamma}b\ {}^{w(\gamma)}H\ ,$$

$$\mathfrak{a}(\wp^m/\wp^n) \longrightarrow {}_w\mathfrak{a}(\wp^m/\wp^n) \quad : \quad H \longmapsto \sum_{\Gamma} {}^{\gamma}b\ {}^{w(\gamma)}H\ ;$$

et les décompositions ${}_w\mathfrak{a}(\wp_L^n) = \bigoplus_{\Gamma} {}^{w(\gamma)\cdot\gamma}(b\ {}_w\mathfrak{a}(\wp^n))$ et

$${}_w\mathfrak{a}(\wp_L^m/\wp_L^n) = \bigoplus_{\Gamma} {}^{w(\gamma)\gamma}(b\ {}_w\mathfrak{a}(\wp^m/\wp^n)) \quad \text{pour} \quad n \geqslant m\ .$$

En conséquence, on a $H^1(\Gamma, {}_w\mathfrak{a}(\wp_L^n)) = 0$ et $H^1(\Gamma, {}_w\mathfrak{a}(\wp_L^m/\wp_L^n)) = 0$ (ce qu'on pouvait aussi prouver par la proposition 1 et le lemme 6).

On définit les sous-groupes suivants de T :

$$T(\mathcal{O}) = \mathrm{Hom}_{\Gamma}(X, \mathcal{O}_L^{*})\ ,\ T(\wp^n) = \mathrm{Hom}_{\Gamma}(X, 1 + \wp_L^n)\ ,\ n \geqslant 1.$$

Autrement dit, $T(\mathfrak{p}^n) = g \cdot {}_wA(\mathfrak{p}^n) \cdot g^{-1}$, $n \geqslant 0$, on définit également les sous-groupes $\mathfrak{t}(\mathfrak{p}^n)$, $n \in \mathbb{Z}$, dans $\mathfrak{t} = \underline{\underline{\mathfrak{t}}}(k)$ si $\underline{\underline{\mathfrak{t}}}$ est l'algèbre de lie de $\underline{\underline{T}}$, $\mathfrak{t} \simeq X' \otimes \underline{\underline{G}}_a$, par

$$\mathfrak{t}(\mathfrak{p}^n) = (X' \otimes \mathfrak{p}_L{}^n)^\Gamma \quad ; \text{ on a donc } \mathfrak{t}(\mathfrak{p}^n) = g \cdot {}_w\mathfrak{a}(\mathfrak{p}^n) \cdot g^{-1} .$$

On pose aussi, pour $n \geqslant m$: $\mathfrak{t}(\mathfrak{p}^m/\mathfrak{p}^n) = \mathfrak{t}(\mathfrak{p}^m)/\mathfrak{t}(\mathfrak{p}^n)$: c'est $(X' \otimes \mathfrak{p}_L{}^m/\mathfrak{p}_L{}^n)^\Gamma$.

3.2.5. Proposition 2

Soient $\underline{\underline{G}}$ un groupe réductif déployé sur le corps $\mathfrak{p}$-adique k, $\overline{\underline{\underline{G}}}$ le groupe de même type (système de racines et réseau X) sur le corps résiduel $\bar{k}$, $\underline{\underline{T}}$ un tore maximal non ramifié de $\underline{\underline{G}}$; on note F_T l'élément du groupe de Weyl de $\underline{\underline{T}}$ dans $\underline{\underline{G}}$ défini par la substitution de Frobenius. Avec les notations ci-dessus :

(i) le groupe quotient $\bar{T} = T(\mathcal{O})/T(\mathfrak{p})$ est l'ensemble des points dans $\bar{k}$ d'un tore maximal $\overline{\underline{\underline{T}}}$ de $\overline{\underline{\underline{G}}}$ dont la classe dans le groupe de Weyl est celle de F_T ; l'ordre de $\bar{T}$ est det $(q-F_T)$;

(ii) le groupe quotient $T(\mathfrak{p}^m)/ T(\mathfrak{p}^n)$, $n \geqslant m \geqslant 0$, ne dépend que de la différence $n - m$; on le note $T(\mathfrak{p}^m/\mathfrak{p}^n)$;

(iii) pour $2m \geqslant n \geqslant m \geqslant 1$, les groupes $\mathfrak{t}(\mathfrak{p}^m/\mathfrak{p}^n)$ et $T(\mathfrak{p}^m/\mathfrak{p}^n)$ sont canoniquement isomorphes ;

(iv) le groupe $T(\mathcal{O})$ est produit semi-direct de $\bar{T}$ par $T(\mathcal{O})$; le groupe $T(\mathcal{O}/\mathfrak{p}^n)$ est produit semi-direct de $\bar{T}$ par $T(\mathfrak{p}/\mathfrak{p}^n)$, $n \geqslant 1$;

(v) si T_a et T_d sont les points rationnels sur k des sous tores de $\underline{\underline{T}}$ définis au lemme 4, on a $T_a = T_a(\mathcal{O})$ et la décomposition

$$1 \longrightarrow T(\mathcal{O}) \longrightarrow T \longrightarrow X'(T_d) \longrightarrow 0 \ ;$$

(vi) $W(T)$ (lemme 5) s'identifie au centralisateur de w dans W.

Preuve. (i) L'ensemble ${}_wA$ des invariants de Γ dans ${}_wA(\bar{L})$ est formé des $a \in \underline{\underline{A}}(\bar{L})$ pour qui l'on a $w\, a^{(q)} w^{-1} = a$. En appliquant alors le lemme 6 à l'action de Γ sur le groupe ${}_w\underline{\underline{A}}(\mathfrak{p}_L)$ et ses sous groupes ${}_wA(\mathfrak{p}_L{}^n)$, $n \geqslant 1$, dont les quotients successifs sont ${}_w\mathfrak{a}(\mathfrak{p}_L{}^n/\mathfrak{p}_L{}^{n+1})$ (2.2.2.) pour qui le $H^1(\Gamma,.)$ est nul. On a donc la décomposition :

$$1 \longrightarrow {}_wA(\mathfrak{p}) \longrightarrow {}_wA(\mathcal{O}) \longrightarrow {}_wA(\bar{k}) \longrightarrow 1 \ ,$$

et (i) est une conséquence du corollaire 2 de la proposition 1.

En prenant les invariants par Γ opérant via w des suites exactes de 2.2.2, on obtient de la même façon, si $n \geqslant m \geqslant 0$

$$1 \longrightarrow {}_wA(\mathfrak{p}^m) \longrightarrow {}_wA(\mathfrak{p}^n) \longrightarrow {}_wA(\mathfrak{p}^m/\mathfrak{p}^n) \longrightarrow 1 \ ;$$

d'où (ii) par conjugaison par g, et (iii) également, lorsque $2m \geqslant n \geqslant m \geqslant 0$.

(iv) Le choix d'un générateur du groupe multiplicatif $\bar{L}^*$ du corps fini $\bar{L}$ définit un relèvement de $\bar{L}^*$ sur un sous-groupe de θ_L^* ; on en déduit que ${}_wA(\theta_L)$ est produit semi-direct du groupe ${}_wA(\bar{L})$ par le sous-groupe invariant ${}_wA(\mathfrak{p}_L)$. En prenant les invariants par Γ, on en déduit que $T(\theta)$ est produit semi-direct de $\bar{T}$ par $T(\mathfrak{p})$, et, de la même façon, $T(\theta/\mathfrak{p}^n)$ est produit semi-direct de $\bar{T}$ par $T(\mathfrak{p}/\mathfrak{p}^n)$ si $n \geqslant 1$.

(v) Le lemme 4 donne $T_a = \mathrm{Hom}_\Gamma(X/X^\Gamma, L^*)$, et on a aussi $T_a = \mathrm{Hom}_\Gamma(X/X^\Gamma, \theta_L^*) = T_a(\theta)$; il suffit de remarquer que, T_a étant compact, l'homomorphisme : $\chi \in \mathrm{Hom}_\Gamma(X/X^\Gamma, L^*) \longmapsto \mathrm{val}\,\chi \in X'$, défini par $\langle \mathrm{val}\,\chi, \bar{\omega} \rangle = \chi(\omega)$ si $\bar{\omega} \in X$ est trivial, i.e. χ prend ses valeurs dans les éléments de valuation nulle, θ_L^* ; on a donc $T_a = T_a(\theta)$. De plus $X'(T_d)$ est facteur direct dans X' puisque ce sont les éléments de X' invariants par l'action de Γ sur l'espace vectoriel $X' \otimes \mathbb{Q}$.

La décomposition donnée par la valuation :

$$1 \longrightarrow \underline{\underline{T}}(\theta_L) \longrightarrow \underline{\underline{T}}(L) \longrightarrow X' \longrightarrow 0$$

donnera (6) si $H^1(\Gamma, \underline{\underline{T}}(\theta_L)) = 0$, i.e. si $H^1(\Gamma, {}_w\underline{\underline{A}}(\theta_L)) = 0$: mais ceci résulte du lemme 6, de la proposition 1 et de 3.2.4.

(vi) Une fois remarqué que $H^1(\Gamma, \underline{\underline{T}}(\theta_L)) = 0$, la preuve est exactement la même que celle donnée pour le cas des corps finis (Corollaire 2, (iii)).

3.2.6. Corollaire

Avec les notations de la proposition 2, l'ordre de $T(\theta/\mathfrak{p}^n)$ est, pour $n \geqslant 1$, $q^{\ell(n-1)} |\bar{T}|$, où ℓ est le rang de $\underline{G}$, q l'ordre du corps résiduel $\bar{k}$, et $|\bar{T}| = \det(q - F_T)$, en notant F_T l'action de la substitution de Frobenius sur le groupe des caractères rationnels de $\underline{\underline{T}}$.

Preuve. On dévisse $T(\theta/\mathfrak{p}^n)$ en une suite de groupes $T(\mathfrak{p}^m/\mathfrak{p}^n)$ de quotients respectifs $\bar{T},\dots,T(\mathfrak{p}^m/\mathfrak{p}^{m+1}),\dots,T(\mathfrak{p}^{n-1}/\mathfrak{p}^n)$. L'ordre de $T(\bar{k})$ a été vu au 3.2.3 Cor. 2 (i) ; pour $T(\mathfrak{p}^m/\mathfrak{p}^{m+1})$, il est isomorphe à $\mathfrak{t}(\mathfrak{p}^m/\mathfrak{p}^{m+1})$ lui-même isomorphe à ${}_w\mathfrak{a}(\mathfrak{p}^m/\mathfrak{p}^{m+1})$ ce qu'on a vu en 3.2.4, isomorphe à $\mathfrak{a}(\mathfrak{p}^m/\mathfrak{p}^{m+1})$, qui est isomorphe à $\bar{\mathfrak{a}}$ dès qu'on a choisi un générateur π de l'idéal de la valuation de k. Comme $\bar{\mathfrak{a}}$ est un espace vectoriel de dimension ℓ sur k, son ordre est q^ℓ , d'où la formule annoncée, en tenant compte du Corollaire 2 de 3.2.3.

3.3. Classification des tores maximaux.

3.3.1 Proposition 3

Soient k un corps $\wp$-adique, k_s sa clôture séparable, et $\underline{\underline{G}}$ un groupe algébrique connexe semi-simple simplement connexe et déployé sur k. Si $\underline{\underline{N}}$ désigne le normalisateur d'un tore maximal déployé de $\underline{\underline{G}}$, l'ensemble $H^1(\Gamma(k), \underline{\underline{N}}(k_s))$ (3.1.2) est en bijection naturelle avec les classes de conjugaison sous G des tores maximaux de $\underline{\underline{G}}$ qui sont définis sur k. Plus précisément le sous-ensemble $H^1(\Gamma, \underline{\underline{N}}(L))$ (3.1.2) correspond aux tores maximaux définis sur k qui se déploient dans l'extension galoisienne L de groupe de Galois Γ.

Preuve. En raison du lemme 2, il suffit de prouver que si $n \in Z^1(\Gamma, \underline{\underline{N}}(L))$, il y a un $g \in \underline{\underline{G}}(L)$ tel que $g^{-1}\,{}^{\gamma}g = n(\gamma)$. Or on a $H^1(\Gamma(k), \underline{\underline{G}}(k_s)) = 0$ puisque le corps résiduel est fini ([6] a),Cor. 2), ce qui donne l'existence d'un g qui convient.

3.3.2 Corollaire

Soient $\underline{\underline{G}}$ un groupe algébrique connexe réductif déployé sur le corps $\wp$-adique k, $\hat{\underline{\underline{G}}}$ le revêtement simplement connexe de son groupe dérivé, $\underline{\underline{A}}$ un tore maximal déployé de $\underline{\underline{G}}$, $\hat{\underline{\underline{A}}}$ son image réciproque dans $\hat{\underline{\underline{G}}}$, $\underline{\underline{N}}$ le normalisateur de $\hat{\underline{\underline{A}}}$ dans $\hat{\underline{\underline{G}}}$. Les classes de conjugaison sous G des tores maximaux de $\underline{\underline{G}}$ définis sur k sont en bijection naturelle avec l'image de $H^1(\Gamma(k), \hat{\underline{\underline{N}}}(k_s))$ dans $H^1(\Gamma(k), \underline{\underline{N}}(k_s))$, et les tores qui se déploient dans l'extension galoisienne L de groupe de Galois Γ correspondent à l'image de $H^1(\Gamma, \hat{\underline{\underline{N}}}(L))$ dans $H^1(\Gamma, \underline{\underline{N}}(L))$.

Preuve. Le noyau de $\varphi : \hat{\underline{\underline{G}}} \longrightarrow \underline{\underline{G}}$ est contenu dans le centre de $\hat{\underline{\underline{G}}}$; les tores maximaux de $\underline{\underline{G}}$ définis sur k correspondent bijectivement à ceux de $\hat{\underline{\underline{G}}}$; il reste donc à classer ceux-ci sous G. Si $\underline{\underline{T}}$ est un tore maximal de $\underline{\underline{G}}$, on a, avec les notations de 3.1.2. ${}_L\underline{\underline{T}} = g\,{}_L\underline{\underline{A}}\,g^{-1}$; comme $\underline{\underline{G}}(L) = \varphi(\hat{\underline{\underline{G}}}(L))\,\underline{\underline{A}}(L)$ (cela se voit sur les générateurs 2.1.5), et que g n'est déterminé que par sa classe à gauche modulo $\underline{\underline{N}}(L)$, on peut prendre g dans l'image de $\hat{G}(L)$, et $g^{-1}\,{}^{\gamma}g$ est donc un 1-cocycle $n \in Z^1(\Gamma, \underline{\underline{N}}(L))$ qui appartient à l'image de $Z^1(\Gamma, \hat{\underline{\underline{N}}}(L))$, ce qui donne le corollaire.

3.3.3 Soit k un corps $\wp$-adique ; on se donne un groupe algébrique $\underline{\underline{G}}$ connexe semi-simple et déployé sur k, et un tore maximal déployé $\underline{\underline{A}}$. Soit w un élément d'ordre fini du groupe de Weyl affine $\hat{W}$ du système de racines R de $(\underline{\underline{G}},\underline{\underline{A}})$ (2.4.5); la sous-variété affine L^w des points qu'il fixe dans $E(\mathbb{Q})$ n'est donc pas vide (2.4.15, Prop. 5) ; l'ensemble R^w des racines affines nulles sur L^w est un système de racines (2.4.11, Prop. 4, (i), où ϕ est une facette dont le support est L^w) de rang la longueur $|w|$ de w (id. et la remarque 2.4.15). Soit $\underline{\underline{G}}^w$ le sous-groupe de $\underline{\underline{G}}$ engendré par $\underline{\underline{A}}$ et les $\underline{\underline{U}}_\alpha$ pour $\alpha \in DR^w$: c'est un groupe réductif (2.4.11, Prop 4, (vi)) ; si K^w est le sous-groupe de G engendré par $H = \underline{\underline{A}}(\Theta)$ et les $u \in U_\alpha^{\times}$ pour $\alpha \in DR^w$ qui sont positifs sur L^w : on a $K^w = \underline{\underline{G}}^w(\Theta)$ et $G^w = K^w\,A\,K^w$ (même réf.).

Lemme 7

Avec les notations ci-dessus, w possède un relèvement ω d'ordre fini dans K^W.

Preuve. Fixons un système d'homomorphismes $x_\alpha : \underline{\underline{G}}_m \longrightarrow \underline{\underline{U}}_\alpha$ satisfaisant aux relations de commutation de Chevalley, c'est-à-dire un point spécial (2.4.8) $v_o \in E(\mathbb{Q})$ (cf. 2.4.2). Si $a \in R^W$, on a donc

$$\langle v - v_o, \alpha \rangle = a(v_o) \text{ pour tout } v \in L^W, \ \alpha = D\,a ,$$

et cette valeur commune est un entier. L'élément w se décompose en produit de réflexions associées aux racines affines de R^W (2.4.8 (iv)) :

$$w = w_{a_1} \dots w_{a_m} , \ a_i \in R^W,$$

(où, par la remarque 2.4.15, on peut même supposer $m = |w|$, c'est-à-dire les racines $D\,a_i$ linéairement indépendantes). Si $a \in DR^W$, posons

$$\omega_a = x_\alpha(\pi^{\langle v-v_o,\alpha\rangle})\, x_{-\alpha}(-\pi^{-\langle v-v_o,\alpha\rangle})\, x_\alpha(\pi^{\langle v-v_o,\alpha\rangle})$$

où $\alpha = Da$, v est quelconque dans L^W et π est un générateur de l'idéal de la valuation de k, fixé. C'est un élément de G^W, qui appartient à K^W, comme $x_\alpha(\pi^{\langle v-v_o,\alpha\rangle})$ et $x_{-\alpha}(-\pi^{-\langle v-v_o,\alpha\rangle})$ (2.4.2). D'autre part, les applications définies par l'identité sur $\underline{\underline{A}}$ et

(7) $\qquad x_\alpha(u) \longmapsto x_\alpha(\pi^{\langle v-v_o,\alpha\rangle} u), \ \alpha \in DR^W, \ u \in \underline{\underline{G}}_a ,$

fournissent un automorphisme de $\underline{\underline{G}}^W$, qui envoie le sous-groupe compact maximal $G^W(\mathcal{O})$ défini par les x_α sur K^W ; comme ω_a provient de $\omega_\alpha = x_\alpha(1)\, x_{-\alpha}(-1)\, x_\alpha(1)$, si $\alpha = D\,a$, l'élément $\omega_{a_1} \dots \omega_{a_m}$ provient de $\omega_{\alpha_1} \dots \omega_{\alpha_m}$ $(\alpha_i = D\,a_i)$ qui est d'ordre fini (2.1.5). Comme il est clair que ω_a relève w_a, on a trouvé un $\omega \in K^W$, d'ordre fini, qui relève w.

3.3.4 Lemme 8

Conservons les mêmes hypothèses et notations. Si w est d'ordre r, il y a un $m \in \underline{\underline{N}}(k_n)$ tel que $m\, {}^F m \dots {}^{F^{r-1}} m = 1$, et appartenant au sous-groupe K_r^W de $\underline{\underline{G}}^W(k_n)$ engendré par $\underline{\underline{A}}(\mathcal{O}_r)$ et les $u \in \underline{\underline{U}}_\alpha(k_r)$, $u(L^W) \geqslant 0$, $\alpha \in DR^W$, (en indexant par r les objets relatifs à l'extension non ramifiée de degré r de k.

Preuve. Prenons le relèvement ω du lemme 7 ; il suffit de trouver $a \in \underline{\underline{A}}(\mathcal{O}_r)$ tel que $(a\omega)\,{}^F(a\omega) \,..\, {}^{F^{r-1}}(a\omega) = 1$, condition qui s'écrit $a\,{}^w({}^F a) \,..\, {}^{w^{r-1}}({}^{F^{r-1}} a) = \omega^r \in \underline{\underline{A}}(\mathcal{O})$, puisque $w^r = 1$. Or on a, par 3.2.4., $H^1(\Gamma_n\,,\,{}_w A(\wp_n^m)/{}_w \underline{\underline{A}}(\wp_n^{m+1})) = 0$, pour tout entier $m \geqslant 1$, et même par la proposition 1, pour $m = 0$: en effet $w \in \hat{W}$ opère sur $\underline{\underline{A}}$ via sa projection dans W . Le lemme 6 implique $H^1(\Gamma_n\,,\,{}_w\underline{\underline{A}}(\mathcal{O}_n)) = 0$, et donc, si Γ^r est le groupe de Galois, cyclique, de k_r sur k, $H^1(\Gamma^r{}_{,w}\underline{\underline{A}}(\mathcal{O}_r)) = 0$. On en déduit ([16] 4), VIII. 4, Prop. 8) que l'application

$$a \longmapsto a\,{}^w({}^F a) \,..\, {}^{w^{r-1}}({}^{F^{r-1}} a)$$

de ${}_w\underline{\underline{A}}(\mathcal{O}_r)$ dans ${}_w\underline{\underline{A}}(\mathcal{O})$ est surjective. Il reste à remarquer que ω^r appartient à ${}_w\underline{\underline{A}}(\mathcal{O})$ pour achever la démonstration.

3.3.5 Lemme 9

Gardons les hypothèses et notations précédentes, m et K_r^W étant comme ci-dessus, Γ^r le groupe de Galois de k_r sur k. Alors

$$H^1(\Gamma^r\,,\,{}_m K_r^W) = 0\,.$$

Preuve. Comme $m \in K_r^W$, on peut faire opérer Γ^r de façon tordue par m sur K_r^W . D'après le lemme 6, il suffit de prouver que les premiers groupes de cohomologie de Γ^r dans les quotients successifs de la filtration canonique sur ${}_m K_r^W$ sont nuls. Or ceux-ci sont successivement ${}_m\underline{\underline{G}}^W(\bar{k}_r),\ldots,{}_m\mathfrak{g}^W(\wp_r^n/\wp_r^{n+1}),\ldots,\ n \geqslant 1$: il suffit de conjuguer par l'automorphisme (7) ci-dessus ; on a $H^1(\Gamma^r,{}_m\underline{\underline{G}}^W(\bar{k}_r)) = 0$ par la proposition 1 ; les autres sont tous Γ^r-isomorphes à ${}_m\underline{\underline{\mathfrak{g}}}(\bar{k}_r)$, dont la cohomologie réduite est nulle puisque c'est un Γ^r-module induit (même preuve qu'en 3.2.4).

3.3.6 Théorème 2

Soient k un corps $\wp$-adique et $\underline{\underline{G}}$ un groupe algébrique connexe semi-simple simplement connexe et déployé sur k. Les classes de conjugaison sous $\underline{\underline{G}}$ des tores maximaux non ramifiés de $\underline{\underline{G}}$ correspondent canoniquement aux classes de conjugaison des éléments d'ordre fini du groupe de Weyl affine du graphe de Dynkin complété de $\underline{\underline{G}}$.

Preuve. a) L'ensemble des classes de conjugaison des éléments d'ordre fini d'un groupe H s'identifie à l'ensemble $H^1(\hat{\mathbb{Z}}\,,\,H)$ où $\hat{\mathbb{Z}}$ est la limite projective des groupes cycliques finis, muni de la topologie limite projective, et opérant trivialement sur H ; ici $\hat{\mathbb{Z}}$ est $\Gamma_n = \Gamma(k)\,/\,\Gamma(k_n)$.

b) Le groupe de Weyl affine associé à $\underline{\underline{A}}$ est (2.4.5) :

$$1 \longrightarrow \underline{\underline{A}}(\theta_L) \longrightarrow \underline{\underline{N}}(L) \longrightarrow \hat{W} \longrightarrow 1 \quad ,$$

où L est une extension non ramifiée de degré r de k. On en déduit une application (où Γ est le groupe Galois $\Gamma(k)/\Gamma(L)$ de L sur k) :

$$H^1(\Gamma, \underline{\underline{N}}(L)) \longrightarrow H^1(\Gamma, \hat{W}) .$$

Le lemme 8 donne la surjectivité de cette application. Montrons qu'elle est injective : si m_1 et m_2 sont deux éléments de $\underline{\underline{N}}(L)$ tels que $m_1 {}^F m_1 \dots {}^{F^{r-1}} m_1 = m_2 {}^F m_2 \dots {}^{F^{r-1}} m_2 = 1$ et qui ont des images w_1 et w_2 dans $\hat{W}$ conjuguées par un $w \in \hat{W}$, on a $w w_2 w^{-1} = w_1$ et donc, si $\omega \in N$ relève w, ωm_2 ne diffère de $m_1 \omega$ que par un élément de $\underline{\underline{A}}(\theta_L)$: $\omega m_2 = a_1 m_1 \omega$. Pour prouver que m_1 et m_2 correspondent à deux cocycles cohomologues, il suffit de trouver un $a \in \underline{\underline{A}}(\theta_L)$ pour lequel $(a\omega)^{-1} m_1 {}^F(a\omega) = m_2$; cet élément doit vérifier

$$a^{-1} m_1 {}^F a \, m_1^{-1} = a_1 \quad ;$$

comme on sait que $H^1(\Gamma, {}_{w_1}\underline{\underline{A}}(\theta_L)) = 0$ (on l'a vu au cours de la preuve du lemme 8),

il suffit de vérifier que $a_1 \in Z^1(\Gamma, {}_{w_1}\underline{\underline{A}}(\theta_L))$:

$$a_1 {}^{w_1}({}^F a_1) \dots {}^{w_1^{r-1}}({}^{F^{r-1}} a_1) = 1 \quad ;$$

or le premier membre est $\omega (m_2 {}^F m_2 \dots {}^{F^{r-1}} m_2) \omega^{-1} (m_1 {}^F m_1 \dots {}^{F^{r-1}} m_1)^{-1}$, qui vaut 1 .

Ainsi $H^1(\Gamma, \hat{W})$ est en bijection avec les classes de conjugaison sous G des tores maximaux non ramifiés qui se déploient dans l'extension non ramifiée L ; l'ensemble des classes de conjugaison des éléments d'ordre fini de $\hat{W}$ correspond donc canoniquement aux classes de conjugaison sous G des tores maximaux non ramifiés de $\underline{\underline{G}}$.

c) Si on change de tore maximal déployé $\underline{\underline{A}}$ de $\underline{\underline{G}}$, ceci revient à conjuguer par un élément de G, qui permute les groupes de Weyl affines relatifs à ces deux tores maximaux déployés, d'où le théorème.

3.3.7 Corollaire 1

Soient k un corps $\wp$-adique et $\underline{\underline{G}}$ un groupe algébrique connexe réductif déployé sur k. Les classes de conjugaison sous G des tores maximaux non ramifiés de $\underline{\underline{G}}$ correspondent canoniquement aux classes d'éléments d'ordre fini du groupe de Weyl affine $\hat{W}$ du graphe de Dynkin complété de $\underline{\underline{G}}$ modulo l'action du groupe de Weyl affine de G.

Preuve. Soit $\Gamma_n = \Gamma(k)/\Gamma(k_n)$ le groupe de Galois de l'extension maximale non ramifiée k_n de k. Reprenons les notations de 3.3.2. Deux éléments de $Z^1(\Gamma_n, \hat{\underline{N}}(k_n))$ auront même image dans $H^1(\Gamma_n, \underline{N}(k_n))$ si et seulement les images m_1 et m_2 de F vérifient $m_2 = m^{-1} m_1 {}^F m$ pour un $m \in N(k_n)$. Comme $\underline{N}(k_n) = \varphi(\hat{N}(k_n))\pi^{X'}$ si $\pi \in k$ engendre l'idéal de sa valuation, ceci signifie, en modifiant au besoin m_1 par un cocycle cohomologue, que $m_2 = \pi^{-\mu} m_1 \pi^{\mu}$ pour un $\mu \in X'$, c'est-à-dire que les images w_1 et w_2 dans W sont conjuguées par $\pi^{X'}$: c'est ce qu'énonce le corollaire.

3.3.8. Soit $\underline{C}$ un tore défini sur k ; pour toute extension k' de k , d'indice de ramification e(k'), on note $E^C(\mathrm{valk}') = 1/e(k').X'(\underline{C})$, où $X'(\underline{C})$ désigne le groupe des sous-groupes à un paramètre rationnels de $\underline{C}$. Si $\underline{G}$ est un groupe algébrique connexe réductif déployé sur k , de centre $\underline{Z}$ et de coradical $\underline{C}$, on pose, pour tout tore maximal déployé $\underline{A}$ de $\underline{G}$, $E^A(\mathrm{valk}') = E^{A/Z}(\mathrm{valk}')E^C(\mathrm{valk}')$, produit direct. Le groupe de Weyl affine $N^A/A(\mathcal{O})$ opère sur $E^A(\mathbb{Q})$ en conservant $E^A(\mathbb{Z})$. Ces espaces et actions sont fonctorielles en $\underline{A}$.

Si $\underline{T}$ est un tore maximal de $\underline{G}$ qui se déploie dans l'extension galoisienne finie L de k, de groupe de Galois Γ, celui-ci permute les sous-groupes radiciels $\underline{U}_\alpha(k_s)$. Soit ${}_LE^T(\mathbb{Q})$ l'espace affine construit ci-dessus pour le groupe ${}_L\underline{G}$ et le tore maximal déployé ${}_L\underline{T}$. Par définition même de ${}_LE^T(\mathbb{Q})$, le groupe Γ opère sur ${}_LE^T(\mathrm{val}\ k_s) = {}_LE^T(\mathbb{Q})$. On note 'R l'ensemble des racines affines de $({}_L\underline{G}, {}_L\underline{T})$ qui s'annulent sur les points fixes de Γ dans ${}_LE^T(\mathbb{Q})$; par la proposition 4 de 2.4.11, écrite pour le cas réductif, c'est un système de racines ; il est clair que 'R est invariant par Γ.

Corollaire 2

Soient $\underline{G}$ comme au corollaire 1 et $\underline{T}$ un tore maximal non ramifié de $\underline{G}$. Soit $'\underline{G}$ le sous-groupe de $\underline{G}$ engendré par $\underline{T}$ et les sous-groupes radiciels $\underline{U}_\alpha$ pour $\alpha \in$ D'R (où 'R est défini ci-dessus); c'est un groupe réductif déployé, de rang celui de $\underline{G}$, et dont le tore central est la partie déployée $\underline{T}_d$ de $\underline{T}$. La donnée de 'R définit un sous-groupe compact maximal 'K spécial, qui contient $T(\theta)$, et donc les points dans k de la partie anisotrope $\underline{T}_a$ de $\underline{T}$.

Preuve. Fixons un tore maximal déployé $\underline{A}$ de $\underline{G}$, puis w dans son groupe de Weyl affine appartenant à classe définie par $\underline{T}$ (Corollaire 1), ensuite m comme au lemme 8, $m \in K^W_r$, et $g \in K^W_r$ tel que $g^{-1}\,{}^Fg = m$ (lemme 9). Alors $g\,{}_w\underline{A}\,g^{-1}$ est un tore maximal non ramifié de $\underline{G}$, qui est conjugué de $\underline{T}$; en conjuguant éventuellement $\underline{A}$ par un élément de G, on peut supposer que c'est $\underline{T}$. Alors la conjugaison par g, qui envoie $\underline{G}$ sur ${}_m\underline{G}$, envoie $'\underline{G}$ sur ${}_m\underline{G}^W$ et T sur ${}_w\underline{A}$; comme $m = g^{-1}\,{}^Fg$ avec $m, g \in K^W_r \subset \underline{G}^W(L)$, on a en fait $'\underline{G} = \underline{G}^W$, $'K = K^W$, $\underline{T}_d = ({}_w\underline{A})_d = \underline{A}^W$. La proposition 4 (vi) de 3.4.11 montre que $\underline{G}^W$ est un groupe réductif, déployé, contenant

$\underline{\underline{A}}$ et $\underline{\underline{T}}$, de tore central $\underline{\underline{A}}^w$, et que relativement à la structure sur Θ que définit la sous-variété affine des points fixes de w dans $E^A(\mathbb{Q})$, K^w est le sous-groupe des points entiers : $G^w = K^w A K^w$ est la décomposition de Cartan associée. Comme K^w est formé des invariants de Γ dans K^w_r qui contient ${}_{\underline{\underline{w}}}A(\Theta_r)$ donc aussi $g_w A(\Theta_r) g^{-1}$ puisque $g \in K^w_r$, qui est $T(\Theta_r)$, on a l'inclusion $K^w \supset T(\Theta)$. Enfin, on a vu (Prop 2 (v), 2.2.5) que $T_a = T_a(\Theta)$, et ainsi $K^w \supset T(\Theta) \supset T_a$.

3.3.9. Soit $\underline{\underline{T}}$ un tore maximal non ramifié de $\underline{\underline{G}}$, $\underline{\underline{G}}$ étant comme au corollaire 2. On dit que $\underline{\underline{T}}$ est un tore <u>spécial</u> si, avec les notations de 3.3.8, la substitution de Frobenius F fixe un point spécial de ${}_LE^T(\mathbb{Q})$. Cette condition se traduit sur sa classe de conjugaison dans le groupe de Weyl affine du graphe de Dynkin complété de $\underline{\underline{G}}$; si $\underline{\underline{A}}$ est un tore maximal déployé et si w représente $\underline{\underline{T}}$ dans son groupe de Weyl affine (3.3.7), ceci signifie que w fixe un point spécial de $E^A(\mathbb{Q})$: en effet l'action de F sur ${}_LE^T(\mathbb{Q})$ est donnée par celle de w sur $E^A(\mathbb{Q})$. En raison de 2.4.11, prop. 4 (vii), un tore maximal non ramifié est spécial si et seulement si $\underline{\underline{G}}^w$ est le centralisateur de $\underline{\underline{A}}^w$ dans $\underline{\underline{G}}$, i.e. $DR^w = R^{Dw}$: toute racine combinaison linéaires de racines de 'R (3.3.8) appartient à 'R ; dans ce cas, $'\underline{\underline{G}}$ est un sous-groupe de Lévi d'un sous-groupe parabolique de $\underline{\underline{G}}$ défini sur k.

<u>Lemme</u> 9

<u>Soit</u> $\underline{\underline{T}}$ <u>un tore maximal non ramifié spécial. Alors</u> $T(\Theta)$ <u>est contenu dans un sous-groupe</u> $G(\Theta)$ <u>pour un système de Chevalley défini sur</u> k.

<u>Preuve</u>. Avec les notations du théorème 2 et de son corollaire, on a $T(\Theta) \subset K^w$, et, si w fixe un point spécial v_o, on a $K^w \subset G^{v_o,0} = G(\Theta)$ par définition de K^w.

3.4. <u>Tores maximaux non ramifiés anisotropes</u>.

3.4.1. Soient R un système de racines réduit et $\underline{\underline{G}}$ un groupe algébrique connexe, semi-simple, simplement connexe et déployé sur le corps $\mathfrak{p}$-adique **k** , et dont R est le système de racines. On note $\hat{W}(R)$ le groupe de Weyl affine de R . Le théorème 2 (3.3.6) montre que les classes de conjugaison des tores maximaux non ramifiés anisotropes de $\underline{\underline{G}}$ correspondent bijectivement aux classes de conjugaison des éléments de $\hat{W}(R)$ qui admettent un point fixe et un seul. Soit ${}^o\hat{W}(R)$ l'ensemble de ces classes.

Si $R = \coprod R_i$ est la décomposition de R en systèmes de racines irréductibles, on a (2.4.8 (vi)) $\hat{W}(R) = \prod \hat{W}(R_i)$, et donc ${}^o\hat{W}(R) = \prod {}^o\hat{W}(R_i)$. On se ramène donc à la détermination de ${}^o\hat{W}(R)$ lorsque R est irréductible.

On a vu (2.4.16) que $^{\circ}\hat{W}(R)$ se décomposait suivant les sommets fixés, c'est-à-dire suivant les sommets du graphe de Dynkin Dyn $\hat{R}$ de $\hat{R}$ (2.4.8.(vii)) : au sommet s de Dyn $\hat{R}$, on associe les classes dans $\hat{W}$ qui fixent seulement la face opposée dans $E(\mathbb{Q})/\hat{W}$ (2.4.10 b)). Si R_s est le système de racines obtenu en privant Dyn $\hat{R}$ du sommet s, alors $^{\circ}\hat{W}(R)$ se décompose en réunion disjointe des $^{\circ}W(R_s)$, en notant $^{\circ}W(R_s)$ les classes de conjugaison dans $W(R_s)$ des éléments qui ne fixent que l'origine. Ces classes ont été déterminées par Carter. Prenons une partie de ses résultats([7] et [3] G). On écrira $^{\circ}\hat{R}$ pour $^{\circ}\hat{W}(R)$ et $^{\circ}R$ pour $^{\circ}W(R)$. L'action du groupe $P(R^{\vee})/Q(R^{\vee})$ est transitive sur les classes spéciales (lemme 13,2.4.9). Pour chaque classe de $^{\circ}\hat{R}$, l'ordre d'un quelconque de ses représentants dans $\hat{W}(R)$ est le degré de la plus petite extension non ramifiée de k où un tore maximal correspondant $\underline{\underline{T}}$ se déploie ; le polynôme caractéristique donne l'ordre du groupe $\overline{\underline{T}}$.

3.4.2. Type A_{ℓ}.

(i) $^{\circ}A_{\ell}$ contient une seule classe, celle des transformations de Coxeter ([5] c), VI.1.11 : ce sont les $(\ell+1)$-cycles du groupe symétrique $\mathfrak{S}_{\ell+1}$);

(ii) l'ordre d'un représentant quelconque de $^{\circ}A_{\ell}$ est $\ell+1$;

(iii) le polynôme caractéristique d'un représentant quelconque de $^{\circ}A_{\ell}$ est $Y^{\ell} + Y^{\ell-1} + \dots + Y + 1$;

(iv) $^{\circ}\hat{A}_{\ell}$ est réunion de $\ell+1$ exemplaires de $^{\circ}A_{\ell}$: il y a $\ell+1$ classes de conjugaison de tores maximaux non ramifiés anisotropes dans le groupe $\underline{\underline{SL}}_{\ell+1}$ sur un corps $\mathfrak{p}$-adique ;

(v) toutes les classes sont spéciales ; dans le groupe $\underline{\underline{GL}}_{\ell+1}$ sur un corps $\mathfrak{p}$-adique, il n'y a qu'une seule classe de tels tores.

3.4.3. Type C_{ℓ}.

(i) $^{\circ}C_{\ell}$ est paramétré par les partitions $p = (i_1,\dots,i_m)$ de ℓ : à la partition p on associe un sous-système $C_{i_1} \times C_{i_2} \dots \times C_{i_m}$ de C_{ℓ} et la transformation $w_p = \prod_j w(C_{i_j})$, où $w(C_i)$ est une transformation de Coxeter de C_i ;

(ii) l'ordre de w_p est 2 fois le plus petit commun multiple des i_j ;

(iii) le polynôme caractéristique de w_p est $\prod_j (Y^{i_j}+1)$;

(iv) $^{\circ}\hat{C}_{\ell} = \bigcup_{i+j=\ell} {^{\circ}C_i} \times {^{\circ}C_j}$; si $p(n)$ désigne le nombre de partitions de n, il y a $\sum_{i+j=\ell} p(i)p(j)$ classes de conjugaison de tores maximaux non ramifiés anisotropes dans le groupe $\underline{\underline{Sp}}_{\ell}$ sur un corps $\mathfrak{p}$-adique ;

(v) il y a deux sommets spéciaux, et $2p(\ell)$ classes spéciales .

3.4.4. Type D_ℓ.

(i) ${}^{\circ}D_\ell$ est paramétré par les partitions paires $p' = (i_1,\dots,i_{2m})$ de ℓ : à la partition p' on associe l'unique classe de $W(D_\ell)$ qui rencontre la classe de $W(C_\ell)$ que définit p' (on plonge le groupe de Weyl de D_ℓ dans celui de C_ℓ en remarquant que les racines courtes de C_ℓ forment un système de racines de type D_ℓ) ;

(ii) et (iii) sont comme en 3.4.3 ;

(iv) ${}^{\circ}\hat{D}_\ell = 4{}^{\circ}D_\ell \cup \bigcup_{i+j=\ell,i,j\geq 2} {}^{\circ}D_i \times {}^{\circ}D_j$, avec $D_2 = A_1 \times A_1$ et $D_3 = A_3$; si $p'(n)$ désigne le nombre de partitions paires de n, il y a $4p'(\ell) + \sum_{i+j=\ell,i,j\geq 2} p'(i)p'(j)$ classes de conjugaison de tores maximaux non ramifiés anisotropes dans le groupe $\underline{\underline{\mathrm{Spin}}}_{2\ell}$ sur un corps $\mathfrak{p}$-adique ;

(v) il y a 4 sommets spéciaux, et $4p'(\ell)$ classes spéciales.

3.4.5. Type B_ℓ.

(i)-(ii)-(iii) : comme en 3.4.3, puisque B_ℓ et C_ℓ ont même groupe de Weyl ;

(iv) ${}^{\circ}\hat{B}_\ell = 2{}^{\circ}B_\ell \cup \bigcup_{i+j=\ell,i\geq 2} {}^{\circ}D_i \times {}^{\circ}B_j$, où $D_2 = A_1 \times A_1$, $D_3 = A_3$; il y a $2p(\ell) + \sum_{i+j=\ell,i\geq 2} p'(i)p(j)$ classes de conjugaison de tores maximaux non ramifiés anisotropes dans le groupe $\underline{\underline{\mathrm{Spin}}}_{2\ell+1}$ sur un corps $\mathfrak{p}$-adique ;

(v) il y a deux sommets spéciaux, et $2p(\ell)$ classes spéciales .

3.4.6. Types exceptionnels.

On donne l'ensemble des classes de conjugaison ${}^{\circ}R$ dans l'ordre adopté par Carter ([3] G), qui fournit également la table des polynômes caractéristiques et des ordres des centralisateurs, ainsi qu'un "diagramme" d'un élément de la classe dans le groupe de Weyl. On a souligné les ordres des puissances des transformations de Coxeter.

a) Type E_6.

(i) ${}^{\circ}E_6$ contient 5 classes de conjugaison ;

(ii) les ordres respectifs sont 12, <u>27</u>, <u>3</u>, 3, <u>3</u> ;

(iv) ${}^{\circ}\hat{E}_6 = 3({}^{\circ}E_6 \cup {}^{\circ}A_1 \times {}^{\circ}A_5) \cup {}^{\circ}A_2 \times {}^{\circ}A_2 \times {}^{\circ}A_2$: il y a 19 classes de conjugaison ;

(v) il y a 3 sommets spéciaux, et 15 classes spéciales .

b) Type E_7.

(i) ${}^{\circ}E_7$ contient 12 classes de conjugaison ;

(ii) les ordres respectifs sont 8, 6, 4, <u>2</u>, <u>18</u>, 10, 6, 6, 14, 12, 30, <u>6</u> ;

(iv) ${}^{\circ}\hat{E}_7 = 2({}^{\circ}E_7 \cup {}^{\circ}A_1 \times {}^{\circ}D_6 \cup {}^{\circ}A_2 \times {}^{\circ}A_5) \cup {}^{\circ}A_1 \times A_3 \times A_3 \cup {}^{\circ}A_7$; il y a 40 classes de conjugaison ;

(v) il y a 2 sommets spéciaux, et 24 classes spéciales .

c) Type E_8 .

(i) ${}^{\circ}E_8$ contient 30 classes de conjugaison ;

(ii) les ordres respectifs sont $\underline{2}$, 9, 4, $\underline{5}$,6, $\underline{3}$, 8,14,10, 6, 6,12,30, 8,12, 4,12, 6,18,12, 6,$\underline{30}$,24,20,12,18,$\underline{15}$,$\underline{10}$,12, $\underline{6}$;

(iv) ${}^{\circ}\hat{E}_8 = {}^{\circ}E_8 \cup {}^{\circ}A_1 \times {}^{\circ}E_7 \cup {}^{\circ}A_2 \times {}^{\circ}E_6 \cup {}^{\circ}A_3 \times {}^{\circ}D_5 \cup {}^{\circ}A_4 \times {}^{\circ}A_4 \cup {}^{\circ}A_5 \times {}^{\circ}A_1 \times {}^{\circ}A_2 \cup {}^{\circ}A_8 \cup {}^{\circ}A_7 \times {}^{\circ}A_1 \cup {}^{\circ}D_8$;

(v) il n'y a qu'un seul sommet spécial, et 30 classes spéciales .

d) Type F_4 .

(i) ${}^{\circ}F_4$ contient 9 classes de conjugaison ;

(ii) les ordres respectifs sont $\underline{2}$, $\underline{3}$, 4, 6, 6, $\underline{4}$, 8, 12, $\underline{6}$;

(iv) ${}^{\circ}\hat{F}_4 = {}^{\circ}F_4 \cup {}^{\circ}A_1 \times {}^{\circ}C_3 \cup {}^{\circ}A_2 \times {}^{\circ}A_2 \cup {}^{\circ}A_1 \times {}^{\circ}A_3 \cup {}^{\circ}C_4$; il y a 19 classes de conjugaison ;

(v) il n'y a qu'un seul sommet spécial, et 9 classes spéciales .

e) Type G_2 .

(i) ${}^{\circ}G_2$ contient 3 classes de conjugaison ;

(ii) les ordres respectifs sont $\underline{2}$, 3, $\underline{6}$;

(iv) ${}^{\circ}\hat{G}_2 = {}^{\circ}G_2 \cup {}^{\circ}A_1 \times {}^{\circ}A_1 \cup {}^{\circ}A_2$; il y a 5 classes de conjugaison ;

(v) il n'y a qu'un seul sommet spécial, et 3 classes spéciales .

3.5. Orbites du groupe de Weyl.

3.5.1. Soit $\underline{G}$ un groupe algébrique connexe semi-simple déployé sur le corps $\mathfrak{p}$-adique k . On se donne un tore maximal non ramifié $\underline{\underline{T}}$ de $\underline{\underline{G}}$; si F_T désigne l'action de la substitution de Frobenius F sur le groupe $X = X(\underline{\underline{T}})$ des caractères rationnels de $\underline{\underline{T}}$, alors le tore $\underline{\underline{T}}$ se déploie dans l'extension non ramifiée L de k de degré égal à l'ordre de F_T (3.1.4). Soit $\Gamma = \Gamma(k)/\Gamma(L)$ le groupe de Galois de L/k ; il opère sur l'ensemble $R = R(\underline{\underline{G}},\underline{\underline{T}})$ des racines de $\underline{\underline{T}}$ dans $\underline{\underline{G}}$; cette action est engendrée par la transformation F_T restreinte à R . Elle commute à l'opposition $\alpha \longmapsto -\alpha$. Elle a lieu dans le groupe de Weyl W de R (3.1.3).

Reprenons la terminologie de 1.4.9.b) pour les orbites du groupe Γ dans R : soit une orbite $\omega \in R/\Gamma$, on dit que ω est symétrique si $\omega = -\omega$, et non symétrique sinon. Pour chaque orbite Ω du groupe $\pm\Gamma$ dans R , on définit un entier $i(\Omega)$ par

(7) $$2i(\Omega) = \mathrm{Card}\,\Omega .$$

Si Ω provient de l'orbite ω de Γ dans R , on note $i(\omega) = i(\Omega)$. Lorsque ω est symétrique, on a $2i(\omega) = \mathrm{Card}\,\omega$, et sinon $i(\omega) = \mathrm{Card}\,\omega$. La racine α est définie sur l'extension non ramifiée L_Ω de k de degré égal à l'ordre de l'orbite ω de α par le groupe Γ . Lorsque la racine α a son orbite ω symétrique par Γ , on notera par une barre l'action de $F^{i(\omega)}$: ainsi $\bar{\alpha} = -\alpha$.

Remarque. Lorsque le tore $\underline{\underline{T}}$ est anisotrope, c'est-à-dire (lemme 4,3.1.6), lorsque F n'a aucun point fixe dans le groupe X des caractères rationnels de $\underline{\underline{T}}$, et si on se fixe un système de racines positives, alors toute orbite ω de Γ dans R contient à la fois des racines positives et des racines négatives en effet, $\sum_\omega \alpha$ est un élément de X que fixe Γ . Il peut arriver que toutes les orbites soient symétriques (par exemple lorsque $F_T = -1$), ou qu'aucune orbite ne soit symétrique (par exemple lorsque $\underline{\underline{G}} = \underline{\underline{SL}}_n$ avec n impair, l'ordre de F_T est n d'après 3.4.2.(ii), et aucune orbite ne peut être symétrique).

3.5.2. On désigne par R^T l'ensemble des racines qui appartiennent à l'image de $X \otimes \mathbb{Q}$ par $1-F_T$. En raison de 2.4.1 (43), on a l'équivalence :

$$\alpha \in R^T \iff |w_\alpha F_T| \leq |F_T| = |F|_T = \ell(T) .$$

Lemme 10

Avec les notations précédentes, les racines d'orbite symétrique sont dans R^T .

Preuve. En raison de 2.4.14, il faut montrer qu'une racine α dont l'orbite est symétrique est orthogonale aux points fixes de F_T opérant sur le réseau X' des sous-groupes à un paramètre rationnels de $\underline{\underline{T}}$, c'est-à-dire $\langle\alpha, x\rangle = 0$ pour $x \in X'^\Gamma$; comme on a, pour $x \in X'^\Gamma$ et $\gamma \in \Gamma$, $\langle\gamma\alpha, \gamma x\rangle = \langle\alpha, x\rangle$, on a donc $\langle\bar{\alpha}, \bar{x}\rangle = \langle-\alpha, x\rangle = \langle\alpha, x\rangle$ d'où le lemme.

Remarque. On a défini 'R en 3.3.8 : c'est une partie de R^T , qui lui est égale si et seulement si le tore $\underline{\underline{T}}$ est spécial (3.3.9) ; ce sont deux systèmes de racines de même rang $\ell(T)$.

3.5.3. Fixons un système de racines positives R^+ dans R . Dans l'algèbre (sur $\mathbb{Z}$) du groupe $\frac{1}{2}X$, on définit l'élément suivant (cf 1.4.10) :

(8) $$d^{R^+} = \prod_{\alpha > 0} (e^{\alpha/2} - e^{-\alpha/2}) .$$

Le groupe Γ opère sur l'algèbre du groupe $\frac{1}{2}X$,en commutant à l'opposition ; il conserve donc l'ensemble des deux éléments $\pm\, d^{R^+}$.

On notera $t^{\omega} \equiv 1$ pour un élément t de $T(\mathfrak{O})$ et une orbite $\omega \in R/\Gamma$ si $t^{\alpha} \in 1+\mathfrak{P}_L$ pour une racine $\alpha \in \omega$, condition qui ne dépend pas du choix de α dans ω. Lorsque $\Omega = \{\pm\omega\}$, on écrira également $t^{\Omega} \equiv 1$ pour $t^{\omega} \equiv 1$.

Lemme 11

Les trois entiers suivants ont même parité :

(i) le rang anisotrope $\ell(T)$ de $\underline{\underline{T}}$;

(ii) le nombre d'orbites du groupe Γ dans R ;

(iii) le nombre d'orbites symétriques $s(T)$ du groupe Γ dans R .

Preuve. a) Les orbites non symétriques s'accouplent deux à deux par l'opposition ; la parité du nombre d'orbites de Γ dans R est donc celle $s(T)$ du nombre d'orbites symétriques.

b) Pour chaque orbite ω de Γ dans R , posons $d_{\omega}^{R^+} = \prod_{\alpha>0,\alpha\in\omega} (e^{\alpha/2} - e^{-\alpha/2})$; on a alors ${}^{w}(d^{R^+}) = (-1)^{|w|} d^{R^+}$ si w est dans le groupe de Weyl de $\underline{\underline{T}}$: en effet, ${}^{w}(d^{R^+}) = \det(w)\, d^{R^+}$ ([5] c),VI.3.3,Prop.2 (i)), et, en décomposant w en produit de réflexions par rapport à des racines linéairement indépendantes (2.4.14), on a $\det(w) = (-1)^{|w|}$. On définit un signe $\varepsilon_{\omega}^{R^+}$ par la formule ${}^{F}d_{\omega}^{R^+} = \varepsilon_{\omega}^{R^+}\, d_{\omega}^{R^+}$ pour chaque orbite $\omega \in R/\Gamma$. Soit $(R/\Gamma)^+$ l'ensemble des orbites qui rencontrent R^+. Comme F opère à travers le groupe de Weyl de $\underline{\underline{T}}$, on a $\prod_{R/\Gamma} \varepsilon_{\omega}^{R^+} = \prod_{(R/\Gamma)^+} \varepsilon_{\omega}^{R^+} = (-1)^{\ell(T)}$, puisque $\ell(T)$, le rang anisotrope de $\underline{\underline{T}}$, est égal à la longueur de l'image de F dans le groupe de Weyl de $\underline{\underline{T}}$.

c) Si l'orbite ω est non symétrique, et si $-\omega \notin (R/\Gamma)^+$, alors ω est contenu dans R^+ , et F permute les facteurs $(e^{\alpha/2} - e^{-\alpha/2}), \alpha \in \omega$, et donc $\varepsilon_{\omega}^{R^+} = 1$ dans ce cas .

d) Si ω et $-\omega$ sont deux orbites non symétriques qui rencontrent R^+, on a $d_{\omega}^{R^+} d_{-\omega}^{R^+} = \prod_{\alpha\in\omega} (e^{\alpha/2} - e^{-\alpha/2})$ qui est invariant par F, et $\varepsilon_{\omega}^{R^+} \varepsilon_{-\omega}^{R^+} = 1$.

e) Si ω est une orbite symétrique, alors $\varepsilon_{\omega}^{R^+} = -1$; pour le prouver, on remarque d'abord que pour toute orbite ω symétrique, les racines positives de ω correspondent bijectivement aux racines négatives de ω par $\alpha \longmapsto -\alpha$. soient $\alpha \in \omega$, $\alpha > 0$, et $\hat{\alpha}^+$ les racines $F^i\alpha$ pour $0 \leq i < i(\omega)$. Alors $\varepsilon_{\omega}^{R^+}$ est le nombre de racines $\beta \in \hat{\alpha}^+$ telles que β et $F\beta$ soient de signe contraire ; c'est donc le nombre de changements de signes le long de $\hat{\alpha}^+ \cup \{-\alpha\}$ puisque $\bar{\alpha} = -\alpha$; comme $\bar{\alpha} < 0$, il y a un saut d'une racine positive à une racine négative de plus que de sauts de racine négative à une racine positive ; le nombre total de changements de signe est impair, et donc $\varepsilon_{\omega}^{R^+} = -1$.

f) Il résulte ainsi de c)-d)-e) que $\prod_{R/\Gamma} \varepsilon_{\omega}^{R^+} = \prod_{(R/\Gamma)'} \varepsilon_{\omega}^{R^+} = (-1)^{\mathrm{Card}(R/\Gamma)'}$

où l'indice $'$ signifie qu'on se limite aux orbites symétriques. Avec b) , on a donc montré $(-1)^{\ell(T)} = (-1)^{s(T)}$, ce qui prouve le lemme.

3.5.4. Remarque. A chaque orbite Ω du groupe $\pm\Gamma$ dans R, on associe un caractère réel de Γ en posant :

$$\gamma d^{R^+}_{\Omega} = \varepsilon_{\Omega}(\gamma) d^{R^+} \quad \text{où} \quad d^{R^+}_{\Omega} = \prod_{\omega \in \Omega} d^{R^+}_{\omega} \quad \text{et} \quad \gamma \in \Gamma ,$$

un système de racines positives R^+ ayant été choisi. La démonstration du lemme 11 a montré que ce caratère était trivial lorsque Ω provient d'une orbite non symétrique, et est d'ordre 2 si Ω provient d'une orbite symétrique :

$$\varepsilon_{\Omega}(F) = \varepsilon_{\Omega} = (-1)^{\mathrm{Card}\{\omega \in \Omega\}}$$

Ce caractère ne dépend donc pas du système R^+ choisi. Le lemme 11 s'écrit :

$$\prod_{R/\pm\Gamma} \varepsilon_{\Omega} = (-1)^{\ell(T)} = (-1)^{s(T)} = (-1)^{\mathrm{Card}\, R/\Gamma} .$$

D'autre part, le lemme 10 montre que les orbites symétriques de Γ dans R sont contenues dans R^T ; comme $\ell(T)$ est le rang de 'R, (9) est en fait une relation dans ce système de racines, où F opère par un élément du groupe de Weyl de R^T n'admettant pas 1 pour valeur propre. Plus généralement, on a le résultat suivant :

Lemme 12

On se donne :

- un système de racines réduit R dans un espace vectoriel V ;
- un groupe cyclique C d'automorphismes de V qui conservent R .

On suppose que l'origine est le seul point fixe de C . On note $\ell(C)$ le nombre d'orbites du groupe C dans les sommets du graphe de Dynkin de R ([5]c),VI.4.2, Prop.1,Cor.). En définissant comme ci-dessus les orbites symétriques et le signe ε_{Ω} relativement à une orbite du groupe $\pm C$ dans R , on a :

$$(10) \qquad \prod_{R/\pm C} \varepsilon_{\Omega} = (-1)^{\ell(C)} .$$

Preuve. a) Comme pour la démonstration du lemme 11, on introduit un système de racines positives R^+ de R , un générateur c de C ; avec l'élément d^{R^+} défini en (8) , on a alors :

$$c d^{R^+} = \Big(\prod_{R/\pm C} \varepsilon_{\Omega}\Big) d^{R^+} .$$

Il reste à prouver que $\ell(C)$ a même parité que le nombre des racines $\alpha > 0$ telles que $c\alpha < 0$.

b) Si C est contenu dans le groupe de Weyl W(R) de R , alors C opère trivialement sur le graphe de Dynkin de R ([5]c),VI.4.3) et $\ell(C)$ est égal au rang de R ; (10) se réduit à la formule (9).

c) Il suffit de prouver (10) pour R irréductible. Les cas qui ne sont pas concernés par b) sont ceux où R est de type A_ℓ, D_ℓ ou E_6. L'action du groupe C sur le graphe de Dynkin de R est alors son automorphisme non trivial, sauf pour D_4 où elle peut être d'ordre 3.

d) Si -1 n'est pas dans le groupe de Weyl de R - cas de A_ℓ si $\ell > 1$, de D_ℓ si ℓ est impair, et de E_6 - on plonge R dans un système de racines R' dont le groupe de Weyl contient l'opposition -1, et ceci de façon qu'une base de R se complète en une base de R' : on prend respectivement pour R', le système $B_{\ell+1}$, $D_{\ell+1}$, E_7. On a alors $c \in W(R')$, et c n'admet pas 1 pour valeur propre. Par 2.4.14, la longueur de c dans $W(R')$ est $\ell+1$, comme celle de -1, et donc la longueur de l'élément $-c$ dans $W(R')$ est paire ; comme c'est aussi celle de $-c$ dans $W(R)$, cette longueur est paire. Par a), la parité cherchée est celle de $N(R) + |-c|_+$ où $N(R)$ est le nombre de racines positives de R, et $|-c|_+$ désigne la longueur de $-c \in W(R)$ dans la base que définit R^+ ; cette dernière parité est donnée par le déterminant de $-c$, et donc $|-c|_+$ a même parité que la longueur de $-c$ au sens produit de réflexions, qui est paire. Il reste à vérifier que $N(R)$ et $\ell(C)$ ont même parité : pour A_ℓ, $N(R) = \ell(\ell+1)/2$ et $\ell(C)$ est la partie entière de $(\ell+1)/2$; pour D_ℓ, ℓ impair, $N(R) = 2\ell(\ell-1)$ et $\ell(C) = \ell-1$; pour E_6, $N(R) = 36$ et $\ell(C) = 4$. Dans chacun des cas, on a donc (10).

e) Lorsque R est de type $D_{2\ell}$ et que le groupe C opère sur le graphe de Dynkin par un groupe quotient d'ordre 2, désignons par i l'involution de la base de R définie par R^+, si $\ell > 2$, et une involution de cette base si $\ell = 2$. Le système de racines R est l'ensemble des racines courtes d'un système de racines R' de type $C_{2\ell}$. L'élément ic appartient au groupe de Weyl de R, donc aussi à celui de R' ; comme ce dernier contient i qui a -1 pour déterminant, l'élément i a une longueur impaire dans R'. D'autre part c n'admet pas 1 pour valeur propre dans l'espace de R, et R' a même rang ; c est donc un élément du groupe de Weyl de R' de longueur égale au rang 2ℓ. D'après a), la parité cherchée est celle de ic dans la base que définit R^+, parité de l'ensemble des $\alpha > 0$ de $ic\alpha < 0$; cette parité est celle de la longueur $|ic|$, que l'on vient de prouver impaire. Il en est de même de $\ell(C) = 2\ell - 1$.

f) Il reste le cas où R est de type D_4 et où C opère par un automorphisme d'ordre 3 sur le graphe de Dynkin de D_4. Soit j un automorphisme d'ordre 3 de la base de R que définit R^+ tel que jc appartienne au groupe de Weyl de R. Comme en e), on plonge R dans les racines courtes d'un système de racines R' de type C_4 ; alors j est dans le groupe de Weyl de R' ; comme c'est une rotation, son déterminant vaut 1, et sa longueur est paire ; l'élément c du groupe de Weyl de R' n'admet pas 1 pour valeur propre : sa longueur est donc égale à 4, elle est paire. Comme la parité cherchée est, par a), celle de l'ensemble des $\alpha > 0$ de R tels que $jc\alpha < 0$, c'est celle de la longueur de jc , qu'on vient de montrer paire. Comme $\ell(C) = 2$, le lemme est ainsi entièrement prouvé.

3.5.5. Reprenons le groupe $'\underline{\underline{G}}$ de 3.3.2, de système de racines $'R$, muni du groupe $'K$, sous-groupe compact maximal de $'G$. On désigne par $'\underline{\underline{\bar{G}}}$ le groupe réductif déployé sur le corps résiduel défini par ces données : le groupe $'\bar{G}$ est identifié au quotient de $'K = 'G(\mathfrak{O})$ par le groupe $'G(\mathfrak{p})$ (cf 2.2.7). Il résulte de 3.3.8 que l'image $\bar{\underline{\underline{T}}}_d$ de $\underline{\underline{T}}_d$ est le tore central de $'\underline{\underline{\bar{G}}}$, et que le système de racines de $('\underline{\underline{\bar{G}}},\underline{\underline{\bar{T}}})$ s'identifie à $'R$.

Pour un élément t de $T(\mathfrak{O}) \subset 'K$ (3.3.8), on désigne par $\ell(t)$ le $\bar{k}$-rang semi-simple du centralisateur de sa projection dans $T(\bar{k}) = \bar{T}$ dans le groupe $'\underline{\underline{\bar{G}}}$ ([4] a),I.5).

<u>Lemme</u> 13

<u>Soit</u> $t \in T(\mathfrak{O})$. <u>L'entier</u> $\ell(t)$ <u>défini ci-dessus a même parité que</u> $'s(t)$, <u>le nombre d'orbites symétriques</u> ω <u>du groupe</u> Γ <u>dans</u> $'R$ <u>qui vérifient</u> $t^{\omega} \equiv 1$ (<u>en ce sens que</u> $t^{\alpha} \in 1+\mathfrak{p}_L$ <u>pour une racine</u> $\alpha \in \omega$). <u>Lorsque le tore</u> $\underline{\underline{T}}$ <u>est spécial, c'est aussi la parité du nombre</u> $s(t)$ <u>d'orbites symétriques</u> ω <u>de</u> Γ <u>dans</u> R <u>telles que</u> $t^{\omega} \equiv 1$.

<u>Preuve</u>. La restriction de F à $'R$ définit un élément du groupe de Weyl qui n'admet pas 1 pour valeur propre : en effet, il suffit de le vérifier sur un élément qui le représente dans le groupe de Weyl affine, et cela résulte de la remarque de 1.4.14, par définition de $'R$ (3.3.8).L'ensemble $'R(t)$ des racines de $'R$ qui vérifient $t^{\alpha} \equiv 1$ est invariant par l'action du groupe Γ : on le voit sur $'\underline{\underline{\bar{G}}}$. Comme la restriction de F à l'espace de $'R(t)$ ne peut avoir de point fixe autre que l'origine (sinon il y en aurait également pour F opérant sur l'espace de $'R$), on se trouve dans les hypothèses du lemme 12 ; on sait donc que la parité du nombre $'s(t)$ d'orbites symétriques ω de Γ dans $'R(t)$ telles que $t^{\omega} \equiv 1$ est celle du nombre d'orbites du groupe Γ dans le graphe de Dynkin de $'R(t)$ (ou plus exactement dans l'ensemble de ses sommets). Or $'R(t)$ est le système de racines du centralisateur dans le groupe $'\underline{\underline{\bar{G}}}$ de l'image de t dans $\bar{T}$: ce nombre d'orbites est donc égal au $\bar{k}$-rang semi-simple $\ell(t)$ de ce centralisateur ([4] b), 5.3). Enfin, les orbites symétriques ω de Γ dans R se trouvant dans R^T (lemme 10), qui, lorsque $\underline{\underline{T}}$ est spécial, est identique à $'R$ (3.5.2, Remarque), on a bien la seconde assertion du lemme.

3.5.6. Remarque. Pour $t \in T$ et $\alpha \in R$, écrivons $(t^{\alpha/2} - t^{-\alpha/2})(t^{-\alpha/2} - t^{\alpha/2})$ pour $2 - t^{\alpha} - t^{-\alpha}$. Pour chaque orbite du groupe $\pm\Gamma$ dans R, on pose

(11) $$D_{\Omega}(t) = \prod_{\alpha \in \Omega} (t^{\alpha/2} - t^{-\alpha/2}) .$$

C'est un élément de l'extension L de k (extension non ramifiée de degré égal à l'ordre de F_T dans le groupe de Weyl de $\underline{\underline{T}}$, par 3.1.4) ; il est invariant par l'action de Γ : c'est un élément de k. Soit alors v_o la fonction caractéristique de l'ensemble $\mathcal{O}^*$ des unités de $\mathcal{O}$; pour $t \in T(\mathcal{O})$, on peut donc définir $v_o(D_{\Omega}(t))$. Avec la remarque 3.5.4, le lemme 13 s'énonce sous la forme suivante, en notant $\varepsilon_{\Omega}^F(t) = \varepsilon_{\Omega}^{v_o(D(t))}$:

(12) $$\prod_{'R/\pm\Gamma} \varepsilon_{\Omega}^F(t) = (-1)^{\ell(t)} = (-1)^{\sum_{('R/\pm\Gamma)'} v_o(D_{\Omega}(t))}$$

qui, lorsque $\underline{\underline{T}}$ est un tore spécial, est aussi :

(12)' $$\prod_{R/\pm\Gamma} \varepsilon_{\Omega}^F(t) = (-1)^{\ell(t)} = (-1)^{\sum_{(R/\pm\Gamma)'} v_o(D_{\Omega}(t))}$$

où ' indique qu'on se limite aux orbites symétriques.

CHAPITRE IV

REPRESENTATIONS DU GROUPE DES POINTS ENTIERS

On se place dans le cadre des groupes algèbriques connexes réductifs déployés sur un corps $\mathfrak{p}$-adique k; on suppose de plus que le groupe dérivé est simplement connexe. Les propriétés énumérées au chapitre 2 se prolongent sans difficulté au groupe des points dans k d'un tel groupe $\underline{\underline{G}}$. Au §1., on rappelle les notations des chapitres précédents qui sont utilisées. Si $\underline{\underline{T}}$ est un tore maximal non ramifié spécial de $\underline{\underline{G}}$, il lui est associé un sous-groupe de Lévi ${}'\underline{\underline{G}}$ de $\underline{\underline{G}}$, muni d'un sous-groupe compact maximal spécial ${}'K$ de ${}'G$. On étudie au §2 les propriétés de certains caractères de T, et, au §3, on leur associe des représentations de groupes résolubles qui sont obtenus naturellement à partir du caractère (et du sous-groupe compact maximal spécial), ceci par les techniques du chapitre I. Enfin, par induction au sous-groupe compact maximal spécial, on trouve des représentations, dont la dimension du commutant est l'ordre du stabilisateur du caractère θ de $T(\mathfrak{O})$ en question dans le petit groupe de Weyl de T, satisfaisant aux propriétés de "cuspidalité" relatives à $\underline{\underline{T}}$ (théorème 3), et on donne les formules explicites d'une réalisation; lorsque le tore $\underline{\underline{T}}$ n'est pas minisotrope, on relie les représentations obtenues à celles que donne la méthode de Bruhat (proposition 2). On démontre aussi une formule pour le caractère sur les éléments suffisamment réguliers de $T(\mathfrak{O})$ (théorème 4), analogue à la formule d'Hermann Weyl pour les caractères des groupes semi-simples compacts ; on a la même analogie pour le degré (formule (35)).

4.1. Notations.

4.1.1. Soit $\underline{\underline{G}}$ un groupe algébrique connexe réductif déployé sur le corps $\mathfrak{p}$-adique k. On note $\underline{\underline{Z}}$ le centre connexe de $\underline{\underline{G}}$, qui est un tore déployé sur k, et $\underline{\underline{S}}$ le groupe dérivé de $\underline{\underline{G}}$, qui est le plus grand sous-groupe semi-simple de $\underline{\underline{G}}$.

On supposera que le groupe S est simplement connexe ; ceci signifie que si $\underline{\underline{A}}$ est un tore maximal déployé de $\underline{\underline{G}}$, l'application de restriction $X(\underline{\underline{A}}) \longrightarrow X(\underline{\underline{A}} \cap \underline{\underline{S}})$ sur les caractères rationnels, a pour image le réseau des poids du système de racines de $(\underline{\underline{S}}, \underline{\underline{A}} \cap \underline{\underline{S}})$.

Soit $\underline{\underline{T}}$ un tore maximal non ramifié spécial de $\underline{\underline{G}}$ (3.3.9). On note R le système de racines de $(\underline{\underline{G}}, \underline{\underline{T}})$. $R^{\vee}$ le système des racines inverses, ${}'R$ les racines qui s'annulent sur la partie déployée ${}'\underline{\underline{Z}}$ de $\underline{\underline{T}}$. ${}'R$ est un système de racines, et son système des racines inverses est ${}'R^{\vee}$; $\underline{\underline{T}} \cap \underline{\underline{S}} = \underline{\underline{T}}_R$ est un tore maximal non ramifié de $\underline{\underline{S}}$, dont le groupe des caractères rationnels est le groupe P(R) des poids de R, et le groupe des sous-groupes à un paramètre est le réseau $Q(R^{\vee})$ des copoids radiciels. On notera $\underline{\underline{T}}_{'R}$ la partie anisotrope de $\underline{\underline{T}}$.

On note L une extension non ramifiée de degré fini de k où $\underline{\underline{T}}$ se déploie, et Γ son groupe de Galois. Le groupe Γ opère sur l'espace vectoriel $V = Q(R^{\vee}) \otimes \mathbb{Q}$; le sous-espace vectoriel V^T de ses points fixes a pour orthogonal, dans l'espace des racines, l'espace de ${}'R$, qui est le système de racines du centralisateur ${}'\underline{\underline{G}}$ de ${}'\underline{\underline{Z}}$ dans $\underline{\underline{G}}$. Ce groupe ${}'\underline{\underline{G}}$ est un groupe algébrique connexe (centralisateur d'un tore), réductif déployé sur k, son centre est ${}'\underline{\underline{Z}}$, son rang semi-simple est égal au rang anisotrope $\ell(T)$ de $\underline{\underline{T}}$, qui est ainsi un tore maximal minisotrope de ${}'\underline{\underline{G}}$ (c'est-à-dire que $\underline{\underline{T}}/{}'\underline{\underline{Z}}$ est un tore maximal anisotrope de ${}'\underline{\underline{G}}/{}'\underline{\underline{Z}}$) (tout ceci à été démontré en 3.3.8 et 3.3.9).

Soit ${}'\underline{\underline{S}}$ le groupe dérivé de ${}'\underline{\underline{G}}$. Il est simplement connexe ; en effet, il suffit de prouver que le groupe des caractères rationnels du tore maximal $\underline{\underline{T}}_R = \underline{\underline{T}} \cap {}'\underline{\underline{S}}$ de ${}'\underline{\underline{S}}$ s'identifie au réseau $P({}'R)$ des poids de R, c'est-à-dire que l'application de restriction $X(\underline{\underline{T}}_R) \to X(\underline{\underline{T}}_{'R})$ sur les caractères rationnels a pour image $P({}'R)$; c'est l'application duale de $X'(\underline{\underline{T}}_{'R}) \to X'(\underline{\underline{T}}_R) = Q(R^{\vee})$, pour les groupes des sous-groupes à un paramètre : or $X'(\underline{\underline{T}}_{'R})$ est la trace de $X'(\underline{\underline{T}}) = Q(R^{\vee})$ sur l'espace de ${}'R$, c'est donc ${}'R$ lui même, et on applique la prop. 28 de [5] c), ch. VI, 1.10 pour conclure.

4.1.2. Soit $E = {}_L E^T(\mathbb{Q})$ l'espace affine associé au groupe réductif ${}_L\underline{\underline{G}}$ muni du tore maximal déployé ${}_L\underline{\underline{T}}$ (3.3.8). Le groupe Γ opère sur E. La sous-variété affine E^T de ses points fixes a pour sous-espace directeur dans V le sous-espace V^T ci-dessus. L'application de direction permet d'identifer les racines affines qui s'annulent sur E^T aux éléments de ${}'R$ (2.4.7). On note ${}'K$ le groupe des invariants de Γ dans le sous-groupe ${}'\underline{\underline{G}}(\mathfrak{O}_L)$ de ${}'\underline{\underline{G}}(L)$ qu'engendrent $\underline{\underline{T}}(\mathfrak{O}_L)$ et les $u \in \underline{\underline{U}}^{*}_{'R}(L)$ (avec les notations de 2.4.2) pour lesquels $u(E^T) \geqslant 0$; on a ${}'K = {}'\underline{\underline{G}}(\mathfrak{O}_L) \cap {}'G$; le groupe ${}'K$ contient $T(\mathfrak{O})$ et T_a , le groupe des points dans k de la partie anisotrope $\underline{\underline{T}}_a$ de $\underline{\underline{T}}$ (3.3.8).

Rappelons qu'un sous-groupe compact maximal spécial de G est un sous-groupe de la forme $G(\mathfrak{O})$, c'est-à-dire défini à l'aide d'un tore maximal déployé $\underline{\underline{A}}$ de $\underline{\underline{G}}$ et d'un système de Chevalley (X_α) de $(\underline{\underline{G}},\underline{\underline{A}})$: il est engendré par $A(\mathfrak{O})$ et les $x_\alpha(\mathfrak{O})$, où les x_α sont les morphismes du groupe additif sur les sous-groupes radiciels de $(\underline{\underline{G}},\underline{\underline{A}})$; les sous-groupes $G(\mathfrak{p}^n)$, $n \geqslant 0$ sont alors définis (2.2.7). Dire que $\underline{\underline{T}}$ est spécial signifie que Γ fixe un point spécial de E (3.3.9) ; à ce point spécial on associe le sous-groupe K de G formé des invariants par Γ du sous-groupe compact maximal spécial $\underline{\underline{G}}(\mathfrak{O}_L)$ de $\underline{\underline{G}}(L)$ défini par ce point, c'est-à-dire par le tore maximal déployé ${}_L\underline{\underline{T}}$ et un système de Chevalley, défini sur L, correspondant à ce point spécial (2.4.3). Le sous-groupe K est un sous-groupe compact maximal spécial de G, dit <u>associé</u> à $\underline{\underline{T}}$; il contient ${}'K$.

4.1.3. On appellera <u>sous-groupes horicycliques</u> de $\underline{\underline{G}}$ les radicaux unipotents des sous-groupes paraboliques propres définis sur k de $\underline{\underline{G}}$. Ce sont les sous-groupes horicycliques (2.1.10) de sa partie semi-simple $\underline{\underline{S}}$ ([4] a), 2.3). On dira qu'un tore déployé $\underline{\underline{C}}$ de $\underline{\underline{G}}$ est un <u>composant déployé</u> si c'est le tore déployé maximal du centre de son centralisateur : les composants déployés sont les centres des sous-groupes de Lévi ([4] a), 0.8) des sous-groupes paraboliques propres définis sur k de $\underline{\underline{G}}$ ([12] b), V.3, lemme 18) ; ces sous-groupes de Lévi sont déployés ([4] a), 4.6). Si $\underline{\underline{P}} = \underline{\underline{M}}\ \underline{\underline{U}}$ est une décomposition de Lévi du sous-groupe parabolique propre $\underline{\underline{P}}$ de $\underline{\underline{G}}$ défini sur k, on dit que le centre $\underline{\underline{C}}$ de $\underline{\underline{M}}$ est un composant déployé de $\underline{\underline{U}}$, et que $(\underline{\underline{U}},\underline{\underline{C}})$ est une <u>paire cuspidale</u> ([12] b), II.2), si $\underline{\underline{C}}$ et $\underline{\underline{C}}'$ sont deux composants déployés de $\underline{\underline{U}}$, il y a un unique $u \in U$ tel que $\underline{\underline{C}}' = u\,\underline{\underline{C}}\,u^{-1}$ ([4] a), 4.7).

Si $\underline{\underline{U}}$ est un sous-groupe horicyclique de $\underline{\underline{G}}$, il y a un tore maximal déployé $\underline{\underline{A}}$ de $\underline{\underline{G}}$ qui le normalise, une base B du système de racines de $(\underline{\underline{G}},\underline{\underline{A}})$ et une partie non vide F de B telle que $\underline{\underline{U}}$ soit le sous-groupe qu'engendrent les sous-groupes radiciels $\underline{\underline{U}}_\alpha$ pour les racines α de $(\underline{\underline{G}},\underline{\underline{A}})$ dont au moins une composante sur une racine simple de F est supérieure à 1 (2.1.10) ; le tore $\underline{\underline{Z}} \prod_{\alpha\in F} \underline{\underline{G}}_m^{H_\alpha}$ est alors un composant déployé de $\underline{\underline{U}}$.

Soient $(\underline{\underline{U}}_1,\underline{\underline{C}}_1)$ une paire cuspidale de $\underline{\underline{G}}$, et $'\underline{\underline{G}}$ le centralisateur de $\underline{\underline{C}}_1$. Les paires cuspidales du groupe réductif $'\underline{\underline{G}}$ correspondent bijectivement aux paires cuspidales de $\underline{\underline{G}}$ qui contiennent $(\underline{\underline{U}}_1,\underline{\underline{C}}_1)$ de la façon suivante ([12] c), 5, lemme 5) :

- à la paire cuspidale $(\underline{\underline{U}},\underline{\underline{C}})$ de $\underline{\underline{G}}$ contenant $(\underline{\underline{U}}_1,\underline{\underline{C}}_1)$, on associe la paire cuspidale $(\underline{\underline{U}}\cap {}'\underline{\underline{G}},\underline{\underline{C}})$ de $'\underline{\underline{G}}$;

- à la paire cuspidale $('\underline{\underline{U}},{}'\underline{\underline{C}})$ de $'\underline{\underline{G}}$, on associe la paire cuspidale $('\underline{\underline{U}}\underline{\underline{U}}_1,{}'\underline{\underline{C}})$ de $\underline{\underline{G}}$, qui contient $(\underline{\underline{U}}_1,\underline{\underline{C}}_1)$.

On dit qu'un sous-groupe horicyclique $\underline{\underline{U}}$ <u>domine</u> un composant déployé $\underline{\underline{C}}_1$ s'il y a un $x \in G$ et des paires cuspidales tels que $x(\underline{\underline{U}},\underline{\underline{C}})x^{-1} \supset (\underline{\underline{U}}_1,\underline{\underline{C}}_1)$.

La donnée d'un sous-groupe compact maximal spécial K de G permet de définir les sous-groupes $U(\mathfrak{p}^n)$, $n \geq 0$, d'un sous-groupe horicyclique $\underline{\underline{U}}$ de $\underline{\underline{G}}$ (2.2.4). Si $\underline{\underline{P}}$ est le normalisateur de $\underline{\underline{U}}$, il s'écrit $\underline{\underline{P}} = {}'\underline{\underline{G}}\underline{\underline{U}}$ où $'\underline{\underline{G}}$ est le centralisateur d'un composant déployé $\underline{\underline{C}}$ de $\underline{\underline{U}}$, et on a G = KP (2.2.4) ; on en déduit que $(\underline{\underline{U}}_1,\underline{\underline{C}}_1)$ est conjugué de $(\underline{\underline{U}},\underline{\underline{C}})$ par un élément de G si et seulement si il l'est par un élément de K.

4.1.4. Le petit groupe de Weyl de $\underline{\underline{T}}$ est le quotient W(T) du normalisateur de $\underline{\underline{T}}$ dans G par T ; il s'identifie au centralisateur dans le groupe de Weyl de $\underline{\underline{T}}$ de l'action de Γ sur l'espace du système de racines R (3.2.5 (vi)). On notera $'W(T)$ le petit groupe de Weyl de $\underline{\underline{T}}$ dans $'G$: c'est donc $W(T) \cap W('R)$: c'est aussi celui du tore $\overline{\underline{\underline{T}}}$ du groupe $'\overline{\underline{\underline{G}}}'$ sur le corps résiduel ; celui-ci se relève dans $'\overline{G}$ (3.2.3, cor.2 (iii)), donc $'W(T)$ se relève dans $'K$. De même W(T) se relève dans K, si K est un sous-groupe compact maximal spécial associé à $\underline{\underline{T}}$ (4.1.2).

4.2. Caractères du tore.

4.2.1. Soit θ un caractère (continu) de T. La filtration de T par les sous-groupes $T(\mathfrak{p}^n)_{n \geqslant 0}$, (3.2.4), permet de définir le conducteur réductif $g = g(\theta)$ de θ : c'est le plus petit entier n tel que la restriction de θ à $T(\mathfrak{p}^n)$ soit triviale. Si $\underline{\underline{T}}_R$ est la trace de $\underline{\underline{T}}$ sur le groupe dérivé $\underline{\underline{S}}$ de $\underline{\underline{G}}$, le conducteur semi-simple $f = f(\theta)$ du caractère θ est le plus petit entier n tel que la restriction de θ à $T_R(\mathfrak{p}^n)$ soit triviale ; lorsqu'on parlera du conducteur de θ sans précision, il s'agira toujours du conducteur semi-simple ; le conducteur de θ est inférieur à son conducteur réductif.

Soit T_1 un sous-groupe de T invariant par l'action du petit sous-groupe de Weyl W(T) de $\underline{\underline{T}}$ (par exemple T_1 est $T(\mathfrak{O})$).

Un caractère θ_1 de T_1 est dit régulier sous W(T) si

$$w\theta_1 = \theta_1 \ , \ w \in W(T) \Longleftrightarrow w = 1 \quad .$$

Autrement dit, les conjugués de θ_1 par W(T) sont tous distincts. On a la même notion pour l'action du groupe $'W(T) = W('T)$.

Soit $\underline{\underline{\mathfrak{s}}}'$ l'espace vectoriel dual de $\underline{\underline{\mathfrak{s}}}$, l'algèbre de Lie de $\underline{\underline{S}}$; la décomposition (3.2.1) de $\underline{\underline{\mathfrak{s}}}$ en $\underline{\underline{\mathfrak{t}}}_R + \underline{\underline{\mathfrak{m}}}$, avec l'algèbre de Lie $\underline{\underline{\mathfrak{t}}}_R$ de $\underline{\underline{T}}_R$ et la somme des sous-espaces radiciels, permet de considérer l'espace vectoriel dual $\underline{\underline{\mathfrak{t}}}'_R$ de $\underline{\underline{\mathfrak{t}}}_R$ comme plongé dans $\underline{\underline{\mathfrak{t}}}'$, et donc

$$(2) \qquad \underline{\underline{\mathfrak{s}}}' = \underline{\underline{\mathfrak{t}}}' + \underline{\underline{\mathfrak{m}}}' \quad .$$

Un caractère de T de conducteur égal à 1 définit par restriction à $T(\mathfrak{O})$ un caractère du groupe quotient $T(\mathfrak{O})/T(\mathfrak{p}) = \overline{T}$ (cf. 3.2.5, prop. 2).

Soit θ un caractère de T de conducteur $f \geqslant 2$. On définit deux entiers f' et f" par

$$f = f' + f'' \quad \text{et } 2f' \leqslant f \leqslant 2f'+1 .$$

La restriction de θ au sous-groupe $T_R(\mathfrak{p}^{f''})$ définit donc un caractère du groupe quotient $T_R(\mathfrak{p}^{f''})/T_R(\mathfrak{p}^{f})$, qui est isomorphe à $\mathfrak{t}_R(\mathfrak{p}^{f''}/\mathfrak{p}^{f})$ (3.2.5, Prop. 2 (iii)). La structure sur $\mathcal{O}$ de $\mathfrak{t}_R$ (3.2.4) permet de définir une structure sur $\mathcal{O}$ de $\mathfrak{t}'_R$ et donc les groupes $\mathfrak{t}'_R(\mathfrak{p}^n)$, n entier, ainsi que les quotients $\mathfrak{t}'_R(\mathfrak{p}^m/\mathfrak{p}^n)$ si $n \geqslant m$. Si l'on se fixe un caractère τ d'ordre 1 de k (2.3.3), le caractère θ définit donc un élément $\theta^*_\tau \in \mathfrak{t}'_R(\mathfrak{p}^{-f+1}/\mathfrak{p}^{-f''+1})$, et la restriction de θ à $T_R(\mathfrak{p}^{f-1})$ correspond à la projection θ°_τ de θ^*_τ dans $\mathfrak{t}'_R(\mathfrak{p}^{-f+1}/\mathfrak{p}^{-f+2})$.

4.2.2. Pour chaque orbite Ω de $\pm\Gamma$ dans R, on définit un sous-groupe T_Ω de T_R de la façon suivante. Soit $\alpha \in \Omega$; on note $\Gamma(\Omega)$ le fixateur de α dans Γ : le groupe Γ étant commutatif , il ne dépend que de l'orbite ω de α dans R, et même que de $\Omega = \pm\Gamma\alpha$. Le groupe quotient $\Gamma_\Omega = \Gamma/\Gamma(\Omega)$ est le groupe de Galois de l'extension non ramifiée L_Ω , de degré l'ordre de ω , où α est définie (3.5.1). Soit $\underline{\underline{T}}_\alpha$ le sous-groupe de $\underline{\underline{T}}$ défini par l'image de $H_\alpha \otimes \underline{\underline{G}}_m$ dans $\underline{\underline{T}}$: il est défini sur L_Ω ($H_\alpha \in Q(R^\vee) \subset X'$ est la coracine de α). Le groupe T_Ω est défini comme image de $\underline{\underline{T}}_\alpha(L_\Omega)$ par

(3) $$t \in \underline{\underline{T}}_\alpha(L_\Omega) \longmapsto \prod_{\Gamma_\Omega} {}^\gamma t \in T_\Omega \quad ;$$

il ne dépend pas du choix de $\alpha \in \Omega$. Si $w \in W(T)$ on a ${}^w T_\Omega = T_{w.\Omega}$. Les invariants de Γ dans $\prod_\omega \underline{\underline{T}}_\alpha$ contiennent T_Ω .

Les sous-groupes $T_\Omega(\mathfrak{p}^n)$, $n \geqslant 0$, de T sont, par définition, les images des sous-groupes $\underline{\underline{T}}_\alpha(\mathfrak{p}^n_\Omega)$; où $\mathfrak{p}_\Omega$ est l'idéal de la valuation de L_Ω, par (3). Ils définissent une filtration sur T_Ω, qui ne dépend pas du choix de α dans Ω .

On a, lorsque $n \geqslant m \geqslant 0$, la décomposition :

$$1 \longrightarrow T_\Omega(\mathfrak{p}^n) \longrightarrow T_\Omega(\mathfrak{p}^m) \longrightarrow T_\Omega(\mathfrak{p}^m/\mathfrak{p}^n) \longrightarrow 1 ,$$

où $T_\Omega(\mathfrak{p}^m/\mathfrak{p}^n)$ est l'image de $\underline{\underline{T}}_\alpha(\mathfrak{p}^m_\Omega/\mathfrak{p}^n_\Omega)$ par (3), $\alpha \in \Omega$.

On définit de façon similaire les sous-espaces $\mathfrak{t}_\Omega$ de $\mathfrak{t}$, munis des filtrations $\mathfrak{t}_\Omega(\mathfrak{p}^n)$, n entier : si $2m \geqslant n \geqslant m \geqslant 0$, on a alors un isomorphisme canonique :

(4) $$\mathfrak{t}_\Omega(\mathfrak{p}^m/\mathfrak{p}^n) \longrightarrow T_\Omega(\mathfrak{p}^m/\mathfrak{p}^n).$$

Cette filtration de $\mathfrak{t}_\Omega$ définit une filtration sur l'espace dual $\mathfrak{t}'_\Omega$.

4.2.3. Soit θ est un caractère de $T(\mathcal{O})$ on appelle <u>conducteur de</u> θ <u>le long de l'orbite</u> Ω de $\pm\Gamma$ dans R, et on note $f_\Omega(\theta)$, le plus petit entier n tel que la restriction de θ à $T_\Omega(\mathfrak{p}^n)$ soit triviale.

Lorsque $f = f_{\Omega}(\theta)$ est ≥ 2, on introduit deux entiers f' et f" comme en 3.5.7 : $f = f' + f''$, $2f' \leq f \leq 2f'+1$. Le choix du caractère τ d'ordre 1 de k définit alors un élément $\theta^*_{\tau,\Omega} \in \mathfrak{t}'_{\Omega}(\mathfrak{p}^{-f+1}/\mathfrak{p}^{-f''+1})$ en prenant la restriction de θ à $T_{\Omega}(\mathfrak{p}^{f''})$.

La projection $\theta^{\circ}_{\tau,\Omega}$ de $\theta^*_{\tau,\Omega}$ sur $\mathfrak{t}'_{\Omega}(\mathfrak{p}^{-f+1}/\mathfrak{p}^{-f+2})$ correspond à la restriction de θ à $T_{\Omega}(\mathfrak{p}^{f-1})$.

Lemme 1.

Soient θ un caractère d'ordre 1 de k, ω une orbite du groupe de Galois Γ dans R, $\Omega = \omega \cup -\omega$, L_{Ω} l'extension non ramifiée de degré l'ordre de ω. Soit θ un caractère de T dont le conducteur le long de Ω est $f \geq 2$. Alors, pour $a \in \mathfrak{p}^{f''}_{\Omega}$ (où f" est défini ci-dessus), on a :

$$\theta\Big(\prod_{\Gamma_{\Omega}} {}^{\gamma}(1+a)^{H_{\alpha}}\Big) = \tau_{\Omega}(a\langle\theta^*_{\Omega}, H_{\alpha}\rangle), \text{ si } \alpha \in \Omega, \tag{5}$$

où τ_{Ω} est le caractère de L_{Ω}, d'ordre 1, donné par $\tau \circ Tr_{L_{\Omega}/k}$.

De plus, si q est l'ordre de k, on a la formule :

$$\Big|\prod_{\alpha\in\Omega}\langle\theta^{\circ}_{\tau,\Omega}, H_{\alpha}\rangle\Big| = q^{2i(\Omega)(f-1)}. \tag{6}$$

Preuve. L'isomorphisme de $\mathfrak{t}_{\Omega}(\mathfrak{p}^{f''}/\mathfrak{p}^{f})$ avec $T_{\Omega}(\mathfrak{p}^{f''}/\mathfrak{p}^{f})$ donne, par définition de θ^*_{Ω} (on omet l'indice τ) :

$$\theta\Big(\prod_{\Gamma_{\Omega}}(1+a)^{H_{\alpha}}\Big) = \tau\Big(\langle\theta^*_{\Omega}, \sum_{\Gamma_{\Omega}}{}^{\gamma}(aH_{\alpha})\rangle\Big) = \tau\Big(\sum_{\Gamma_{\Omega}}{}^{\gamma}a\,{}^{\gamma}\langle\theta^*_{\Omega}, H_{\alpha}\rangle\Big),$$

et comme Γ_{Ω} est le groupe de Galois de L_{Ω} (3.5.8), on a la formule (5). Pour la seconde, on remarque que θ n'étant pas trivial sur $T_{\Omega}(\mathfrak{p}^{f-1})$, (5) entraîne $\langle\theta^*_{\Omega}, H_{\alpha}\rangle \notin \mathfrak{p}^{-f+2}_{\Omega}$; comme l'élément θ°_{Ω} est la projection de θ^*_{Ω} modulo $\mathfrak{p}_{\Omega}^{-f+2}$, ainsi l'élément $\langle\theta^{\circ}_{\Omega}, H_{\alpha}\rangle$ n'est pas nul dans $\mathfrak{p}_{\Omega}^{-f+1}/\mathfrak{p}_{\Omega}^{-f+2}$. D'autre part, le produit des $\langle\theta^{\circ}_{\Omega}, H_{\alpha}\rangle$ pour $\alpha\in\Omega$ est invariant par Γ et donne donc un élément de $\mathfrak{p}^{(-f+1)\mathrm{Card}\,\Omega}/\mathfrak{p}^{(-f+2)\mathrm{Card}\,\Omega}$, et comme l'ordre de Ω est $2i(\Omega)$ (3.5.1. (7)), on en déduit la formule (6).

Remarque. Si $\varpi_{\Omega} = \prod_{\alpha\in\Omega} H_{\alpha}$ (polynôme sur $\mathfrak{t}'_{\Omega}$), (6) s'écrit aussi

$$\big|\varpi_{\Omega}(\theta^{\circ}_{\tau,\Omega})\big|^{1/2} = q^{i(\Omega)(f-1)}. \tag{7}$$

4.2.4. Pour chaque orbite ω du groupe de Galois Γ dans le système de racines R, on désigne par $\underline{\underline{\mathfrak{m}}}_\omega$ le sous-espace vectoriel de l'algèbre de Lie $\underline{\underline{\mathfrak{g}}}$ de $\underline{\underline{G}}$ engendré par les sous-espaces $\underline{\underline{\mathfrak{g}}}^\alpha$ pour $\alpha \in \omega$. Si Ω la projection de ω dans $R/\pm\Gamma$, on note $\underline{\underline{\mathfrak{m}}}_\Omega = \underline{\underline{\mathfrak{m}}}_\omega + \underline{\underline{\mathfrak{m}}}_{-\omega}$. Si l'orbite ω est non symétrique (3.5.1), l'espace $\underline{\underline{\mathfrak{m}}}_\Omega$ est somme directe des deux sous-espaces $\underline{\underline{\mathfrak{m}}}_\omega$ et $\underline{\underline{\mathfrak{m}}}_{-\omega}$; si l'orbite ω est symétrique, $\omega = -\omega$ et $\underline{\underline{\mathfrak{m}}}_\Omega = \underline{\underline{\mathfrak{m}}}_\omega$. La dimension de $\underline{\underline{\mathfrak{m}}}_\Omega$ est $2i(\Omega)$ (3.5.1), l'ordre de Ω.

Si maintenant on prend une orbite ω contenue dans $'R$, la structure sur $\mathfrak{O}$ de l'algèbre de Lie $'\underline{\underline{\mathfrak{s}}}$ de $'\underline{\underline{S}}$ que définit $'K$ donne une $\mathfrak{O}$-structure sur $\underline{\underline{\mathfrak{m}}}_\omega$ et sur $\underline{\underline{\mathfrak{m}}}_\Omega$, si $\Omega = \omega \cup -\omega$. On notera $'\underline{\underline{\mathfrak{m}}}$ le sous-espace, supplémentaire de $\underline{\underline{\mathfrak{t}}}_{'R}$ dans $'\underline{\underline{\mathfrak{s}}}$, défini par la somme des $'\underline{\underline{\mathfrak{g}}}^\alpha$ pour $\alpha \in {'R}$; l'espace $'\underline{\underline{\mathfrak{m}}}$ est somme directe des $\underline{\underline{\mathfrak{m}}}_\omega$, ω orbite de Γ dans $'R$; la décomposition en somme directe

$$\underline{\underline{\mathfrak{s}}}' = \underline{\underline{\mathfrak{t}}}_{'r} + \sum_{'R/\Gamma} \underline{\underline{\mathfrak{m}}}_\omega = \underline{\underline{\mathfrak{t}}}_{'r} + {'\underline{\underline{\mathfrak{m}}}},$$

donne les décompositions suivantes :

$$(8)\qquad {'\underline{\underline{\mathfrak{s}}}}(\mathfrak{p}^n) = \underline{\underline{\mathfrak{t}}}_{'R}(\mathfrak{p}^n) + \sum_{'R/\Gamma} \underline{\underline{\mathfrak{m}}}_\omega(\mathfrak{p}^n) = \underline{\underline{\mathfrak{t}}}(\mathfrak{p}^n) + {'\underline{\underline{\mathfrak{m}}}}(\mathfrak{p}^n),$$

$${'\underline{\underline{\mathfrak{s}}}}(\mathfrak{p}^m/\mathfrak{p}^n) = \underline{\underline{\mathfrak{t}}}_{'R}(\mathfrak{p}^m/\mathfrak{p}^n) + \sum_{'R/\Gamma} \underline{\underline{\mathfrak{m}}}_\omega(\mathfrak{p}^m/\mathfrak{p}^n) \quad , \text{ si } n \geqslant m.$$

Lemme 2

Soit $(X_\alpha)_{\alpha \in R}$ un système de Chevalley relativement à $(\underline{\underline{G}},\underline{\underline{T}})$ (2.1.9). La forme bilinéaire $\langle uX_\alpha \mid vX_{-\alpha}\rangle = uv$ sur $\mathfrak{g}^\alpha \times \mathfrak{g}^{-\alpha}$ est non dégénérée et ne dépend pas du système de Chevalley choisi; on a

$$[x,y] = \langle x \mid y\rangle\, H_\alpha \qquad \text{si } x \in \mathfrak{g}^\alpha, \ y \in \mathfrak{g}^{-\alpha} \ ;$$

soit ω une orbite de Γ dans R ; la formule

$$\langle w \mid w'\rangle = \sum_{\omega} \langle w_\alpha \mid w'_{-\alpha}\rangle \quad , \quad w \in \underline{\underline{\mathfrak{m}}}_\omega \quad , \quad w' \in \underline{\underline{\mathfrak{m}}}_{-\omega} \ ,$$

où w_α (resp. $w'_{-\alpha}$) est la projection de w (resp w') sur $\mathfrak{g}^\alpha$ (resp. sur $\mathfrak{g}^{-\alpha}$) met $\underline{\underline{\mathfrak{m}}}_\omega$ en dualité avec $\underline{\underline{\mathfrak{m}}}_{-\omega}$ (comme espaces vectoriels définis sur k) ; si ω est contenu dans $'R$, si τ est un caractère d'ordre 1 de k, le dual du groupe $\mathfrak{m}_\omega(\mathfrak{p}^m/\mathfrak{p}^n)$, si $n \geqslant m$, s'identifie au groupe $\mathfrak{m}_{-\omega}(\mathfrak{p}^{-n+1}/\mathfrak{p}^{-m+1})$ par l'application :

$$w \in \mathfrak{m}_\omega(\mathfrak{p}^m/\mathfrak{p}^n), \quad w' \in \mathfrak{m}_{-\omega}(\mathfrak{p}^{-n+1}/\mathfrak{p}^{-m+1}) \longmapsto \tau(\langle w' \mid w\rangle) .$$

Preuve. D'abord, il suffit de vérifier que $u_\alpha v_{-\alpha}$ ne dépend que du couple $u_\alpha X_\alpha$, $v_{-\alpha} X_{-\alpha}$; or, d'après 2.1.8, si on se donne X_α, c'est-à-dire l'isomorphisme x_α de $\underline{\underline{G}}_a$ sur $\underline{\underline{U}}_\alpha$, pour chaque $u \in \underline{\underline{G}}_a$ il y a un unique $y \in \underline{\underline{U}}_{-\alpha}$ tel que $x_\alpha(u)y\,x_\alpha(u)$ soit dans le normalisateur $\underline{\underline{N}}$ de $\underline{\underline{T}}$; ceci définit $x_{-\alpha}$ si on pose $y = x_{-\alpha}(-u^{-1})$, et donc $X_{-\alpha}$. Il en résulte que changer X_α en tX_α revient à remplacer $X_{-\alpha}$ par $t^{-1}X_{-\alpha}$ et ne modifie donc pas $u_\alpha v_{-\alpha}$; ainsi

$< \mid >$ ne dépend pas du choix du système de Chevalley $(X_\alpha)_{\alpha\in r}$. Si maintenant $w = \sum_{\Gamma_\Omega} {}^\gamma w_\alpha$, $w_\alpha \in \mathfrak{g}^\alpha(L_\Omega)$, est un élément de $\mathfrak{m}_\omega$, et $w' = \sum_{\Gamma_\Omega} {}^\gamma w'_{-\alpha}$, $w'_{-\alpha} \in \mathfrak{g}^{-\alpha}(L_\Omega)$ est un élément de $\mathfrak{m}_{-\omega}$, et $\Omega = \omega \cup -\omega$, on a $\langle w \mid w' \rangle = \sum_\omega \langle {}^\gamma w_\alpha \mid {}^\gamma w'_{-\alpha}\rangle = \sum_\omega {}^\gamma\langle w_\alpha \mid w'_{-\alpha}\rangle = Tr_\Omega \langle w_\alpha \mid w'_{-\alpha}\rangle \in k$ où Tr_Ω est la trace de l'extension L_Ω sur k. Comme $\langle w_\alpha \mid w_{-\alpha}\rangle$ est une forme bilinéaire non dégénérée sur $\mathfrak{g}^\alpha(L_\Omega) \times \mathfrak{g}^{-\alpha}(L_\Omega)$, et qu'une extension non ramifiée est séparable, la forme $\langle \mid \rangle$ est non dégénérée sur $\mathfrak{m}_\omega \times \mathfrak{m}_{-\omega}$. Le reste résulte de ce que, pour une extension non ramifiée de k, l'anneau de ses entiers est son propre orthogonal pour la forme bilinéaire non dégénérée trace ([16]b), III, 3 et 5)

Si on note $'\underline{\underline{\mathfrak{g}}}'$ et $\underline{\underline{\mathfrak{t}}}'_{'R}$ les espaces vectoriels duaux de $'\mathfrak{g}$ et $\mathfrak{t}_{'R}$, on a donc la décomposition duale de (8) relativement à un caractère τ d'ordre 1 de k

$$(9) \quad '\underline{\underline{\mathfrak{g}}}'(\mathfrak{p}^{-n+1}/\mathfrak{p}^{-m+1}) = \underline{\underline{\mathfrak{t}}}'_{'R}(\mathfrak{p}^{-n+1}/\mathfrak{p}^{-m+1}) + \sum_{'R/\Gamma} \underline{\underline{\mathfrak{m}}}_\omega(\mathfrak{p}^{-n+1}/\mathfrak{p}^{-m+1}).$$

4.2.5. Lemme 3

Soient τ un caractère d'ordre 1 de k, Ω une orbite du groupe $\pm\Gamma$ dans R, et n et m deux entiers. La projection $[X,Y]_T$ du crochet de Lie de deux éléments $X \in \mathfrak{m}_\Omega(\mathfrak{p}^n)$, $Y \in \mathfrak{m}_\Omega(\mathfrak{p}^m)$, appartient à $t_\Omega(\mathfrak{p}^{n+m})$. Si θ est un caractère de T dont le conducteur f le long de Ω (4.2.1.) est impair, $f > 1$, la formule suivante (où f' et f'' sont comme en 4.2.3., ainsi que $\theta^\circ_{\tau,\Omega}$) :

$$(10) \quad w,w' \in \mathfrak{m}_\Omega(\mathfrak{p}^{f'}/\mathfrak{p}^{f''}) \longmapsto \langle \theta^\circ_{\tau,\Omega}, [w,w']_T \rangle$$

définit une k forme bilinéaire alternée non dégénérée sur l'espace $\mathfrak{m}_\Omega(\mathfrak{p}^{f'}/\mathfrak{p}^{f''})$.

Preuve. La première partie est claire, par définition même de $\mathfrak{t}_\Omega$ (4.2.2.). Si Ω provient d'une orbite non symétrique ω, alors $\underline{\underline{\mathfrak{m}}}_\Omega = \underline{\underline{\mathfrak{m}}}_\omega + \underline{\underline{\mathfrak{m}}}_{-\omega}$ en domme directe; si $w = w_\omega + w_{-\omega}$, $w' = w'_\omega + w'_{-\omega}$, on a donc $[w,w']_T = [w_\omega, w'_{-\omega}]_T + [w_{-\omega}, w'_\omega]_T$ et donc, pour $w, w' \in \mathfrak{m}_\Omega(\mathfrak{p}^{f'}/\mathfrak{p}^{f''})$, l'application bilinéaire alternée (10)prend la valeur suivante, si $w_\omega = \sum_{\Gamma_\Omega} {}^\gamma w_\alpha$, $w_\alpha \in \mathfrak{g}^\alpha(\mathfrak{p}^{f'}/\mathfrak{p}^{f''})$, $\alpha \in \omega$, et de même pour $w_{-\omega}$, w'_ω, $w'_{-\omega}$:

$$\langle \theta^\circ_\Omega, [w,w'] \rangle = \sum_{\Gamma_\Omega} {}^\gamma\Big((\langle w_\alpha | w'_{-\alpha}\rangle - \langle w_{-\alpha} | w'_\alpha \rangle) \langle \theta^\circ_\Omega, H_\alpha \rangle \Big),$$
$$= Tr_\Omega \Big((\langle w_\alpha | w'_{-\alpha}\rangle - \langle w_{-\alpha} | w'_\alpha \rangle) \langle \theta^\circ_\Omega, H_\alpha \rangle \Big);$$

mais par définition du conducteur le long de Ω, on a $\langle \theta^\circ_\Omega, H_\alpha \rangle \in \mathfrak{p}_\Omega^{-f+1}/\mathfrak{p}_\Omega^{-f+2}$, et non nul; comme $\langle w_\alpha | w_{-\alpha} \rangle$ est une forme bilinéaire non dégénérée sur $\underline{\underline{\mathfrak{g}}}^\alpha(\mathfrak{p}_\Omega^{f'}/\mathfrak{p}_\Omega^{f''}) \times \underline{\underline{\mathfrak{g}}}^{-\alpha}(\mathfrak{p}_\Omega^{f'}/\mathfrak{p}_\Omega^{f''})$ à valeurs dans l'espace $\mathfrak{p}^{f-1}/\mathfrak{p}^f$, de dimension 1 sur L_Ω, le lemme est prouvé pour les orbites non symétriques.

Si maintenant $\Omega = \omega$ est une orbite symétrique, on choisit une racine $\alpha \in \omega$, et $w \in \mathfrak{m}_\omega(\mathfrak{p}^{f'}/\mathfrak{p}^{f''})$ s'écrit $\sum_{\Gamma_\Omega} {}^\gamma w_\alpha$, où

$w_\alpha \in \underline{\underline{g}}^\alpha(\mathfrak{p}_L^{f'}/\mathfrak{p}_L^{f''})$; en faisant de même avec w' , on a

$$\langle \theta^\circ_\Omega, [w,w'] \rangle = \sum_{\Gamma_\Omega} (\langle w_\alpha | \overline{w'_\alpha} \rangle \langle \theta^\circ_\Omega, H_\alpha \rangle) = \mathrm{Tr}_\Omega \langle w_\alpha | \overline{w'_\alpha} \rangle \langle \theta^\circ_\Omega, H_\alpha \rangle$$

(rappelons que pour une orbite symétrique ω , de cardinal $2i(\omega)$, la barre désigne l'action de $F^{i(\omega)}$: ainsi $\overline{\alpha} = -\alpha$ et $\overline{w_\alpha} = w_{-\alpha}$ si $\sum_{\Gamma_\Omega} \gamma_{w_\alpha} \in \mathfrak{m}_\omega$).
Comme $\langle \theta^\circ_\Omega, H_\alpha \rangle \in \mathfrak{p}_\Omega^{-f+1}/\mathfrak{p}_\Omega^{-f+2}$, et n'est pas nul, la formule précédente montre que la forme en question n'est pas dégénérée.

4.2.6 Lemme 4

Soit θ un caractère de $T(\sigma)$. On suppose qu'il y a une entier $f \geq 2$ tel que, pour toute orbite Ω du groupe $\pm\Gamma$ dans $'R$, le conducteur de θ le long de Ω soit égal à f . On définit un caractère $'\theta^\circ$ du groupe $'S(\mathfrak{p}^{f-1})$ par l'intermédiaire du caractère de $T_{'R}(\mathfrak{p}^{f-1}/\mathfrak{p}^f)$ que définit la restriction de θ au sous groupe $T_{'R}(\mathfrak{p}^{f-1})$, et de la suite

$$'S(\mathfrak{p}^{f-1}) \dashrightarrow {'S}(\mathfrak{p}^{f-1}/\mathfrak{p}^f) \dashrightarrow T_{'R}(\mathfrak{p}^{f-1}/\mathfrak{p}^f) ,$$

où la première flèche est la réduction modulo $\mathfrak{p}^f$ sur $'S(\mathfrak{p}^{f-1})$ et la seconde provient de la décomposition $'\underline{\underline{s}} = \underline{\underline{t}}_{'R} + {'\underline{\underline{m}}}$ en somme directe, définie sur $\mathcal{O}$.
Le caractère $'\theta^\circ$ se prolonge en un caractère, noté également $'\theta^\circ$, du groupe $'G(\mathfrak{p}^{f-1})$ par

(11) $\qquad '\theta^\circ(th) = \theta(t)\,'\theta^\circ(h) \quad$ si $\quad t \in T(\mathfrak{p}^{f-1})$, $h \in {'S}(\mathfrak{p}^{f-1})$

On a alors la formule suivante

(12)' $$\int_{'U(\mathfrak{p}^{f-1})} {'\theta^\circ}(u)\,du = 0 ,$$

pour tout sous-groupe horicyclique $'\underline{\underline{U}}$ de $'\underline{\underline{G}}$.

Preuve. Le caractère $'\theta^\circ$ de $'S(\mathfrak{p}^{f-1})$ prolonge la restriction de θ à $T_{'R}(\mathfrak{p}^{f-1})$; comme $T(\mathfrak{p}^{f-1}) \cap {'S}(\mathfrak{p}^{f-1}) = T_{'R}(\mathfrak{p}^{f-1})$, la formule (11) a bien un sens.
Ensuite, les sous-groupes horicycliques de $'\underline{\underline{G}}$ sont les sous-groupes horicycliques de sa partie semi-simple (4.1.3). La formule (11) se place donc en fait dans $'S(\mathfrak{p}^{f-1})$. Comme $'\theta^\circ$ est trivial sur $'S(\mathfrak{p}^f)$, elle s'écrit aussi

$$\int_{'U(\mathfrak{p}^{f-1}/\mathfrak{p}^f)} {'\theta^\circ}(u)\,du = 0 .$$

Si τ est un caractère d'ordre 1 de k , on a, par définition de $'\theta^\circ$:

$$'\theta^\circ(e^X) = \tau(\langle '\theta^\circ_\tau, X \rangle) , \qquad X \in \underline{\underline{t}}_{'R}(\mathfrak{p}^{f-1}/\mathfrak{p}^f) ,$$

où $'\theta^\circ_\tau$ est l'élément de $'\underline{\underline{s}}'(\mathfrak{p}^{-f+1}/\mathfrak{p}^{-f+2})$ qui appartient au sous-espace $\underline{\underline{t}}'_{'R}(\mathfrak{p}^{-f+1}/\mathfrak{p}^{-f+2})$ donné par la restriction de θ à $T_{'R}(\mathfrak{p}^{f-1})$:

$$\theta(e^H) = \tau(\langle '\theta^\circ_\tau, H \rangle) , \quad H \in \underline{\underline{t}}_{'R}(\mathfrak{p}^{f-1}/\mathfrak{p}^f) ;$$

la formule à démontrer est alors celle du corollaire 2.3.6; montrons que $'\theta^{o}_{\tau}$ a pour centralisateur dans $'\underline{\underline{g}}$ l'algèbre de Lie d'un tore maximal anisotrope. Le lemme 1 (4.2.3) donne la formule

$$\prod_{'R/\pm\Gamma} \prod_{\Omega} \left| \langle '\theta^{o}_{\tau}, H_{\alpha} \rangle \right| = \prod_{'R/\pm\Gamma} q^{2i(\Omega)(f-1)} = q^{2'N(f-1)}$$

si $'N$ est le nombre de racines positives de $'R$. Comme en 2.3.4. pour (iii) $\Leftrightarrow$ (iv), ceci équivaut au fait que le centralisateur de $'\theta^{o}_{\tau}$ dans $'\underline{\underline{g}}$ est $\underline{\underline{t}}_{'R}$, l'algèbre de Lie de $\underline{\underline{T}}_{'R}$. On peut donc appliquer le corollaire 2.3.6. ce qui prouve le lemme.

<u>Lemme</u> 4 bis

<u>Fixons un sous-groupe compact maximal spécial</u> K <u>associé à</u> T (4.1.2). <u>On a alors l'énoncé du lemme</u> 4 <u>en ôtant partout l'indexation</u> ' <u>à gauche</u>, <u>et en remplaçant la conclusion par</u>

(12)" $$\int_{U(\mathfrak{p}^{f-1})} \theta^{o}(u)du = 0 ,$$

<u>pour tout sous-groupe horicyclique</u> $\underline{\underline{U}}$ <u>de</u> $\underline{\underline{G}}$ <u>dominant strictement la partie déployée</u> $'\underline{\underline{Z}}$ <u>de</u> $\underline{\underline{T}}$ (4.1.3) .

<u>Preuve</u>. Il y a un $x \in K$ et un sous-groupe horicyclique $\underline{\underline{U}}_1$ de composant déployé $'\underline{\underline{Z}}$ tels que $x\,\underline{\underline{U}}\,x^{-1}$ contienne strictement $\underline{\underline{U}}_1$. On en déduit que $x\,U(\mathfrak{p}^{f-1})x^{-1} = U_1(\mathfrak{p}^{f-1})'U(\mathfrak{p}^{f-1})$ pour un sous-groupe horicyclique $'\underline{\underline{U}}$ de $'\underline{\underline{G}}$, et (12)" , écrit pour le sous-groupe horicyclique $x\,\underline{\underline{U}}\,x^{-1}$, se factorise à travers (12)' , et est donc nulle. La conjugaison par x revient à changer $\underline{\underline{T}}$ en $x\,\underline{\underline{T}}\,x^{-1}$, et donc à conjuguer la situation par x , ce qui donne encore (12)".

4.2.7. On dira qu'une base $(X_{\alpha})_{\alpha \in 'R}$ de $'\mathfrak{m}$ est <u>adaptée</u> à $('K,\underline{\underline{T}})$ si les conditions suivantes sont réalisées (Ω désigne l' orbite de α par $\pm\Gamma$) :

a/ X_{α} est une base du $\mathcal{O}_{\Omega}$-module $\underline{\underline{g}}^{\alpha}(\mathcal{O}_{\Omega})$, pour toute racine $\alpha \in 'R$;

b/ $\langle X_{\alpha} | X_{-\alpha} \rangle = 1$, avec la notation de 4.2.4;

c/ ${}^{\gamma}X_{\alpha} = X_{\gamma\alpha}$ pour $\gamma \in \Gamma$.

Pour chaque orbite Ω de $\pm\Gamma$ dans $'R$, on note C_{Ω} le groupe des automorphismes de $\mathfrak{m}_{\Omega}$ de la forme $\sum_{\Omega} w_{\alpha} \longmapsto \sum_{\Omega} c_{\alpha} w_{\alpha}$ avec $c_{\alpha} \in \mathcal{O}^{*}_{\Omega}$ et $c_{\alpha}c_{-\alpha} = 1$. Le groupe $'C$ produit des C_{Ω} quand Ω parcourt $'R/\pm\Gamma$ opère sur $'\mathfrak{m}$.

Lemme 5

Avec les notations précédentes,

(i) il existe des bases de $'\mathfrak{m}$ adaptées à $('K,\underline{\underline{T}})$;

(ii) le groupe $'C$ opère de façon simplement transitive sur les bases de $'\mathfrak{m}$ adaptées à $('K,\underline{\underline{T}})$;

(iii) le groupe $'N(\mathcal{O}) = T(\mathcal{O})'W(T)$ permute les bases de $'\mathfrak{m}$ adaptées à $('K,\underline{\underline{T}})$.

Preuve. (i) Soit $(X_\alpha)_{\alpha\in 'R}$ un système de Chevalley, défini sur L, de $({}_L'\underline{\underline{G}},{}_L\underline{\underline{T}})$, qui fournit le groupe $'\underline{\underline{G}}(\mathcal{O}_L)$ dont les invariants par Γ sont les éléments de $'K$ (4.1.2); soit n l'ordre d'une orbite $\omega\subset\Omega$, c'est-à-dire le degré de L_Ω sur k. On a donc

$$ {}^{F^n}X = c_\alpha X_\alpha \quad , \; c_\alpha\in\mathcal{O}_L , $$ et de norme 1 par rapport au sous-groupe $\Gamma(\Omega)$ fixateur de α dans Ω. Par le théorème 90 de Hilbert, on peut écrire $c_\alpha = {}^{F^n}u_\alpha^{-1}u_\alpha$ pour un $u_\alpha\in L^*$, et, L étant non ramifiée, on peut prendre $u_\alpha\in\mathcal{O}_L^*$. L'élément $u_\alpha X_\alpha$ est alors une base du $\mathcal{O}_\Omega$-module $\underline{\underline{\mathfrak{g}}}^\alpha(\mathcal{O}_L)$. Si l'orbite de α est non symétrique, on pose alors

$$Y_\alpha = u_\alpha X_\alpha\,,\; Y_{-\alpha} = u_\alpha^{-1}X_{-\alpha}\;;\; Y_{\gamma\alpha} = {}^\gamma Y_\alpha\,,\; Y_{-\gamma\alpha} = {}^\gamma Y_{-\alpha} \quad \text{si } \gamma\in\Gamma.$$ Si l'orbite de α est symétrique, l'élément $\langle u_\alpha X_\alpha | \overline{u_\alpha X_\alpha}\rangle$ est dans le sous-corps $\tilde{L}_\Omega$ de L_Ω dont il est l'extension quadratique, et c'est même une unité. Or toute unité de $\tilde{L}_\Omega$ est une norme d'une unité de L_Ω ([16] b), V.2,Cor.) ; on peut dont modifier u_α par une unité de L_Ω de façon à avoir $\langle u_\alpha X_\alpha | \overline{u_\alpha X_\alpha}\rangle = 1$. On posera alors $Y_\alpha = u_\alpha X_\alpha$, $Y_{\gamma\alpha} = {}^\gamma X_\alpha$ si $\gamma\in\Gamma$. Il est alors clair que la base $(Y_\alpha)_{\alpha\in 'R}$ de $'\mathfrak{m}$ est une base adaptée à $('K,\underline{\underline{T}})$.

(ii) Si (X_α) est une base de $'\mathfrak{m}$ adaptée à $('K,\underline{\underline{T}})$, on définit une base adaptée de la façon suivante : pour chaque orbite Ω de $\pm\Gamma$ dans $'R$, on choisit une racine $\alpha\in\Omega$ et $u_\alpha\in\mathcal{O}_\Omega^*$ et on pose

$$Y_\alpha = u_\alpha X_\alpha \;,\quad Y_{\gamma\alpha} = {}^\gamma u_\alpha X_{\gamma\alpha} \qquad \text{pour} \quad \gamma\in\Gamma \;;$$

l'élément $u = (u_\alpha)$ est dans le groupe $'C$; inversement, les conditions b/ et c/ entrainent qu'on a ainsi toutes les bases de $'\mathfrak{m}$ adaptées à $('K,\underline{\underline{T}})$. Par définition de $'C$, son action est fidèle sur $'\underline{\underline{\mathfrak{m}}}$ donc aussi sur les bases adaptées à $('K,\underline{\underline{T}})$.

(iii) Si n est un élément de $'N(\mathcal{O})$, on a, pour toute base X_α de $\underline{\underline{\mathfrak{g}}}^\alpha$ définie sur L, $\mathrm{Ad}n.X_\alpha = t(n)_\alpha X_{w(n)\alpha}$ où $t(n)_\alpha\in\mathcal{O}^*_L$ et $w(n)\in{}'W(T)$ est la projection de n sur $'W(T)$. Si on prend une base $(X_\alpha)_{\alpha\in 'R}$ de $'\underline{\underline{\mathfrak{m}}}$ adaptée à $('K,\underline{\underline{T}})$, l'élément $t(n)_\alpha$ est dans $\mathcal{O}^*_\Omega$, où Ω est l'orbite de α par $\pm\Gamma$, et $(t(n)_\alpha)_{\alpha\in\Omega}$ est un élément de C_Ω : on a en effet

$\langle \mathrm{Adn}\, X_\alpha \mid \mathrm{Adn}\, X_{-\alpha} \rangle = \langle X_\alpha \mid X_{-\alpha} \rangle = 1 = t(n)_\alpha \;\; t(n)_{-\alpha} \langle X_{w\alpha} \mid X_{-w\alpha} \rangle =$

$t(n)_\alpha\, t(n)_{-\alpha}$, et $\;^\gamma(\mathrm{Adn}.X_\alpha) = \mathrm{Adn}\, X_{\gamma\alpha}$ donne $\;^\gamma t(n)_\alpha = t(n)_{\gamma\alpha}$ pour $\gamma \in \Gamma$. D'autre part, $(X_{w(n)\alpha})_{\alpha \in 'R}$ est une base de $'\mathfrak{m}$ adoptée à $('K, \underline{\underline{T}})$ puisque $'W(T)$ opère sur $'R$. Ceci prouve (iii).

Remarque. Soit $'\Sigma$ le groupe des bijections de $'R$ qui commutent à l'action du groupe $\pm\Gamma$; il contient $'W(T)$; si ω est une orbite de Γ dans $'R$, on note $\sigma_\omega = \sigma_\Omega$ l'élément de $'\Sigma$ défini par $\sigma_\omega X_\alpha = X_{-\alpha}$ si $\alpha \in \Omega = \omega \uplus -\omega$, et $\sigma_\omega . X_\alpha = X_\alpha$ si $\alpha \notin \Omega$. Le groupe $'\Sigma$ opère sur $'C$ par $(^\sigma c)_\alpha = c_{\sigma^{-1}\alpha}$, si $\sigma \in {'\Sigma}$, $c \in {'C}$, $\alpha \in {'R}$. On a prouvé ci-dessus que la représentation adjointe envoie $'N(\mathfrak{O})$ sur un sous-groupe du produit semi-direct $'C . '\Sigma$: si $\mathrm{Adn}.X_\alpha = c(n)_{w(n).\alpha} \; X_{w(n).\alpha}$, cette application est $n \mapsto c(n)\, w(n)$.

De la même façon, étant donné un sous-groupe compact maximal spécial K de G associé à $\underline{\underline{T}}$(4.1.2), on définit les bases de $\mathfrak{m}$ adaptées à $(K, \underline{\underline{T}})$. On a les mêmes résultats : il suffit d'ôter l'indexation ' à gauche.

4.3. Un groupe résoluble.

4.3.1. Lemme 6

Soit f un entier supérieur ou égal à 2; soient f' et f" les deux entiers définis par

$$f = f' + f'' \quad , \quad 2f' \leq f \leq 2f'+1.$$

On se donne également un entier $g \geq f$, et on reprend les notations précédentes.

(i) Le sous-groupe $T(\mathfrak{O})'S(\mathfrak{p}^{f'})$ de $'G(\mathfrak{O}) = {'K}$ est formé des invariants du groupe Γ dans le sous-groupe $T(\mathfrak{O}_L)'S(\mathfrak{p}^{f'})$ de $'G(\mathfrak{O}_L)$;

(ii) Le sous-groupe $T(\mathfrak{p}^g)'S(\mathfrak{p}^f)$ de $T(\mathfrak{O})'S(\mathfrak{p}^{f'})$ est invariant. Soit $'R(f,g)$ le quotient; c'est un groupe résoluble fini :

(13) $\quad 1 \longrightarrow T(\mathfrak{p}^g)'S(\mathfrak{p}^f) \longrightarrow T(\mathfrak{O})'S(\mathfrak{p}^{f'}) \longrightarrow {'R(f,g)} \longrightarrow 1$.

(iii) L'injection $'\mathfrak{m}(\mathfrak{p}^{f''}/\mathfrak{p}^f) \dashrightarrow {'\mathfrak{s}}(\mathfrak{p}^{f''}/\mathfrak{p}^f)$ envoie $'\mathfrak{m}(\mathfrak{p}^{f''}/\mathfrak{p}^f)$ sur un sous-groupe invariant de $'R(f,g)$; soit $'D(f,g)$ le quotient :

(14) $\quad 0 \longrightarrow {'\mathfrak{m}}(\mathfrak{p}^{f''}/\mathfrak{p}^f) \longrightarrow {'R(f,g)} \longrightarrow {'D(f,g)} \longrightarrow 1$.

(iv) Lorsque f est pair, $'D(f)$ s'identifie au quotient :

(15) $\quad 1 \longrightarrow T(\mathfrak{p}^g)T_{'R}(\mathfrak{p}^f) \longrightarrow T(\mathfrak{O}) \longrightarrow {'D(f,g)} \longrightarrow 1$.

(v) Lorsque f est impair, le groupe $'D(f,g)$ est extension de $'D(f-1,g)$ par un groupe d'Heisenberg $'H(f)$ associé à l'espace vectoriel $'\mathfrak{m}(\mathfrak{p}^{f'}/\mathfrak{p}^{f''})$ muni de l'application alternée $[\ ,\ ]_T$ à valeurs dans $\mathfrak{t}_{'R}(\mathfrak{p}^{f-1}/\mathfrak{p}^f)$ (4.2.5) :

(16) $1 \longrightarrow {}'H(f) \longrightarrow {}'D(f,g) \longrightarrow {}'D(f-1,g) \longrightarrow 1$,

(17) $0 \longrightarrow \mathfrak{t}_{'R}(\mathfrak{p}^{f-1}/\mathfrak{p}^{f}) \longrightarrow {}'H(f) \longrightarrow {}'\mathfrak{m}(\mathfrak{p}^{f'}/\mathfrak{p}^{f''}) \longrightarrow 0$.

<u>L'action de</u> $'D(f-1,g)$ <u>sur</u> $'H(f)$ <u>est donnée par la représentation adjointe de</u> $T(\mathfrak{O})$ (via (15)) : <u>elle est triviale sur</u> $\mathfrak{t}_{'R}(\mathfrak{p}^{f-1}/\mathfrak{p}^{f})$, <u>et sur</u> $'\mathfrak{m}(\mathfrak{p}^{f'}/\mathfrak{p}^{f''})$, <u>elle se réduit à une action du quotient</u> $\bar{T} = T(\mathfrak{O})/T(\mathfrak{p})$.

<u>Preuve</u>. (i) Le groupe $T(\mathfrak{O})$ normalise $'\mathfrak{S}(\mathfrak{p}^{f'})$: $T(\mathfrak{O})'S(\mathfrak{p}^{f'})$ est donc un groupe. Il est contenu dans les invariants de Γ dans $\underline{\underline{T}}(\mathfrak{O}_L)'S(\mathfrak{p}_L^{f'})$.
Inversement, si $t \in \underline{\underline{T}}(\mathfrak{O}_L)$, $x \in {}'\underline{\underline{S}}(\mathfrak{p}_L^{f'})$ et si tx est invariant par Γ , on a, pour chaque $\gamma \in \Gamma$, $t^{-1}.{}^{\gamma}t \in {}'\underline{\underline{S}}(\mathfrak{p}_L^{f'}) \cap \underline{\underline{T}}(\mathfrak{O}_L) = \underline{\underline{T}}_{'R}(\mathfrak{p}_L^{f'})$, et comme $H^1(\Gamma, \underline{\underline{T}}_{'R}(\mathfrak{p}_L^{f'})) = 0$, c'est que $t^{-1}\,{}^{\gamma}t = u.\,{}^{\gamma}u^{-1}$ pour un $u \in \underline{\underline{T}}_{'R}(\mathfrak{p}_L^{f'})$, et donc $t\,u \in T(\mathfrak{O})$, d'où $u^{-1}x \in {}'\underline{\underline{S}}(\mathfrak{p}_L^{f'})$ est fixé par les éléments de Γ , et appartient donc à $'S(\mathfrak{p}^{f'})$: $tx = tu.u^{-1}x$ appartient à $T(\mathfrak{O})'S(\mathfrak{p}^{f'})$.

(ii) Comme on a $g \geqslant f$, le sous-groupe $T(\mathfrak{p}^{g})'S(\mathfrak{p}^{f})$ contient $'G(\mathfrak{p}^{g})$, qui est invariant dans $'K$, donc a fortiori sous l'action de $'S(\mathfrak{p}^{f})$; d'autre part $T(\mathfrak{O})$ normalise $'S(\mathfrak{p}^{f})$ et opère trivialement sur $T(\mathfrak{p}^{g})$; ceci montre que $T(\mathfrak{p}^{g})'S(\mathfrak{p}^{f})$ est invariant dans $T(\mathfrak{O})'S(\mathfrak{p}^{f'})$, et comme c'est un sous-groupe ouvert, le quotient $'R(f,g)$ est fini. Le fait qu'il soit résoluble résultera de sa description : (14) et (15) si f est pair, (14), (16) et (17) si f est impair.

(iii) Comme on a $f'+f'' = f$, le groupe $'S(\mathfrak{p}^{f'})$ opère trivialement sur $'\mathfrak{s}(\mathfrak{p}^{f''}/\mathfrak{p}^{f})$ (2.2.8.) donc aussi sur le sous-groupe $'\mathfrak{m}(\mathfrak{p}^{f''}/\mathfrak{p}^{f})$; comme $\underline{\underline{T}}$ normalise $'\mathfrak{m}$, le groupe $'\mathfrak{m}(\mathfrak{p}^{f''}/\mathfrak{p}^{f})$ est invariant par $T(\mathfrak{O})'S(\mathfrak{p}^{f'})$, et son image dans $'R(f,g)$, donnée par les injections

$$'m(\mathfrak{p}^{f''}/\mathfrak{p}^{f}) \dashrightarrow {}'S(\mathfrak{p}^{f''}/\mathfrak{p}^{f}) \dashrightarrow {}'S(\mathfrak{p}^{f'}/\mathfrak{p}^{f}) \dashrightarrow {}'R(f,g) ,$$

en est un sous-groupe invariant. On pouvait également utiliser la proposition 2 de 2.2.12. pour le corps L et le couple $({}_{L}'\underline{\underline{S}} , {}_{L}\underline{\underline{T}}_{'R})$ et prendre les invariants par Γ .

(iv) Lorsque f est pair, on a $f' = f''$. Comme alors l'application

$$\mathfrak{t}_{'R}(\mathfrak{p}^{f''}/\mathfrak{p}^{f}) + {}'\mathfrak{m}(\mathfrak{p}^{f''}/\mathfrak{p}^{f}) \dashrightarrow {}'S(\mathfrak{p}^{f'}/\mathfrak{p}^{f})$$

est un isomorphisme, on en déduit que l'image de $T(\mathfrak{O})$ dans $'R(f,g)$ se projette surjectivement sur $'D(f,g)$. Le noyau est la trace de $T(\mathfrak{O})$ sur le noyau de (13) , c'est-à-dire $T(\mathfrak{p}^{g})T(\mathfrak{O}) \cap {}'S(\mathfrak{p}^{f}) = T(\mathfrak{p}^{g})T_{'R}(\mathfrak{p}^{f})$.

(v) Lorsque f est impair, on raisonne comme pour la proposition 2 de 2.2.12 : $f-1 = 2f'$ est pair, et on a le diagramme commutatif suivant :

$$\begin{array}{ccccccc} 0 \longrightarrow & \mathfrak{m}(\mathfrak{p}^{f'}/\mathfrak{p}^{2f'}) & \longrightarrow & 'R(2f',g) & \longrightarrow & 'D(2f',g) & \longrightarrow 1 \\ & \beta\uparrow & & \alpha\uparrow & & \gamma\uparrow & \\ 0 \longrightarrow & '\mathfrak{m}(\mathfrak{p}^{f''}/\mathfrak{p}^{f}) & \longrightarrow & 'R(f,g) & \longrightarrow & 'D(f,g) & \longrightarrow 1 \end{array} ,$$

où la flèche α provient de l'injection $'S(\mathfrak{p}^f) \longrightarrow {}'S(\mathfrak{p}^{2f'})$ qui donne la projection α par (13), écrit pour f et $f-1 = 2f'$:

$$\begin{array}{ccccccc} 1 \dashrightarrow & T(\mathfrak{p}^g)'S(\mathfrak{p}^{2f'}) & \dashrightarrow & T(\mathcal{O})'S(\mathfrak{p}^{f'}) & \dashrightarrow & 'R(2f',g) & \dashrightarrow 1 \\ & \uparrow & & \| & & \alpha\uparrow & \\ 1 \dashrightarrow & T(\mathfrak{p}^g)'S(\mathfrak{p}^f) & \dashrightarrow & T(\mathcal{O})'S(\mathfrak{p}^{f'}) & \dashrightarrow & 'R(f,g) & \dashrightarrow 1 \end{array} ;$$

la flèche β est alors la réduction modulo $\mathfrak{p}^{f-1}$ composée avec l'injection dans $'\mathfrak{m}(\mathfrak{p}^{f'}/\mathfrak{p}^{2f''})$. On en déduit que le noyau $'H(f)$ de γ est extension du conoyau $'\mathfrak{m}(\mathfrak{p}^{f'}/\mathfrak{p}^{f''})$ de β par le conoyau de $\ker\beta = {}'\mathfrak{m}(\mathfrak{p}^{f-1}/\mathfrak{p}^f)$ dans $\ker\alpha = {}'\mathfrak{s}(\mathfrak{p}^{f-1}/\mathfrak{p}^f)$, c'est-à-dire $\mathfrak{t}_{'R}(\mathfrak{p}^{f-1}/\mathfrak{p}^f)$; le reste est immédiat.

<u>Lemme 6bis</u>.

<u>Fixons un sous-groupe compact maximal spécial de</u> G <u>associé à</u> $\underline{\underline{T}}$ (4.1.2). <u>On a alors l'énoncé du lemme</u> 6 <u>en ôtant partout l'indexation</u> ' <u>à gauche</u>.

<u>Preuve</u>. C'est la même.

4.3.2. <u>Lemme 7</u>.

<u>Soit</u> $f \geq 2$ <u>un entier impair</u>. <u>Reprenons les notations du lemme</u> 6, <u>et fixons une base</u> $(X_\alpha)_{\alpha\in 'R}$ <u>de</u> $'\mathfrak{m}$ <u>adaptée à</u> $('K,\underline{\underline{T}})$ (4.2.7) , <u>ainsi qu'un relèvement</u> $'R^+(T)$ <u>de</u> $'R/\pm\Gamma$ <u>dans</u> $'R/\Gamma$; <u>on note</u> x_α <u>l'isomorphisme, associé à</u> X_α, <u>du groupe additif sur le sous-groupe radiciel</u> $\underline{\underline{U}}_\alpha$, $\alpha\in 'R$.

(i) <u>Pour chaque orbite non symétrique</u> ω <u>de</u> Γ <u>dans</u> $'R$, <u>l'application de</u> $\mathfrak{m}_\Omega(\mathfrak{p}^{f'}/\mathfrak{p}^f)$ <u>dans</u> $'\underline{\underline{S}}\ (\mathfrak{p}_L^{f'}/\mathfrak{p}_L^f)$ <u>donnée par</u>

$$w = \sum_\Omega u_\alpha X_\alpha \longmapsto \prod_\omega x_{-\alpha}(u_{-\alpha})x_\alpha(u_\alpha) , \quad \Omega = \omega \cup -\omega ,$$

<u>pour un ordre donné sur</u> ω , <u>définit par passages aux quotients une application</u>

$$s^o_\omega \ : \ \mathfrak{m}_\Omega(\mathfrak{p}^{f'}/\mathfrak{p}^{f''}) \dashrightarrow {}'H(f)$$

<u>qui est une section d'un sous-groupe d'Heisenberg</u> $H_\Omega(f)$ <u>de</u> $'H(f)$:

$$0 \longrightarrow \mathfrak{t}_\Omega(\mathfrak{p}^{f-1}/\mathfrak{p}^f) \longrightarrow H_\Omega(f) \longrightarrow \mathfrak{m}_\Omega(\mathfrak{p}^{f'}/\mathfrak{p}^{f''}) \longrightarrow 0 ;$$

<u>elle ne dépend pas de l'ordre choisi sur</u> ω ; <u>et est invariante</u> (1.4.8) <u>sous l'action de</u> $T(\mathcal{O})$ (<u>lemme</u> 7, (v)) <u>le morphisme étant donné par</u>

$$\langle w,w'\rangle_\omega = [w_\omega, w'_{-\omega}]_T \quad ,w,w' \in \mathfrak{m}_\Omega(\mathfrak{p}^{f'}/\mathfrak{p}^{f''}) ,$$

(<u>en indexant par l'orbite la projection sur le sous-espace associé à cette orbite</u>); <u>de plus, on a</u>

$$s^o_{-\omega}(w) = e^{[w_\omega, w_{-\omega}]_T}\, s^o_\omega(w) = e^{\langle w,w\rangle_\omega}\, s^o_\omega(w) = s^o_\omega(-w)^{-1}.$$

où, pour une orbite ω de Γ dans $'R$, on note w_ω la composante de w sur $\mathfrak{m}_\omega(\mathfrak{p}^{f'}/\mathfrak{p}^{f''})$. Cette section dépend seulement du choix de la base $(X_\alpha)_{\alpha\in 'R}$ de $'\underline{\underline{\mathfrak{m}}}$ adaptée à $('K,\underline{\underline{T}})$, de $'R^+(T)$, et des $a(\omega)$ pour les orbites symétriques; son morphisme ne dépend que de $'R^+(T)$ et des $a(\omega)$.

Preuve (i) L'image de $\prod_\omega x_{-\alpha}(u_{-\alpha})x_\alpha(u_\alpha)$ dans $'\underline{\underline{\mathfrak{s}}}(\mathfrak{p}_L^{f'}/\mathfrak{p}_L^{2f'})$ donnée par la réduction modulo $\mathfrak{p}_L^{2f'}$ sur $'\underline{\underline{S}}(\mathfrak{p}_L^{f'}/\mathfrak{p}_L^{f})$ est la projection de w sur $\mathfrak{m}_\Omega(\mathfrak{p}^{f'}/\mathfrak{p}^{2f'})$. Il en résulte que $\prod_\omega x_{-\alpha}(u_{-\alpha})x_\alpha(u_\alpha)$ et son transformé par l'action de la substitution de Frobenius F ne diffèrent que par un élément de $'\underline{\underline{S}}(\mathfrak{p}_L^{2f'}/\mathfrak{p}_L^{f})$, qui s'identifie (2.2.8.) à $'\underline{\underline{\mathfrak{s}}}(\mathfrak{p}_L^{2f'}/\mathfrak{p}_L^{f})$; il y a un $Z_1 \in '\underline{\underline{\mathfrak{s}}}(\mathfrak{p}_L^{2f'}/\mathfrak{p}_L^{f})$ tel que :

$$e^{Z_1} = \prod_\omega x_{-\alpha}(u_{-\alpha})x_\alpha(u_\alpha).\ {}^F\Big(\prod_\omega x_{-\alpha}(u_{-\alpha})x_\alpha(u_\alpha)\Big) .$$

(ii) Pour chaque orbite symétrique Ω de Γ dans $'R$, fixons $\alpha \in \Omega$ et $a_\alpha \in \mathcal{O}_\Omega$, $a_\alpha + \bar{a}_\alpha = 1$ (où la barre désigne l'action de $F^{i(\Omega)}$) ; l'application de $\mathfrak{m}_\Omega(\mathfrak{p}^{f'}/\mathfrak{p}^{f})$ dans $'\underline{\underline{S}}(\mathfrak{p}_L^{f'}/\mathfrak{p}_L^{f})$ donnée par

$$w = \sum_{\tilde{\Gamma}_\Omega} {}^\gamma(u_\alpha X_\alpha + u_{-\alpha} X_{-\alpha}) \longmapsto \prod_{\tilde{\Gamma}_\Omega} {}^\gamma(h_\alpha(1+a_\alpha u_\alpha u_{-\alpha})x_{-\alpha}(u_{-\alpha})x_\alpha(u_\alpha)),$$

pour un ordre fixé sur $\tilde{\Gamma}_\Omega$, le groupe de Galois de $\tilde{L}_\Omega$ (l'extension non ramifiée de degré $i(\Omega)$ de k) , définit par passages aux quotients une application

$$s^o_\Omega : \mathfrak{m}_\Omega(\mathfrak{p}^{f'}/\mathfrak{p}^{f''}) \longrightarrow 'H(f)$$

qui est une section d'un sous-groupe d'Heisenberg $H_\Omega(f)$ de $'H(f)$:

$$0 \longrightarrow \mathfrak{t}_\Omega(\mathfrak{p}^{f-1}/\mathfrak{p}^{f}) \longrightarrow H_\Omega(f) \longrightarrow \mathfrak{m}_\Omega(\mathfrak{p}^{f'}/\mathfrak{p}^{f''}) \longrightarrow 0 \quad ;$$

elle dépend de l'automorphisme diagonal $a(\Omega)$ de $\mathfrak{m}_\Omega(\mathfrak{p}^{f'}/\mathfrak{p}^{f''})$ que définit a_α :

$$a(\Omega) : \sum_{\Gamma_\Omega} {}^\gamma(u_\alpha X_\alpha) \longmapsto \sum_{\Gamma_\Omega} {}^\gamma(a_\alpha u_\alpha X_\alpha) ,$$

mais pas du choix de α dans Ω, ni de l'ordre choisi sur $\tilde{\Gamma}_\Omega$; cette section est invariante sous l'action de $T(\mathcal{O})$ et le morphisme associé est

$$\langle w,w'\rangle_\Omega = [w,w'\ a(\Omega)]_T , \quad w,w' \in \mathfrak{m}_\Omega(\mathfrak{p}^{f'}/\mathfrak{p}^{f''}) .$$

(iii) Le groupe $'H(f)$ est produit central (1.4.7) des $H_\Omega(f)$ quand Ω parcourt $'R/\pm\Gamma$, et $'s^o = \bigodot s^o_\omega$ (1.4.7) est une section de (17) , invariante sous l'action de $T(\mathcal{O})$; son morphisme associé est donné par la formule suivante, où $a(\omega) = I$ si l'orbite ω est non symétrique :

$$(18) \qquad '\langle w,w'\rangle = \sum_{R^+(T)} \langle w_\Omega, w'_\Omega\rangle_\omega = \sum_{R^+(T)} [w_\omega , w_{-\omega} a(\omega)]_T ,$$

Le lemme 7 de 2.2.10 affirme que les commutateurs de $'\underline{\underline{S}}(\mathfrak{p}_L^{f'}/\mathfrak{p}_L^{f})$ sont centraux. On en déduit que la composante de e^{Z_1} sur $T_{'R}(\mathfrak{p}_L^{2f'}/\mathfrak{p}_L^{f})$ est celle de $\prod_{\omega} x_{-\alpha}(u_{-\alpha})x_{\alpha}(u_{\alpha})\left[x_{-\alpha}(u_{-\alpha})x_{\alpha}(u_{\alpha})\right]^{-1} = 1$, et ainsi e^{Z_1} est dans l'image de $'\underline{\underline{\mathfrak{m}}}(\mathfrak{p}_L^{2f'}/\mathfrak{p}_L^{f})$ dans $'\underline{\underline{S}}(\mathfrak{p}_L^{f'}/\mathfrak{p}_L^{f})$. Comme on a

$H^1(\Gamma,'\underline{\underline{\mathfrak{m}}}(\mathfrak{p}_L^{2f'}/\mathfrak{p}_L^{f})) = 0$ (3.2.3) , e^{Z_1} s'écrit sous la forme $e^{{}^{F}Z-Z}$

où $Z \in {}'\underline{\underline{\mathfrak{m}}}(\mathfrak{p}_L^{2f'}/\mathfrak{p}_L^{f})$. Ainsi $e^{Z}\prod_{\omega} x_{-\alpha}(u_{-\alpha})x_{\alpha}(u_{\alpha}) \in {}'S(\mathfrak{p}^{f'}/\mathfrak{p}^{f})$, et sa projection $s^{o}_{\omega}(w)$ dans $'D(f)$ appartient à $'H(f)$ et relève l'image de w dans $'\mathfrak{m}_{\Omega}(\mathfrak{p}^{f'}/\mathfrak{p}^{f''})$. Si w et $w' \in \mathfrak{m}_{\Omega}(\mathfrak{p}^{f'}/\mathfrak{p}^{f''})$, on a immédiatement

$$s^{o}_{\omega}(w)\, s^{o}_{\omega}(w) = e^{[w_{\omega},w'_{-\omega}]_T}\, s^{o}_{\omega}(w+w')\text{ , avec } [w_{\omega},w_{-\omega}]_T \in \mathfrak{t}_{\Omega}(\mathfrak{p}^{f-1}/\mathfrak{p}^{f}),$$

ce qui montre que s^{o}_{ω}, $\mathfrak{m}_{\Omega}(\mathfrak{p}^{f'}/\mathfrak{p}^{f''})$ et $\mathfrak{t}_{\Omega}(\mathfrak{p}^{f-1}/\mathfrak{p}^{f})$, définissent un sous-groupe d'Heisenberg $H_{\Omega}(f)$ de $'H(f)$; le reste de (i) a été vu en 1.4.9 c/ (i), puisque $T(\mathcal{O})$ n'opère que par $\overline{T}$ (lemme 7.(v)) .

(ii) De la même façon, on a un $Z_1 \in {}'\underline{\underline{\mathfrak{s}}}(\mathfrak{p}_L^{2f'}/\mathfrak{p}_L^{f})$ pour lequel

$$e^{Z_1} = \prod_{\tilde{\Gamma}_{\Omega}} {}^{\gamma}\left(h_{\alpha}(1+a_{\alpha}u_{\alpha}u_{-\alpha})x_{-\alpha}(u_{-\alpha})x_{\alpha}(u_{\alpha})\right)^{F}\left(\prod_{\tilde{\Gamma}_{\Omega}} {}^{\gamma}(h_{\alpha}(1+a_{\alpha}u_{\alpha}u_{-\alpha})x_{-\alpha}(u_{-\alpha})x_{\alpha}(u_{\alpha})\right)$$

Le lemme 7 de 2.2.10 donne alors pour composante de e^{Z_1} sur $T_{'R}(\mathfrak{p}^{2f'}/\mathfrak{p}^{f})$ celle de

$$\prod_{\tilde{\Gamma}_{\Omega}} {}^{\gamma}h_{\alpha}(1+a_{\alpha}u_{\alpha}u_{-\alpha})x_{-\alpha}(u_{-\alpha})x_{\alpha}(u_{\alpha})\left(h_{\alpha}(1+a_{\alpha}u_{\alpha}u_{-\alpha})x_{-\alpha}(u_{-\alpha})x_{\alpha}(u_{\alpha})\right)^{-1} ;$$

or $x_{\alpha}(u_{\alpha}) = x_{-\alpha}(\overline{u}_{\alpha}) = x_{-\alpha}(u_{-\alpha})$ et $\langle u_{\alpha}X_{\alpha}|u_{-\alpha}X_{-\alpha}\rangle = u_{\alpha}u_{-\alpha}$,

$$(x_{-\alpha}(u_{-\alpha}),x_{\alpha}(u_{\alpha})) = e^{[u_{-\alpha}X_{-\alpha},u_{\alpha}X_{\alpha}]} = e^{\langle u_{-\alpha}X_{-\alpha}|u_{\alpha}X_{\alpha}\rangle H_{-\alpha}} = e^{-u_{\alpha}u_{-\alpha}H_{\alpha}},$$

et donc cette composante est :

$$e^{a_{\alpha}u_{\alpha}u_{-\alpha}H_{\alpha} - \overline{a}_{\alpha}u_{\alpha}u_{-\alpha}H_{-\alpha} - u_{\alpha}u_{-\alpha}H_{\alpha}} = e^{o} = 1 .$$

On a donc $Z_1 \in {}'\underline{\underline{\mathfrak{m}}}(\mathfrak{p}_L^{2f'}/\mathfrak{p}_L^{f})$; on écrit $Z_1 = {}^{F}Z-Z$ avec $Z \in {}'\underline{\underline{\mathfrak{m}}}(\mathfrak{p}_L^{2f'}/\mathfrak{p}_L^{f})$ et ainsi l'élément $e^{Z}\prod_{\tilde{\Gamma}_{\Omega}} {}^{\gamma}(h_{\alpha}(1+a_{\alpha}u_{\alpha}u_{-\alpha})x_{-\alpha}(u_{-\alpha})x_{\alpha}(u_{\alpha})) \in {}'S(\mathfrak{p}^{f'}/\mathfrak{p}^{f})$, a pour image $s^{o}_{\Omega}(w)$ dans $'D(f)$ un élément de $'H(f)$ qui relève la projection de w dans $\mathfrak{m}_{\Omega}(\mathfrak{p}^{f'}/\mathfrak{p}^{f''})$. On vérifie que si $w,w' \in \mathfrak{m}_{\Omega}(\mathfrak{p}^{f'}/\mathfrak{p}^{f''})$

$s^{o}_{\Omega}(w)s^{o}_{\Omega}(w') = e^{[w,w'a(\Omega)]_T}\, s^{o}(w+w')$, et comme $[w,w'a(\Omega)]_T \in \mathfrak{t}_{\Omega}(\mathfrak{p}^{f-1}/\mathfrak{p}^{f})$, on en déduit que s^{o}_{Ω}, $\mathfrak{m}_{\Omega}(\mathfrak{p}^{f'}/\mathfrak{p}^{f''})$, $\mathfrak{t}_{\Omega}(\mathfrak{p}^{f-1}/\mathfrak{p}^{f})$ définissent un groupe d'Heisenberg $H_{\Omega}(f)$ contenu dans $'H(f)$. Le reste a été vu en 1.4.9.c) (ii) .

(iii) C'est immédiat, puisque $\mathfrak{t}'_{R}$ est somme des $\mathfrak{t}_{\Omega}$ (cf. 1.4.9).

Lemme 7 bis.

Fixons un sous-groupe compact maximal spécial de G associé à $\underline{\underline{T}}$ (4.1.2.). On a alors l'énoncé du lemme 7 en ôtant partout l'indexation ' à gauche.

Preuve. C'est la même.

4.3.3. Lemme 8

Soient τ un caractère d'ordre 1 de k, et θ un caractère de T. On suppose qu'il y a un entier impair $f \geqslant 2$ tel que le conducteur de θ le long de chaque orbite de $\pm\Gamma$ dans $'R$ soit égal à f. On reprend les notations du lemme 7 (4.3.2). Soit $'\theta^{\circ}_{\tau}$ l'élément de $\mathfrak{t}'_{'R}(\mathfrak{p}^{-f+1}/\mathfrak{p}^{f+2})$ défini par τ et la restriction de θ à $T_{'R}(\mathfrak{p}^{f-1})$. On définit un groupe d'Heisenberg $H_{'\theta^{\circ}_{\tau}}$, associé à l'espace alterné $'\mathfrak{m}(\mathfrak{p}^{f'}/\mathfrak{p}^{f''})$, par la section $s_{'\theta^{\circ}_{\tau}}$ suivante

$$s_{'\theta^{\circ}_{\tau}}(w)s_{'\theta^{\circ}_{\tau}}(w') = e^{\langle '\theta^{\circ}_{\tau}, '\langle w,w'\rangle\rangle} s_{'\theta^{\circ}_{\tau}}(w+w')\ ,\ w,w' \in {'\mathfrak{m}}(\mathfrak{p}^{f'}/\mathfrak{p}^{f''}).$$

C'est un groupe d'Heisenberg non dégénéré (1.4.2), qui est image homomorphe de $'H(f)$ par $e^{H}{'s}^{\circ}(w) \longmapsto e^{\langle '\theta^{\circ}_{\tau}, H\rangle} s_{'\theta^{\circ}_{\tau}}(w)$, (noté $h \mapsto h_{\theta}$).

Preuve. C'est une simple vérification, la non dégénérescence de $H_{'\theta^{\circ}_{\tau}}$ provenant du lemme 3 de 4.2.5. On a de même :

Lemme 8 bis

Fixons un sous-groupe compact maximal spécial de G associé à $\underline{\underline{T}}$ (4.1.2). On a alors l'énoncé du lemme 8 en ôtant partout l'indexation ' à gauche.

4.3.4. Proposition 1

Soit θ un caractère de $T(\mathcal{O})$. On suppose qu'il y a un entier $f \geqslant 2$ tel que le conducteur de θ le long de chaque orbite de $\pm\Gamma$ dans $'R$ soit égal à f. Soit $'\theta^{*}$ le caractère de $'G(\mathfrak{p}^{f''}) = T(\mathfrak{p}^{f''})'S(\mathfrak{p}^{f''})$ donné par θ sur $T(\mathfrak{p}^{f''})$ et par le caractère de $T_{'R}(\mathfrak{p}^{f''}/\mathfrak{p}^{f})$ que définit la restriction de θ à $T_{'R}(\mathfrak{p}^{f''})$ composé avec la suite $(f = f'+f'',\ f' \leq f \leq 2f'+1)$:

$$'S(\mathfrak{p}^{f''}) \longrightarrow {'S}(\mathfrak{p}^{f''}/\mathfrak{p}^{f}) \longrightarrow T_{'R}(\mathfrak{p}^{f''}/\mathfrak{p}^{f}).$$

Il existe alors une unique classe de représentations irréductibles $'\rho_{\theta}$ du groupe $'R(\theta) = T(\mathcal{O})\,'G(\mathfrak{p}^{f'})$ telle que les conditions suivantes soient réalisées :

(i) $'\rho_{\theta}$ prolonge $'\theta^{*}$;

(ii) le support du caractère de $'\rho_{\theta}$ est l'ensemble des conjugués du sous-groupe $T(\mathcal{O})'G(\mathfrak{p}^{f''})$ dans $'R(\theta)$;

(iii) pour $t \in T(\mathcal{O})$, on a les formules :

(19) $\mathrm{Tr}\ '\rho_\theta(t) = \theta(t)$ si f est pair;

(20)' $\mathrm{Tr}\ '\rho_\theta(t) = (-1)^{r+'r(t)}\ q^{'N(t)}\ \theta(t)$ si f est impair, où r est le k-rang réductif de $\underline{G}$, $'r(t)$ le $\bar{k}$-rang réductif du centralisateur de l'image de t dans $\bar{T}$ dans le groupe $'\bar{\underline{G}}$, et $'N(t)$ la moitié du nombre de racines de ce centralisateur, q étant le nombre d'éléments du corps résiduel $\bar{k}$;

(iv)' pour tout sous-groupe horicyclique $\underline{U}$ de $'\underline{G}$, on a :

(21)' $$\int_{'U(\mathfrak{p}^{f-1})} {'\rho_\theta}(u)\, du = 0$$

Preuve. a) Les conditions (i) - (ii) - (iii) déterminent une unique classe - si elle existe- de représentations de $'R(\theta)$; d'autre part, (i) implique (iv) par le lemme 4 . Il reste à prouver l'existence et l'irréductibilité. On remarque d'abord que le conducteur de θ est $\geq f$; soit $g \geq f$ son conducteur réductif (4.2.1). Le groupe $'R(f,g)$ est image homomorphe de $'R(\theta)$ ((13) de 4.3.1), puisque $'R(\theta) = T(\mathcal{O})'G(\mathfrak{p}^{f'}) = T(\mathcal{O})'S(\mathfrak{p}^{f'})$. On va prendre la représentation $'\rho_\theta$ triviale sur $T(\mathfrak{p}^{g})'S(\mathfrak{p}^{f})$, donc représentation de $'R(f,g)$, et même triviale sur l'image de $'\mathfrak{m}(\mathfrak{p}^{f''}/\mathfrak{p}^{f})$ dans $'R(f,g)$, c'est-à-dire que $'\rho_\theta$ provient d'une représentation de $'D(f,g)$ ((15) de 4.3.1), notée $'\delta_\theta$.

b) Lorsque f est pair, le caractère θ est trivial sur $T(\mathfrak{p}^{g})\,T_{'R}(\mathfrak{p}^{f})$, par définition de f et g, qui est le noyau de $T(\mathcal{O}) \dashrightarrow {'D}(f,g)$ (lemme 6 de 4.3.1, (15)). Il n'y a pas d'autre choix pour $'\delta_\theta$ que de prendre le caractère défini par θ sur $'D(f,g)$, et $'\rho_\theta$ satisfait clairement à (i) - (ii) - (iii) .

c) Lorsque f est impair, $'\delta_\theta$ va être la représentation de $'D(f,g)$ donnée par l'intermédiaire du théorème 1 de 1.4.10 de la façon suivante. Soit $D_{'\theta^\circ_\tau}$ le produit semi-direct de $'H_{'\theta^\circ_\tau}$ (lemme 8, 4.3.3) par le groupe $\bar{T}$, opérant par la représentation adjointe sur $'\mathfrak{m}(\mathfrak{p}^{f'}/\mathfrak{p}^{f''})$ et laissant invariante la section $s_{'\theta^\circ_\tau}$. Soit τ comme en 4.3.3. Le théorème 1 (1.4.10) affirme l'existence d'une classe de représentations irréductibles $\delta_{\tau,1}$ de $D_{'\theta^\circ_\tau}$ telle que son caractère a pour support les conjugués de $e^{\bar{k}}\bar{T}$, où il vaut

$$\mathrm{Tr}\ \delta_{\tau,1}(e^{z}t) = (-1)^{s(T)+s(t)}\ q^{'N(t)}\ \tau(z)\ ,\ z \in \bar{k}\ ,\ t \in \bar{T}\ ,$$

avec les notations suivantes :

a) $s(T)$ est le nombre d'orbites symétriques pour l'action de $\bar{T}$ sur $'\mathfrak{m}(\mathfrak{p}^{f'}/\mathfrak{p}^{f''})$ i.e. le nombre d'orbites symétriques de Γ dans $'R$, qui a même parité que le rang anisotrope de $\underline{T}$ (3.5.3, lemme 11) , égal à $r-r_d(T)$, où $r_d(T)$ est le rang déployé de $\underline{T}$ (son k-rang) , en désignant par r le rang de $\underline{T}$, c'est-à-dire le k-rang de $\underline{G}$;

b) $s(t)$ est le nombre d'orbites symétriques Ω pour lesquelles l'action de $Ad\,t-1$ sur $\mathfrak{m}_{\Omega}(\mathfrak{p}^{f'}/\mathfrak{p}^{f''})$ est trivide : il a la même parité que $'\ell(t)$, le $\bar{k}$-rang semi-simple du centralisateur dans $'\bar{\underline{\underline{G}}}$ de l'image de t dans $\bar{T}$ (lemme 13, 3.5.5); comme le tore central de ce centralisateur contient celui, $'\bar{\underline{\underline{Z}}}$, de $'\bar{\underline{\underline{G}}}$ et est contenu dans $\bar{\underline{\underline{T}}}$, son $\bar{k}$-rang est celui de $\bar{T}$; on a donc $'\ell(t) = 'r(t) - r_d(T)$;

c) $2'N(t)$ est la dimension sur $\bar{k}$ du noyau de $Ad\,t-1$ opérant sur $'\mathfrak{m}(\mathfrak{p}^{f'}/\mathfrak{p}^{f''})$: c'est donc le nombre de $\alpha \in {}'R$ tel que $t^{\alpha} \in 1 + \mathfrak{p}_L$, c'est-à-dire le nombre de racines du centralisateur précédent.

Ceci montre que $(-1)^{s(T)+s(t)}q^{N(t)}$ a la valeur $(-1)^{r+r'(t)}q^{'N(t)}$. Ensuite, on a, si $2'N$ est le nombre d'éléments de $'R$, et H un élément de $\mathfrak{t}_{'R}(\mathfrak{p}^{f-1}/\mathfrak{p}^{f})$:

$$\operatorname{Tr}\,\delta_{\tau,1}(e^{\langle '\theta^{\circ}_{\tau},H\rangle}) = \tau(\langle '\theta^{\circ}_{\tau},H\rangle) = \theta(e^{H}) .$$

Il en résulte qu'on définit une représentation $'\delta_{\theta}$ de $'D(f,g)$ en posant

$$'\delta_{\theta}(th) = \theta(t)\,\delta_{\tau,1}(th_{\theta}) \quad \text{pour } h \in {}'H(f)\,,$$

h_{θ} désignant son image dans le sous-groupe $H_{'\theta^{\circ}_{\tau}}$ de $D_{'\theta^{\circ}_{\tau}}$, et pour t appartenant à l'image de $T(\mathfrak{O})$ dans $'D(f,g)$, en désignant aussi par t sa projection sur $\bar{T}$. La représentation associée $'\rho_{\theta}$ de $'R(\theta)$, par le procédé indiqué en a), satisfait aux conditions (i) - (ii) - (iii) de la proposition 1 : (i) est clair, et (ii) - (iii) proviennent de la formule donnant $'\delta_{\theta}$ à partir de $\delta_{\tau,1}$ et du théorème 1 de 1.4.10.

Proposition 1 bis

Fixons un sous-groupe compact maximal spécial de G associé à $\underline{\underline{T}}$ (4.1.2). On a alors l'énoncé de la proposition 1 en ôtant partout l'indexation $'$ à gauche, sauf (iv)' qui est remplacé par :

(iv)" pour tout sous-groupe horicyclique $\underline{\underline{U}}$ de $\underline{\underline{G}}$ dominant strictement la partie déployée $'\underline{\underline{Z}}$ de $\underline{\underline{T}}$, on a :

$$(21)'' \qquad \int_{U(\mathfrak{p}^{f-1})} \rho_{\theta}(u)\,du = 0 \ .$$

Preuve. (iv)" résulte de (i) par le lemme 4bis de 4.2.6. Le reste de la démonstration est identique à celle de la proposition 1, sauf la question du signe dans la formule de la trace pour f impair, qui est alors

$$(20)'' \qquad \operatorname{Tr}\,\rho_{\theta}(t) = (-1)^{r+r(t)}\,q^{N(t)}\,\theta(t)$$

où $r(t)$ est le $\bar{k}$-rang réductif du centralisateur $\bar{\underline{\underline{G}}}_t$ dans $\bar{\underline{\underline{G}}}$ de l'image de t dans $\bar{T}$. La formule (34) de 1.4.20 donne le signe $(-1)^{s(T)+s(\bar{t})}$ où $s(T)$ est le nombre d'orbites symétriques de Γ dans R et s(t) le nombre d'orbites symétriques de Γ dans le sous-système de racines R(t) des $\alpha \in R$ pour qui $t^\alpha \in 1+\mathfrak{p}_L$. En raisons du lemme 10 de 3.5.2., ces orbites symétriques sont dans 'R , et donc ce signe est le même que celui qui figure dans (20) . Il suffit de démontrer le résultat suivant :

Lemme 9

Avec les notations précédentes, $r(t) = {}'r(t)$.

Preuve. Si $\bar{\underline{\underline{S}}}_t$ est le groupe dérivé du centralisateur $\bar{\underline{\underline{G}}}_t$ dans $\bar{\underline{\underline{G}}}$ de l'image de dans $\bar{\underline{\underline{T}}}$, on a $\bar{\underline{\underline{G}}}_t = \bar{\underline{\underline{T}}}\,\bar{\underline{\underline{S}}}_t$, d'où la formule pour le $\bar{k}$-rang réductif de $\bar{\underline{\underline{G}}}_t$:

$$r(t) = r_d(T) + \ell(t) - r_d(\bar{\underline{\underline{T}}} \cap \bar{\underline{\underline{S}}}_t) ,$$

où $\ell(t)$ est le $\bar{k}$-rang semi-simple de $\bar{\underline{\underline{G}}}_t$, et $r_d(\bar{\underline{\underline{T}}} \cap \bar{\underline{\underline{S}}}_t)$ le $\bar{k}$-rang de $\bar{\underline{\underline{T}}} \cap \bar{\underline{\underline{S}}}_t$; si on note X le groupe des caractères rationnels de $\bar{\underline{\underline{T}}}$, ce rang est celui des invariants du groupe de Galois Γ dans la trace de X sur le réseau Q(R(t)) des poids radiciels de R(t) , i.e. le rang des invariants de Γ dans Q(R(t)) , que l'on note $rg(Q(R(t))^\Gamma)$:

$$r(t) = r_d(T) + \ell(t) - rg(Q(R(t))^\Gamma) .$$

D'autre part, soit $'R(t) = {}'R \cap R(t)$: c'est le sous-système de racines formé des éléments de R(t) qui sont orthogonaux aux points fixes de Γ dans l'espace des co-racines, par définition de 'R ; son $\bar{k}$-rang $'\ell(t)$ est le $\bar{k}$-rang semi-simple du groupe $'\bar{\underline{\underline{G}}}_t$, centralisateur dans $'\bar{\underline{\underline{G}}}$ de l'image de t dans $\bar{\underline{\underline{T}}}$, c'est-à-dire $'r(t) - r_d(T)$ (comme on l'a vu dans la preuve de la proposition 1, b) . Comme l'espace de R(t) est somme directe de celui de 'R(t) et du sous-espace des points fixes de Γ , et que ce dernier fournit un tore déployé de $\bar{\underline{\underline{G}}}_t$ de rang égal à sa dimension, qui est égale au rang de $Q(R(t))^\Gamma$, on a

$$\ell(t) = {}'\ell(t) + rg(Q(R(t))^\Gamma)$$

$$'r(t) = r_d(T) + {}'\ell(t) = r_d(T) + \ell(t) - rg(Q(R(t))^\Gamma) ,$$

c'est la formule obtenue ci-dessus pour r(t) .

4.3.5. Remarques. a) Les formules du caractère (19) et (20)', (20)" se lisent entièrement avec θ et l'action de $T(\mathfrak{O})$ sur l'algèbre de Lie. En reprenant les notations de la remarque 3.5.6, pour f impair, (20)' s'écrit sous la forme suivante, qui met en évidence le rang anisotrope $\ell(T)$ de T :

$$(22) \qquad \mathrm{Tr}\ {}'\rho_\theta(t) = (-1)^{\ell(T)} \left(\prod_{'R/\pm\Gamma} \varepsilon_\Omega^{v_0(D_\Omega(t))} \left| D_\Omega(t) \right|_0^{-1/2} \right) \theta(t) ,$$

où ε_Ω vaut -1 si Ω provient d'une orbite symétrique de Γ dans 'R, et 1 sinon; v_o est la fonction caractéristique de $\mathcal{O}^*$, et $|\ |_o$ est la fonction sur $\mathcal{O}$ donnée par $|x|_o = 1$ si $x \in \mathcal{O}^*$ et $|x|_o = q^{-1}$ si $x \in \mathfrak{p}$. Pour ρ_θ, on a la même formule, en remplaçant 'R par R.

b) Le groupe $T(\mathcal{O})$ est produit semi-direct de $\overline{T}$ par $T(\mathfrak{p})$ (3.2.5, Prop. 2,(iv)) Choisissons un caractère θ de T, satisfaisant à l'hypothèse de la proposition 1bis (4.3.4), et dont la composante sur T soit triviale. La formule (20)" s'écrit alors

$$\operatorname{Tr} \rho_\theta(t) = (-1)^{r+r(t)}\, q^{N(t)} \quad \text{pour } t \in \overline{T} ;$$

c'est la restriction à T du caractère de la représentation de Steinberg du groupe G (cf, par ex, in séminaire Bourbaki, exp. 429, février 1973, par T. Springer, sur les "caractères des groupes de Chevalley finis", 5.7, théorème (ii), en rectifiant la formule écrite : les k-rangs semi-simples doivent être remplacés par les k-rangs réductifs).

4.3.6. Précisons le lemme 7 de 4.3.2 :

<u>Lemme</u> 10

<u>Fixons une base</u> $(X_\alpha)_{\alpha \in {}'R}$ <u>de</u> $'\underline{\mathfrak{m}}$ <u>adaptée à</u> $('K, \underline{T})$ (4.2.7). <u>Soient</u> Ω <u>une orbite de</u> $\pm\Gamma$ <u>dans</u> 'R, $w \in \mathfrak{m}_\Omega(\mathfrak{p})$, <u>et</u> n - <u>l'"ordre" de</u> w - <u>le plus grand entier</u> m <u>tel que</u> $w \in \mathfrak{m}_\Omega(\mathfrak{p}^m)$; <u>soit</u> $\omega \in \Omega$ <u>une orbite de</u> Γ <u>dans</u> 'R. <u>Il y a</u> $z \in {}'\underline{\underline{S}}(\mathfrak{p}_L^{2n})$ <u>qui se projette modulo</u> $\mathfrak{p}_L^{3n}$ <u>dans</u> $'\underline{\underline{\mathfrak{m}}}(\mathfrak{p}_L^{2n}/\mathfrak{p}_L^{3n})$ <u>tel que l'élément suivant de</u> $'\underline{\underline{S}}(\mathfrak{p}_L^n)$:

$$'s_\omega(w) = z \prod_{\alpha \in \omega} x_{-\alpha}(u_{-\alpha})\, x_\alpha(u_\alpha) \quad \text{si } \omega \text{ est non symétrique},$$

$w = \sum_\Omega u_\alpha X_\alpha$;

$$'s_\omega(w) = z \prod_{\tilde{\Gamma}_\Omega}{}^{\gamma}\big(h_\alpha(1 + a_\alpha u_\alpha u_{-\alpha})\, x_{-\alpha}(u_{-\alpha})\, x_\alpha(u_\alpha)\big) \quad \text{si } \omega \text{ est symétrique}$$

<u>et</u> $w = \sum u_\alpha X_\alpha$, $a_\alpha \in \mathcal{O}_\Omega$, $a_\alpha + \overline{a}_\alpha = 1$, <u>pour des ordres fixés sur</u> ω <u>et</u> $\tilde{\Gamma}_\Omega$, <u>appartienne à</u> $'S(\mathfrak{p}^n)$. <u>Pour</u> $t \in T(\mathcal{O})$, $s_\omega(t.w)$ <u>ne diffère de</u> $ts_\omega(w)t^{-1}$ <u>que par un élément appartenant à l'image réciproque de</u> $'\mathfrak{m}(\mathfrak{p}^{2n}/\mathfrak{p}^{3n})$ <u>dans</u> $'S(\mathfrak{p}^{2n})$, <u>si</u> n <u>est l'ordre de</u> w. <u>Si l'on se donne un relèvement</u> $'R^+(T)$ <u>de</u> $'R/\pm\Gamma$ <u>dans</u> $'R/\Gamma$, <u>on définit une application</u> $'s : {}'\mathfrak{m}(\mathfrak{p}) \longrightarrow {}'S(\mathfrak{p})$ <u>en posant, pour</u> $w \in {}'\mathfrak{m}(\mathfrak{p})$, w_Ω <u>étant sa projection sur</u> $'\mathfrak{m}_\Omega(\mathfrak{p})$:

$$(23) \qquad 's(w) = \prod_{'R^+(T)} {}'s_\omega(w_\Omega) \quad , \quad \Omega = \omega \cup -\omega \quad , \text{ un ordre étant fixé}$$

<u>sur</u> $'R^+(T)$.

<u>Si on a deux entiers</u> $g \geq f \geq 2$, <u>l'application qui envoie</u> $(t,w) \in T(\mathcal{O}) \times {}'\mathfrak{m}(\mathfrak{p}^{f'})$ <u>sur l'image de</u> $t's(w)$ <u>dans</u> 'D (f,g) <u>est surjective</u>; <u>lorsque</u> f <u>est impair</u>, <u>l'image de</u> w <u>est l'élément</u> $'s^o(w)$ <u>de</u> (17)

Preuve. Soit ω une orbite non symétrique; posons $x_\omega(w) = \prod_\omega x_{-\alpha}(u_{-\alpha}) x_\alpha(u_\alpha)$ avec les notations de l'énoncé. C'est un élément de $'\underline{\underline{S}}(\mathfrak{p}_L^n)$, et, en raison du lemme 7 de 2.2.10, l'élément $x_\omega(w)^F x_\omega(w)^{-1}$ appartient à $'\underline{\underline{S}}(\mathfrak{p}_L^{2n})$ et, modulo $\mathfrak{p}_L^{3n}$, sa projection est dans $'\underline{\underline{\mathfrak{m}}}(\mathfrak{p}_L^{2n}/\mathfrak{p}_L^{3n})$. Comme $H^1(\Gamma, '\underline{\underline{\mathfrak{m}}}(\mathfrak{p}_L^{2n}/\mathfrak{p}_L^{3n})) = 0$ (cf. 3.2.4), on peut écrire cette projection ${}^F Z_1 - Z_1$ avec $Z_1 \in '\underline{\underline{\mathfrak{m}}}(\mathfrak{p}_L^{2n}/\mathfrak{p}_L^{3n})$. Si on relève Z_1 en un élément $z_1 \in '\underline{\underline{S}}(\mathfrak{p}_L^{2n})$, les éléments $z_1 x_\omega(w)$ et ${}^F z_1 \, {}^F x_\omega(w)$ de $'\underline{\underline{S}}(\mathfrak{p}_L^n)$ ne diffèrent que par un $z_2' \in '\underline{\underline{S}}(\mathfrak{p}_L^{3n})$. Comme $H^1(\Gamma, '\underline{\underline{S}}(\mathfrak{p}_L^{3n})) = 0$, on écrit z_2' sous la forme $z_2^{-1}\, {}^F z_2$ et avec $z_2 \in '\underline{\underline{S}}(\mathfrak{p}_L^{3n})$ et en posant $z = z_2 z_1$ on a $z\, x_\omega(w) \in 'S(\mathfrak{p}^n)$, $z \in '\underline{\underline{S}}(\mathfrak{p}_L^{2n})$ et se projette modulo $\mathfrak{p}_L^{3n}$ sur $Z_1 \in '\underline{\underline{\mathfrak{m}}}(\mathfrak{p}_L^{2n}/\mathfrak{p}_L^{3n})$.

La démonstration est analogue lorsque l'orbite ω est symétrique. Le reste du lemme est clair. De la même façon, on a :

Lemme 10bis

Fixons un sous-groupe compact maximal spécial K de G associé à $\underline{\underline{T}}$(4.1.2) On a alors l'énoncé du lemme 10 en ôtant partout l'indexation $'$ à gauche.

4.3.8. Transcrivons les résultats du chapitre I, n°4, pour les représentations de $'R(\theta)$ (resp. $R(\theta)$) données en 4.3.4, associées à des caractères θ de $T(\mathcal{O})$ de conducteur constant f impair, $f > 1$, le long des orbites de $\pm\Gamma$ dans $'R$ (resp. R) .

a) On définit une application $\mathcal{O}$-bilinéaire :

$$(w,w') \in '\mathfrak{m}(\mathfrak{p}^{f'}) \times '\mathfrak{m}(\mathfrak{p}^{f'}) \longmapsto '\langle w,w'\rangle \in \mathfrak{t}_{'R}(\mathfrak{p}^{2f'}/\mathfrak{p}^{f}),$$

en prenant les réductions modulo $\mathfrak{p}^{f''}$ de w et w', en fixant un relèvement $'R^+(T)$ de $'R/\pm\Gamma$ dans $'R/\Gamma$, en choisissant pour chaque orbite symétrique Ω un endomorphisme diagonal $a(\Omega)$ comme au lemme 7 (ii) 4.3.2, et $'\langle w,w'\rangle$ étant alors donné par (18) . En caractéristique résiduelle autre que 2, on prendra $a(\Omega) = 1/2$ pour toute orbite symétrique Ω .

b) Fixons une base $(X_\alpha)_{\alpha \in 'R}$ de $'\underline{\underline{\mathfrak{m}}}$ adaptée à $('K,\underline{\underline{T}})$ (4.2.7) et un relèvement $'s : '\mathfrak{m}(\mathfrak{p}^{f'}) \to 'S(\mathfrak{p}^{f'}) \subset 'R(\theta)$ comme au lemme 10 (4.3.6). Tout élément de $'R(\theta)$ s'écrit sous la forme $z\, t\, 's(w)$ avec $w \in '\mathfrak{m}(\mathfrak{p}^{f'})$, $t \in T(\mathcal{O})$, et $z \in 'S(\mathfrak{p}^{f''})$ dans l'image réciproque de $'\mathfrak{m}(\mathfrak{p}^{f''}/\mathfrak{p}^{f})$ par la réduction modulo $\mathfrak{p}^f$, et on a (1.4.10, (34)) :

$$(24)\quad \begin{cases} \operatorname{Tr} '\rho_\theta(zt's(w)) = (-1)^{r+'r(t)}\, q^{'N(t)}\, \theta(t)\, \theta(e^{'\langle(\mathrm{Ad}t-1)w,w\rangle}), \\ \text{si } w \in \sum_{t^\Omega \not\equiv 1} \mathfrak{m}_\Omega(\mathfrak{p}^{f'}) \text{ (où } t^\Omega \not\equiv 1 \text{ signifie } t^\alpha \notin 1+\mathfrak{p}_L \text{ si } \alpha \in \Omega \text{)}, \\ \operatorname{Tr} '\rho_\theta(zt's(w)) = 0 \text{ sinon.} \end{cases}$$

c) Le relèvement $'s$ permet de définir une fonction $'X_\theta$ sur $'R(\theta)$ par la formule suivante (avec les notations du b)) :

(25)
$$'X_\theta(zt's(w)) = \theta(t) \quad \text{si } w \in \sum_{t^\Omega \neq 1} \mathfrak{m}_\Omega(\mathfrak{p}^{f'})$$
$$'X_\theta(zt's(w)) = 0 \quad \text{sinon}.$$

Soit dy la mesure de Haar sur $'R(\theta)$ qui lui donne la masse $q^{'N}$. Alors on a la formule (1.4.14), pour $x \in {}'R(\theta)$

(26) $$\mathrm{Tr}\ '\rho_\theta(x) = \int_{'R(\theta)} {}'\chi_\theta(yxy^{-1})dy = \int_{'\mathfrak{m}(\mathfrak{p}^{f'})} {}'\chi_\theta('s(w)w's(w)^{-1})dw ,$$

où dw est la mesure de Haar sur $'\mathfrak{m}(\mathfrak{p}^{f'})$ qui lui donne la masse $q^{'N}$.

d) Pour chaque $\omega \in {}'R(T)$, on définit une décomposition du $\tilde{O}_\Omega$-module $\mathfrak{m}_\Omega(\mathfrak{p}^n)$ (où $\Omega = \omega \cup -\omega$) en deux sous-modules supplémentaires $P_\omega(n)$ et $Q_\omega(n)$:

- si ω est non symétrique, $P_\omega(n) = \mathfrak{m}_\omega(\mathfrak{p}^n)$, $Q_\omega(n) = \mathfrak{m}_{-\omega}(\mathfrak{p}^n)$;
- si ω est symétrique, $P_\omega(n)$ et $Q_\omega(n)$ sont définis à l'aide de la base $(X_\alpha)_{\alpha \in 'R}$ de $'\underline{\underline{\mathfrak{m}}}$ adaptée à $('K,\underline{\underline{T}})$ et de l'endomorphisme diagonal $a(\Omega)$ ainsi (la barre désigne l'action de $F^{i(\Omega)}$, conjugaison de L_Ω sur $\tilde{L}_\Omega$):

. $P_\omega(n)$ est formé des $(\sum_\Omega z_\alpha X_\alpha)\, a(\Omega) \in \mathfrak{m}_\Omega(\mathfrak{p}^n)$ avec $z_\alpha = \bar{z}_\alpha$, i.e. $z_\alpha \in \tilde{\mathfrak{p}}_\Omega^{\,n}$,

. $Q_\omega(n)$ est formé des $\sum_\Omega z_\alpha X_\alpha \in \mathfrak{m}_\Omega(\mathfrak{p}^n)$ avec $z_\alpha + \bar{z}_\alpha = 0$.

Le groupe C_Ω de 4.2.7. opère sur $\mathfrak{m}_\Omega(\mathfrak{p}^{f'}/\mathfrak{p}^{f''})$. Soit $\bar{C}_\Omega$ son image dans le groupe des automorphismes de $\mathfrak{m}_\Omega(\mathfrak{p}^{f'}/\mathfrak{p}^{f''})$. De même $'C$ opère sur $'\mathfrak{m}(\mathfrak{p}^{f'}/\mathfrak{p}^{f''})$, et son action est celle du produit $'\bar{C}$ des $\bar{C}_\Omega$ pour $\Omega \in {}'R/\pm\Gamma$. Soit alors $D_\Omega(f)$ le produit semi-direct de $H_\Omega(f)$ (4.3.2) par $\bar{C}_\Omega$ opérant trivalement sur $t_\Omega(\mathfrak{p}^{f-1}/\mathfrak{p}^f)$ et par $s^o_\omega(w) \mapsto s^o_\omega(c.w)$ si $w \in {}'\mathfrak{m}_\Omega(\mathfrak{p}^{f'}/\mathfrak{p}^{f''})$. Soit $E_\omega(f)$ l'espace des fonctions complexes sur $P_\omega(f')$, constantes modulo $P_\omega(f'')$. Le groupe $D_\Omega(f)$ admet la représentation suivante dans $E_\omega(f)$:

. $(\delta^\omega_{\theta^o}(s^o_\omega(u)g)(x) = \theta(e^{\langle x,u\rangle_\omega})g(x+u)$, $u \in P_\omega(f')$,

. $(\delta^\omega_{\theta^o}(s^o_\omega(v))g)(x) = \theta(e^{[x,v]_T})g(x)\ \chi_\omega(v)$ si $v \in Q_\omega(f')$,

où $\chi_\omega = 1$ si ω est non symétrique ou k de caractéristique autre que 2, sinon χ_ω est un caractère quadratique sur $Q_\omega(f')$ tel que

$$\chi_\omega(v+v') = \chi_\omega(v)\ \chi_\omega(v')\ \theta(e^{\langle v,v'\rangle}),\quad v,v' \in Q_\omega(f') ;$$

. $\delta^\omega_{\theta^o}(e^H) = \theta(e^H)$ si $H \in t_{'R}(\mathfrak{p}^{f-1}/\mathfrak{p}^f)$.

Pour $c \in \overline{C}_{\Omega}$, $\delta^{\omega}_{\theta^o}(c)$ est l'unique opérateur qui vérifie les propriétés suivantes (prop. 1,1.2.6 et prop. 2,1.3.7)

$$\delta^{\omega}_{\theta^o}(c) \quad \delta^{\omega}_{\theta^o}(s^{o}_{\omega}(w)) \quad \delta^{\omega}_{\theta^o}(c)^{-1} = \quad \delta^{\omega}_{\theta^o}(s^{o}_{\omega}(c.w) \quad \text{si} \quad w \in \mathfrak{m}_{\Omega}(\wp^{f'}/\wp^{f''})$$

$$\delta^{\omega}_{\theta^o}(1) = I \ , \quad \mathrm{Tr} \ \delta^{\omega}_{\theta^o}(c) = \ \varepsilon_{\Omega} \quad \text{si} \quad c \neq 1 \ ,$$

où $\varepsilon_{\Omega} = -1$ si ω est symétrique , $\varepsilon_{\Omega} = 1$ sinon; lorsque ω est non symétrique :

$$(\ \delta^{\omega}_{\theta^o}(c)\ g)\ (x) = g(c^{-1}\ x) \ ;$$

lorsque ω est symétrique, il y a une racine 8è de l'unité $\varepsilon^{P_\omega}_{\theta^o}(c)$ et un caractère quadratique $S^{P_\omega}_{\theta^o,c}$ sur $P_\omega(f')$ tels que

$$(\ \delta^{\omega}_{\theta^o}(c)\ g)(0) = \ \varepsilon^{P_\omega}_{\theta^o}(c) \int_{P_\omega(f')} S^{P_\omega}_{\theta^o,c}(u)\ g(u)\ du$$

(la mesure étant normalisée par la masse totale égale à $q^{i(\omega)}$) ; $S^{P_\omega}_{\theta^o,c}$ est donné par 1.3.12, et $\varepsilon^{P_\omega}_{\theta^o}$ en (20) de 1.3.8 et (23) de 1.3.9 : on a

$$\varepsilon^{P_\omega}_{\theta^o}(c)^2 = (\frac{-1}{q}) = (\frac{-1}{p})^n \quad \text{si} \quad q = p^n \ , \quad p \neq 2 \ ,$$

$$\varepsilon^{P_\omega}_{\theta^o}(c)^4 = (-1)^n \quad \text{si} \quad q = 2^n \ .$$

Lorsque ω est une orbite non symétrique, on pose $\chi_\omega = 1$, $\varepsilon^{P_\omega}_{\theta^o} = 1$, et, pour $c \in \overline{C}_{\Omega}$, $S^{P_\omega}_{\theta^o,c}$ est la mesure de Dirac sur $P_\omega(f')$ (normalisée par la $S^{P_\omega}_{\theta^o,c}(0) = q^{i(\omega)/2}$) . Pour $v \in {}'Q(f')$, $c \in C$, $u \in {}'P(f')$, on pose

$$\chi(v) = \prod_{'R^+(T)} \chi_\omega(v_\omega) \ , \quad \varepsilon'^{P}_{\theta^o}(c) = \prod_{'R^+(T)} \varepsilon^{P_\omega}_{\theta^o}(c_\Omega) \ ,$$

$S'^{P}_{\theta^o,c}(u) = \prod_{'R^+(T)} S^{P_\omega}_{\theta^o,c_\Omega}(u_\omega)$ où v_ω est la composante de v sur $Q_\omega(f')$, u_ω celle de u sur $P_\omega(f')$, et c_Ω désigne la composante sur $\overline{C}_\Omega$ de la projection de c sur $\overline{C}$.

La représentation $'\rho_\theta$ est réalisée en translations à droite sur le sous-espace $E(\theta;'P)$ des fonctions complexes F sur $'R(f)$ qui vérifient (1.4.12) (on a noté $'P$ la somme des P_ω pour $\omega \in {}'R^+(T)$) :

(27) $F(zx) = F(x)$ si z appartient à l'image réciproque dans $'S(\wp^{f'})$ de $'\mathfrak{m}(\wp^{f''}/\wp^{f})$ par la réduction modulo $\wp^f$;

(28) $F('s(v)x) = \chi(v)\ F(x)$ pour $v \in {}'Q(f')$

(29) $F(tx) = \ \varepsilon'^{P}_{\theta^o}(\mathrm{Adt})\ \theta(t) \int_{'P(f')} S'^{P}_{\theta^o,\mathrm{Adt}}(u)\ \ F('s(u)x)\ du$, pour $t \in T(\mathcal{O})$,

où la mesure de Haar est normalisée par la masse totale $q^{'N/2}$. En fait l'intégrale de (29) porte seulement sur le sous-espace $P(f')'$ somme des $P_{\omega}(f')$ lorsque ω parcourt les orbites symétriques de Γ dans 'R . Lorsque l'action de t sur les $\mathfrak{m}_{\Omega}(\mathfrak{g}^{f'}/\mathfrak{g}^{f''})$ correspondant aux orbites symétriques est triviale, (29) se réduit à

(29)' $F(tx) = \theta(t)\, F(x)$.

Lorsqu'il n'y a pas d'orbite symétrique , $'\rho_{\theta}$ est la représentation induite par le caractère θ prolongé au sous-groupe engendré par $T(\mathfrak{V})$ et $'s('Q(f'))$.

e) Les représentations construites en d) sont unitaires pour la forme :

(30) $\langle F_1,F_2\rangle = \int_{'P(f')} F_1('s(u))\,\overline{F_2('s(u)}du \; , \; F_1,F_2 \in E(\theta,'P)$.

(On transporte le produit scalaire de la réalisation du théorème 1, 1.4.10, dans la réalisation de 1.4.12). Un vecteur unitaire qui engendre la représentation $'\rho_{\theta}$ est (1.4.12) :

(31) $'F_{\theta}(z's(v)t's(u)) = \chi(v)\; \varepsilon^{'P}_{\theta^{\circ}}(Adt)\, \theta(t)\, \theta(e^{'\langle u,u\rangle})\, S^{'P}_{\theta^{\circ},Adt}(u)$,

où z appartient à l'image réciproque de $'\mathfrak{m}(\mathfrak{g}^{f''}/\mathfrak{g}^{f})$ dans $'S(\mathfrak{g}^{f''})$, et

$v \in 'Q(f')$, $t \in T(\mathcal{O})$, $u \in 'P(f')$.

Lorsqu'il n'y a pas d'orbite symétrique, la fonction $'F_{\theta}$ est donnée par

(31)' $'F_{\theta}(z's(v)t's(u)) = 0$ si $u \notin 'P(f'')$, $'F_{\theta}(z's(v)t's(u)) = \theta(t)q^{'N/2}$, si $u \in 'P(f'')$.

f) La représentation $'\hat{\rho}_{\theta}$ de $'R(\theta)$ dans l'espace des fonctions complexes sur $'\mathfrak{m}(\mathfrak{g}^{f'})$ qui sont invariantes modulo $'\mathfrak{m}(\mathfrak{g}^{f''})$, donnée par

$$('\hat{\rho}_{\theta}(t)F)(z) = \theta(t)\, F(Adt^{-1}.z) \; , \; t \in T(\mathcal{O}),$$

$$('\hat{\rho}_{\theta}('s(w))F)(z) = \theta(e^{'\langle z,w\rangle})F(z+w) \; , \; w \in '\mathfrak{m}(\mathfrak{g}^{f'}),$$

est de type $[\rho'_{\theta}]$ si f est pair, et si f est impair, elle se décompose en $q^{'N}$ représentations irréductibles de type $['\rho_{\theta'}]$ pour des caractères θ' de $T(\mathfrak{V})$ égaux à θ sur $T(\mathfrak{g})$, dont les multiplicités sont données par la formule du lemme 14 de 1.4.13.

g) La représentation $'\rho_{\theta}$ construite au d) dépend des choix suivants :

(i) des orbites non symétriques qui figurent dans $'R^+(T)$;

(ii) des (X_{α}) de la base adaptée à $('K,\underline{\underline{T}})$ pour un système de représentants dans R des orbites symétriques;

(iii) en caractéristique résiduelle 2, des caractères quadratiques X_ω relatifs aux orbites symétriques;

et elle ne dépend pas du choix des $a(\omega)$ pour les orbites symétriques en caractéristique résiduelle 2 (ceci résulte de 1.3.5 et de la définition de ${}'\rho_\theta$.

On obtient les opérateurs d'entrelacement sur la réalisation ${}'\rho_\theta$ de d) en transcrivant les résultats de 1.4.11, (ii), et (iii) sur les espaces $E(\theta, {}'P)$ de fonctions complexes sur ${}'R(\theta)$ où ${}'\rho_\theta$ opère par translations à droite :

(i) soit $\sigma \in {}'\Sigma$ (4.2.7) un élément qui opère trivialement sur les sous-espaces relatifs aux orbites symétriques. On définit un opérateur qui envoie la représentation ${}'\rho_\theta$ réalisée avec la base adaptée $(X_{\sigma\alpha})_{\alpha\in {}'R}$ sur la représentation ${}'\rho_\theta$ réalisée avec la base $(X_\alpha)_{\alpha\in {}'R}$, par :

$$(j(\sigma, {}'P)F)(x) = \int_{\sigma P(f') \cap Q(f')} F({}'s(u)x)dx$$, avec la convention usuelle pour la mesure de Haar .

(ii) Soit $c \in {}'C$ qui opère trivialement sur les sous-espaces relatifs aux orbites non symétriques. On passe de la réalisation de ${}'\rho_\theta$ relative à la base adoptée $(c.X_\alpha)_{\alpha\in {}'R}$ et au caractère quadratique ${}^c\chi(v) = \chi(c^{-1}.v)$ pour $v \in c.{}'Q(f')$, à la réalisation de ${}'\rho_\theta$ relative à la base $(X_\alpha)_{\alpha\in {}'R}$ et au caractère quadratique χ par l'opérateur suivant

$$j(c, {}'P) = \prod_{{}'R^+(T)} j(c_\Omega, P_\omega), \text{ où } (j(c_\Omega, P_\omega)F)(x) = \varepsilon_o^{P_\omega}(c_\Omega^{-1}) \int_{c_\Omega P_\omega(f')} S^{P_\omega}_{o\,\theta,c}(u)F({}'s(u)x)du$$

(on a $j(c_\Omega, P_\omega) = 1$ si ω est une orbite non symétrique).

(iii) Si la seule modification consiste à remplacer le caractère quadratique χ_Ω par χ'_Ω , soit $u_o \in P_\Omega(f')$ un élément tel que

$$\chi_\Omega(v) = \chi_\Omega(v)\ \theta(e^{[u_o,v]_T}) , \ v \in Q_\Omega(f'),$$

l'opérateur d'entrelacement est donné par $F \mapsto G$ avec

$$G(x) = F(s_\Omega(u_o)x) .$$

En particulier, pour $n \in {}'N(\mathcal{O})$, un opérateur qui envoie la réalisation de relative à la base $(Adn.X_\alpha)_{\alpha\in {}'R}$ et au caractère quadratique ${}^{Adn}\chi$ (qui a un sens, puisque ${}'N(\mathcal{O})$ conserve les espaces $Q_\omega(f')$ relatifs aux orbites symétriques) dans la réalisation de ${}'\rho_\theta$ relative à $(X_\alpha)_{\alpha\in {}'R}$ et χ , est

(32) $j(n,'P) = j(c_n, 'P)\, j(\sigma_n\, 'P)$,

où c_n est l'élément de $'C$ donné par la restriction de l'action de n sur les sous-espaces relatifs aux orbites symétriques, et prolongé trivialement sur les autres, et σ_n est l'élément de $'\Sigma$ donné par la restriction de l'action de n sur les orbites non symétriques, et prolongé trivialement sur les autres.

h) Lorsque f est pair, les formules précédentes sont encore valables pour la représentation $'\rho_\theta$, avec les modifications suivantes :

(i) l'application (23) est triviale; dans (24) , $'r(t) = 'N(t) = 0$ et le signe est $(-1)^{rf} = 1$;

(ii) la fonction $'\chi_\theta$ sur $'R(\theta)$ ne dépend pas du relèvement $'s$:

$'\chi_\theta(zt's(w)) = \theta(t)$, $t \in T(\mathcal{O})$, $z \in 'S(\mathfrak{p}^{f''})$ et se projetant modulo $\mathfrak{p}^f$ sur un élément de $'\mathfrak{m}(\mathfrak{p}^{f''}/\mathfrak{p}^f)$, $w \in '\mathfrak{m}(\mathfrak{p}^{f'}/\mathfrak{p}^f) = '\mathfrak{m}(\mathfrak{p}^{f''}/\mathfrak{p}^f)$, et la formule (26) est valable dans tous les cas, si on impose la normalisation suivante à la mesure de Haar sur $'\mathfrak{m}(\mathfrak{p}^{f'})$:

$$(33) \quad \int_{'\mathfrak{m}(\mathfrak{p}^{f'})} dw = q^{\frac{1}{2}\dim '\mathfrak{m}(\mathfrak{p}^{f'}/\mathfrak{p}^{f''})} = q^{'N(f''-f')} \quad : \text{c'est } 1 \text{ si } f \text{ est pair;}$$

(iii) La représentation $'\rho_\theta$ est réalisée dans l'espace des fonctions complexes sur $'R(\theta)$ satisfaisant à (27) et (29)', et, même, aux conditions (28) et (29) qui sont alors contenues dans les précédentes (la mesure de Haar sur $'P(f')$ étant normalisée par la condition de masse totale $q^{1/2.\dim 'P(f')/'P(f'')}$) ; la représentation est unitaire pour le produit scalaire (30) ,

et un vecteur qui engendre la représentation est encore donné par (31) , qui est simplement ici

(34) $'F_\theta(zt) = \theta(t)$, si $z \in 'S(\mathfrak{p}^{f''})$ se projette modulo $\mathfrak{p}^f$ sur un élément de $'\mathfrak{m}(\mathfrak{p}^{f''}/\mathfrak{p}^f)$;

(iv) la représentation $'\rho_\theta$ ne dépend pas des choix indiqués en g).

Tous ces résultats sont valables pour la représentation ρ_θ , quand on a fixé sous-groupe compact maximal spécial associé à $\underline{\underline{T}}$: il suffit d'ôter l'indexation à gauche.

4.4. Représentations du sous-groupe compact maximal spécial.

4.4.1. Le tore maximal anisotrope non ramifié spécial $\underline{\underline{T}}$ étant fixé, on définit les polynômes : $'\varpi = \prod_{\alpha \in 'R} H_\alpha$ sur l'espace dual de l'algèbre de Lie de $\underline{\underline{T}}_{'R} = \underline{\underline{T}} \cap '\underline{\underline{S}}$, et $\varpi = \prod_{\alpha \in R} H_\alpha$ sur l'espace dual de l'algèbre de Lie de $\underline{\underline{T}}_R = \underline{\underline{T}} \cap \underline{\underline{S}}$; avec la notation de la remarque de 4.2.3, $'\varpi$ (resp. ϖ) est le produit des ϖ_Ω quand Ω parcourt $'R/\pm\Gamma$ (resp. $R/\pm\Gamma$) .

Théorème 3.

Gardons les notations précédentes. Soit θ un caractère de $T(\mathfrak{O})$. On suppose qu'il y a un entier $f \geq 2$ tel que le conducteur de θ le long de chaque orbite du groupe $\pm\Gamma$ dans $'R$ soit égal à f ; on note $'W(\theta)$ le stabilisateur de θ dans le petit sous groupe de Weyl $'W(T)$ de $('\underline{\underline{G}},\underline{\underline{T}})$. Soit $'\kappa_\theta$ la représentation de $'K$ induite par une représentation $'\rho_\theta$ du groupe $'R(\theta)$ de la classe définie dans la proposition 1 (4.3.4). Alors

(i) $'\kappa_\theta$ est triviale sur le sous-groupe $T(\mathfrak{p}^g)\,'S(\mathfrak{p}^f)$ où g est le conducteur réductif de θ (4.2.1); son commutant est celui de la représentation de $'W(\theta)'R(\theta)$ induite par $'\rho_\theta$; il est de dimension égale à l'ordre de $'W(\theta)$;

(ii) Soit τ un caractère d'ordre 1 de k , on note $'\theta^\circ_\tau$ l'élément de $\mathfrak{t}'_{'R}(\mathfrak{p}^{-f+1}/\mathfrak{p}^{-f+2})$ défini par la restriction de θ à $T_{'R}(\mathfrak{p}^{f-1})$; le degré de $'\kappa_\theta$ est

(35) $$'d(\theta) = 'W(q)\,\frac{(q-1)^{'\ell}}{\det(q-F_T)}\,q^{'N(f-1)} = c('R,k,\underline{\underline{T}}_{'R}) \left| '\varpi('\theta^\circ_\tau) \right|^{1/2},$$

où $'W$ est le polynôme de Poincaré du système de racines $'R$, $'\ell$ son rang, $'N$ le nombre de racines positives; $'F_T$ désigne l'automorphisme du système de racines $'R$ que définit l'action de la substitution de Frobénius (3.2.6) , et q est le nombre d'éléments du corps résiduel de k ;

(iii) deux telles représentations $'\kappa_{\theta_1}$ et $'\kappa_{\theta_2}$ de $'K$ construites avec des caractères θ_1 et θ_2 de $T(\mathfrak{O})$ (satisfaisant à l'hypothèse de conducteur constant) sont équivalentes si et seulement si θ_1 et θ_2 sont conjugués par un élément de $'W(T)$;

(iv)' pour tout sous-groupe horicyclique $'\underline{\underline{U}}$ de $'\underline{\underline{G}}$, on a

(36)' $$\int_{'U(\mathfrak{p}^{f-1})} {'\kappa_\theta}(u)\,du = 0 .$$

Théorème 3 bis

Fixons un sous-groupe compact maximal spécial K de G associé à $\underline{\underline{T}}$ (4.1.2) On a alors le même énoncé que le théorème 3 en ôtant partout l'indexation ' à gauche, et l'énoncé (iv)' par le suivant :

(iv)" pour tout sous-groupe horicyclique $\underline{\underline{U}}$ de $\underline{\underline{G}}$ dominant strictement la partie déployée $'\underline{\underline{Z}}$ de $\underline{\underline{T}}$, on a

(36)" $$\int_{U(\mathfrak{p}^{f-1})} \kappa_\theta(u)\, du = 0 .$$

4.4.2. Preuves. (i) La représentation $'\rho_\theta$ est triviale sur le sous-groupe invariant $'T(\mathfrak{p}^g)\, 'S(\mathfrak{p}^f)$ de $'K$; il en est donc de même de la représentation induite, et il s'agit en réalité de représentations de groupes finis. Le commutant de $'\kappa_\theta$ est donné par l'ensemble des $'R(\theta)$-homomorphismes de l'espace de $'\rho_\theta$ dans celui de $'\kappa_\theta$ ([16] a), II.7.1., Prop. 13), et sa dimension est donnée par la formule de Mackey ([16] a), II.7.5.) : c'est la somme des $d(x)$ lorsque x parcourt un système de représentants des doubles classes $'R(\theta)\backslash 'K/'R(\theta)$, où $d(x)$ est la dimension de l'espace des opérateurs d'entrelacement entre les représentations

$$u \longmapsto {}'\rho_\theta(u) \quad \text{et} \quad u \longmapsto {}'\rho_\theta(x^{-1}ux)$$

du groupe $'R(\theta)_x = x\, 'R(\theta)\, x^{-1} \cap 'R(\theta)$. Cherchons la condition sur x pour que ces représentations-ci aient une composante irréductible commune. Le sous-groupe $'S(\mathfrak{p}^{f''})$ étant invariant dans $'K$ et contenu dans $'R(\theta)$, il est aussi contenu dans $'R(\theta)_x$. Comme la restriction de $'\rho_\theta$ à $'S(\mathfrak{p}^{f''})$ est l'homothétie θ^*, on a donc nécessairement l'égalité des deux caractères

$$u \longmapsto \theta^*(u) \quad \text{et} \quad u \longmapsto \theta^*(x^{-1}ux)$$

de $'S(\mathfrak{p}^{f''})$. Fixons un caractère τ d'ordre 0 de k ; θ^* se lit alors dans

$'\mathfrak{s}(\mathfrak{p}^{-f}/\mathfrak{p}^{-f''})$ en $'\theta^*_\tau$, et on a donc un $x \in 'K$ tel que

$$\mathrm{Ad}^\vee x.\, '\theta^*_\tau = {}'\theta^*_\tau .$$

Considérons cette égalité dans l'espace $'\underline{\underline{\mathfrak{s}}}(\mathfrak{p}_L^{-f}/\mathfrak{p}_L^{-f''})$, et prenons la décomposition de x relativement à un sous-groupe d'Iwahori (2.2.4) dans $\underline{\underline{G}}(\mathfrak{O}_L)$, pour le tore maximal déployé ${}_L\underline{\underline{T}}$:

$$x = u^{-1} v n \quad , \quad u \in \underline{\underline{U}}(\mathfrak{O}_L),\ v \in \underline{\underline{V}}(\mathfrak{O}_L),\ n \in \underline{\underline{N}}(\mathfrak{O}_L)$$

d'où

$$\mathrm{Ad}^\vee v\, (\mathrm{Ad}^\vee n .\, '\theta^*_\tau) = \mathrm{Ad}^\vee u.\, '\theta^*_\tau .$$

Cette identité entraine déjà $\mathrm{Ad}^{\vee} n \,.\, {}'\theta^{*}_{\tau} = {}'\theta^{*}_{\tau}$ puisque u et v appartiennent à des sous-groupes unipotents opposés. Fixonx un système de Chevalley associé à ('G,T) ; les relations de commutations (2.14.(5)) permettent d'écrire u sous la forme

$$u = u' \, x_{\alpha_n}(u_n) \ldots x_{\alpha_1}(u_1) \, ,$$

où les $u_i \in \mathcal{O}_L$ ont même valuation m et $u' \in \underline{\underline{U}}(\mathfrak{p}_L^{m+1})$; on peut même supposer les α_i rangés par sommes des coordonnées (sur la base définie par $\underline{\underline{U}}$) décroissantes; faisons de même pour v . On a

$(\mathrm{Ad}^{\vee} u - 1).{}'\theta^{*}_{\tau} = (\mathrm{Ad}^{\vee} v - 1).{}'\theta^{*}_{\tau} = 0$, dans ${}'\underline{\underline{\mathfrak{g}}}(\mathfrak{p}_L^{-f}/\mathfrak{p}_L^{-f''})$, d'où, puisque les $\langle {}'\theta^{*}_{\tau}, H_{\alpha} \rangle$ sont tous de valuation minimum $-f$ (4.2.3)

$$\mathrm{val}(u_1 \langle {}'\theta^{*}_{\tau}, H_{\alpha_1} \rangle) = \mathrm{val}\, u_1 - f \geqslant -f'' \quad \text{et}$$

$$\mathrm{val}\,(v_1 \langle {}'\theta^{*}_{\tau}, H_{\alpha_1} \rangle) = \mathrm{val}\, v_1 - f \geqslant -f'' \, ,$$

et donc $\mathrm{val}\, u_1 \geqslant f'$, $\mathrm{val}\, v_1 \geqslant f'$, d'où $u \in \underline{\underline{U}}(\mathfrak{p}_L^{f'})$, $v \in \underline{\underline{V}}(\mathfrak{p}_L^{f'})$, et $x \in {}'\underline{\underline{G}}(\mathfrak{p}_L^{f'})\, \omega\, \underline{\underline{T}}(\mathcal{O}_L)$ où ω fixe ${}'\theta^{*}_{\tau}$. Comme $x \in {}'G$, on a donc modulo $\mathfrak{p}_L$, $x \in \omega \underline{\underline{T}}(\bar{L}) \cap {}'\bar{G} \subset {}'\underline{\underline{N}}(\bar{L}) \cap {}'\bar{G} = {}'\bar{N}$; il y a donc un $n \in {}'N(\mathcal{O})$ (4.1.3) tel que $x \in n\, T(\mathcal{O})\, G(\mathfrak{p}^{f'})$ et ainsi, on a $x \in n'R(\theta)$, où $n \in {}'N(\mathcal{O})$ se projette sur un élément $w \in {}'W(\theta^{*})$, le stabilisateur de ${}'\theta^{*}_{\tau}$ dans 'W(T) .

Pour un tel x , le sous-groupe $'R(\theta)_x$ est égal à $'R(\theta)$, et la représentation $u \longmapsto {}'\rho_{\theta}(x^{-1}ux)$ de $'R(\theta)_x$ satisfait aux conditions (i) - (ii) de la proposition 1 de 4.3.4, avec pour trace sur les éléments $t \in T(\mathcal{O})$:

$$\mathrm{Tr}\,{}'\rho_{\theta}(x^{-1}tx) = \mathrm{Tr}\,{}'\rho_{\theta}(w^{-1}tw) = (-1)^{r + {}'r(w^{-1}tw)} q^{{}'N(w^{-1}tw)}\, \theta(w^{-1}tw) \, ,$$

par la formule (20) ; il est clair que 'r et 'N sont invariants par 'W(T) , et donc la classe de cette représentation est celle de ${}'\rho_{w_{\theta}}$. Il en résulte que les $'R(\theta)$ -homomorphismes non triviaux de l'espace de ${}'\rho_{\theta}$ dans celui de ${}'\kappa_{\theta}$ sont donnés par les $'R(\theta)$ homomorphismes

$$\mathrm{Hom}({}'\rho_{\theta} \, , \, \sum {}'\rho_{\theta} \, \mathrm{A}\text{-}\mathrm{ut}\; n) \, ,$$

où la somme porte sur un système de représentants de $'W(\theta)$ dans $'N(\mathcal{O})$, c'est-à-dire par le commutant de la représentation de $'W(\theta)'R(\theta)$ induite par ${}'\rho_{\theta}$; cette formule donne aussi la dimension du commutant; c'est l'ordre de $'W(\theta)$, chaque représentation ${}'\rho_{\theta}$. Aut n étant équivalente à la représentation irréductible ${}'\rho_{\theta}$. Ceci prouve (i) pour le théorème 3; la même démonstration vaut pour le (ii) du théorème 3bis.

(ii) Le degré de ${}'\kappa_{\theta}$ est le produit par celui de ${}'\rho_{\theta}$ de l'indice de $'R(\theta)$ dans 'K . Il est immédiat que celui-ci est, par 2.2.9 et 3.2.6 :

$$[{}'\bar{G} : \bar{T}]\ |{}'m(\mathfrak{p}/\mathfrak{p}^{f'})| = [{}'\bar{S} : \bar{T}_{'R}]\ q^{2'Nf'} = {}'W(q)\ \frac{(q-1)^{'\ell}}{\det(q-{}'F_T)}\ q^{'N(2f'-1)},$$

d'où la formule (35) , en tenant compte de ce que l'on a (4.2.3, (7)) :

$$|{}'\varpi({}'\theta^{\circ}_{\tau})|^{1/2} = \prod_{'R/\pm\Gamma} |\varpi_{\Omega}({}'\theta^{\circ}_{\tau})|^{1/2} = \prod_{'R/\pm\Gamma} q^{i(\Omega)(f-1)} = q^{2'N(f-1)}$$

On a la même démonstration pour le théorème 3bis (ii) . Remarquons que $|{}'\varpi({}'\theta^{\circ}_{\tau})|$ ne dépend pas du caractère τ de k , d'ordre 1, choisi, et que

$$\frac{(q-1)^{\ell}}{\det(q-F_T)} = \frac{(q-1)^{'\ell}}{\det(q-{}'F_T)} .$$

(iii) Supposons que θ_1 et θ_2 soient conjugués par un $w \in {}'W(T)$: $\theta_1 = w\theta_2$. Le groupe 'W(T) permute les orbites de Γ dans 'R ; le conducteur de θ_2 le long de l'orbite Ω de $\pm\Gamma$ dans 'R est égal au conducteur de θ_1 le long de l'orbite $w.\Omega$. On a donc $f_1 = f_2$, et $'R(\theta_1) = {}'R(\theta_2)$.

Inversement, si $'\kappa_{\theta_1}$ et $'\kappa_{\theta_2}$ sont équivalentes, alors elles ont même degré et, en raison de (35) , $f(\theta_1) = f(\theta_2) = f$. On a donc $'R(\theta_1) = {}'R(\theta_2)$, et on est ramené à prouver (iii) pour deux caractères θ_1 et θ_2 de conducteur constant f le long des orbites de $\pm\Gamma$ dans 'R .

Or l'espace des opérateurs d'entrelacement $\mathrm{Hom}({}'\kappa_{\theta_1}, {}'\kappa_{\theta_2})$ est donné par les $'R(\theta_1)$ - homomorphismes de l'espace de $'\rho_{\theta_1}$ dans celui de $'\kappa_{\theta_2}$, et, comme pour la preuve de (i), celui-ci est $\mathrm{Hom}({}'\rho_{\theta_1}, \sum_n {}'\rho_{\theta_2}.\mathrm{Aut}\ n)$ où la somme porte sur un système de représentants dans $'N(\mathcal{O})$ des éléments de 'W(T) qui envoient θ^*_1 sur θ^*_2 . Pour que κ_{θ_1} et κ_{θ_2} soient équivalentes, il faut et il suffit que la représentation $'\rho_{\theta_1}$ irréductible, figure parmi les $'\rho_{\theta_2}.\mathrm{Aut}\ n$; Or on a vu au cours de la preuve de (i) que $'\rho_{\theta_2}.\mathrm{Aut}\ n$ est une représentation équivalente à $'\rho_{w^{-1}\theta_2}$, et donc, on doit avoir $\theta_2 = w\cdot\theta_1$ pour un $w \in {}'W(T)$, ce qui démontre (iii).

La preuve est la même pour (iii) du théorème 3bis.

(iv) La représentation $'\kappa_{\theta}$ se réalise dans l'espace des fonctions complexes sur 'K à valeurs dans l'espace de la représentation $'\rho_{\theta}$, qui vérifient

$F(yx) = {}'\rho_{\theta}(y)F(x)$, $y \in {}'R(\theta)$, $x \in {}'K$, le groupe 'K opérant par translations à droite. La relation (36)' signifie que, pour toute fonction F de ce type et pour tout $x \in {}'K$, on a

$$0 = \int_{U(\mathfrak{p}^{f-1})} F(xu)du = \int_{U(\mathfrak{p}^{f-1})} F(xux^{-1}x)du = \int_{U(\mathfrak{p}^{f-1})} {}'\rho_{\theta}(xux^{-1})F(x)dx ,$$

puisque 'K normalise le sous-groupe $S(\mathfrak{p}^{f-1})$ qui contient $U(\mathfrak{p}^{f-1})$ (4.1.3) ;

mais $x^{-1}U(\mathfrak{p}^{f-1})x = (x^{-1}Ux)(\mathfrak{p}^{f-1})$, avec le sous-groupe horicyclique conjugué de $\underline{U}$ par x^{-1} , et il suffit d'appliquer (21)' (Prop. 1 (iv)' de 4.3.4).

En appliquant (21)" , on obtient de la même façon (36)" .

4.4.3. Prenons une réalisation $'\rho_\theta$ de 4.3.8, d) si f est impair, et b) si f est pair. On réalise alors la représentation $'\kappa_\theta$ par translations à droite sur l'espace des fonctions complexes F sur 'K qui vérifient les conditions suivantes :

a) si f est pair :

(37) $F(zx) = F(x)$ pour $z \in {}'S(\mathfrak{p}^{f''})$ et se projetant sur un élément de $'m(\mathfrak{p}''/\mathfrak{p}^f)$ par la réduction modulo $\mathfrak{p}^f$,

(38) $F(tx) = \theta(t)\, F(x)$ pour $t \in T(\mathfrak{O})$.

b) Si f est impair et $'\rho_\theta$ réalisé dans un espace $E(\theta, 'P)$, alors F doit vérifier (37) et les conditions suivantes, déduites de (28) et (29) :

(39) $F('s(v)x) = \chi(v)\, F(x)$ pour $v \in {}'Q(f')$,

(40) $F(tx) = \varepsilon_\theta^{'P}(\mathrm{Ad}t)\, \theta(t) \int_{'P(f')} S^{'P}_{\theta^0,\mathrm{Ad}t}(u) F('s(u)\, x)\, du$, pour $t \in T(\mathfrak{O})$.

On peut, comme en 4.3.8 d), considérer ses formules pour f pair : elles donnent la réalisation précédente. On notera $E_{'K}(\theta, 'P)$ l'espace de cette représentation.

La représentation $'\kappa_\theta$ est unitaire pour la produit scalaire

(41) $\langle F,G \rangle = \int_{'K} F(x)\, \overline{G(x)}\, dx$

relativement à une mesure de Haar dx sur 'K . Lorsque θ est régulier, un vecteur générateur de la représentation s'obtient en prenant la fonction $'F_\theta$ de (31) et (34) , et en la prolongeant à 'K en imposant

$$'F_\theta(x) = 0 \quad \text{pour} \quad x \notin {}'R(\theta) \; .$$

On a les mêmes énoncés pour la représentation κ_θ de K .

4.4.4. Lorsque f est impair, l'opérateur $F(x) \mapsto F(n^{-1}x)$, pour $n \in {}'N(\mathfrak{O})$, envoie la représentation $'\kappa_\theta$, réalisée dans l'espace $E_{'K}(\theta, 'P)$ des fonctions sur 'K satisfaisant à (37) , (39) , (40) , dans l'espace $E_{'K}(w.\theta, \mathrm{Ad}n.'P)$. On en déduit un opérateur $J(n, 'P)$ qui envoie $E_{'K}(\theta, 'P)$ sur $E_{'K}(w.\theta, 'P)$, et qui commute aux translations à droite par les éléments de 'K, en appliquant quan les résultats de 4.3.8.g) : la formule (32) permet de poser :

(42) $(J(n,'P)F)(x) = j(n,'P)G_x$ où $G_x(y) = F(n^{-1}yx)$ pour $y \in 'R(\mathfrak{O})$.

Lorsque f est pair, pour $n \in 'N(\mathfrak{O})$, l'application suivante

(43) $F(x) \longmapsto F(n^{-1}x)$

envoie l'espace de la représentation $'\kappa_\theta$ - formules (37) et (38), sur celui de la représentation $'\kappa_{w.\theta}$, si w est l'image de n dans $'W(T)$; on peut également voir (43) comme l'application $J(n,'P)$ de (42) pour f pair (auquel cas $j(n,'P) = I$).

Lorsque θ n'est pas régulier, on définit donc par (42) et (43) des opérateurs qui commutent à la représentation $'\kappa_\theta$, en prenant des $n \in 'N(\mathfrak{O})$ qui fixent θ.

On a les mêmes résultats pour les représentations κ_θ de K.

4.4.6. Fixons un sous-groupe horicyclique $\underline{\underline{U}}$ de $\underline{\underline{G}}$ admettant le centre $'\underline{\underline{Z}}$ de $'\underline{\underline{G}}$ comme composant déployé (4.1.3), et soit $\underline{\underline{V}}$ le sous-groupe horicyclique opposé.

Proposition 2

Soit θ un caractère de $T(\mathfrak{O})$, régulier sous $W(T)$. On suppose qu'il y a un entier $f \geq 2$ tel que le conducteur de θ le long de chaque orbite de $\pm\Gamma$ dans R soit égal à f. Soit $'\kappa_\theta$ (resp. κ_θ) la représentation de $'K$ (resp. K) associée à θ par le théorème 3 (resp. 3bis). Avec les notations précédentes, $S(\mathfrak{p}^f)\, U(\mathfrak{O})'K$ est un sous-groupe de K ; soit κ_θ^U la représentation de K induite par la représentation $'\kappa_\theta$ prolongée trivialement à $S(\mathfrak{p}^f)\, U(\mathfrak{O})$ en une représentation de $S(\mathfrak{p}^f)\, U(\mathfrak{O})'K$; alors κ_θ^U est une représentation irréductible de K équivalente à κ_θ.

Preuve. Le sous-groupe $\underline{\underline{U}}$ normalise $'\underline{\underline{G}}$, le centralisateur de son composant déployé $'\underline{\underline{Z}}$, et $'\underline{\underline{G}}\,\underline{\underline{U}}$ est un sous-groupe parabolique de $\underline{\underline{G}}$; la trace de $'G\,U$ sur K est $'G(\mathfrak{O})\, U(\mathfrak{O}) = 'K\, U(\mathfrak{O})$; comme le groupe $S(\mathfrak{p}^f)$ est invariant dans K, il est normalisé par le sous-groupe $'KU(\mathfrak{O})$, et $S(\mathfrak{p}^f)U(\mathfrak{O})'K$ est bien un groupe. Par construction même, κ_θ^U et κ_θ sont triviales sur $T(\mathfrak{p}^g)\, S(\mathfrak{p}^f)$, si g est le conducteur réductif de θ. Pour montrer leur équivalence, on va construire un opérateur d'entrelacement entre deux réalisations de κ_θ^U et κ_θ. L'irréductibilité viendra de celle de κ_θ (théorème 3bis).

On remarque d'abord que les racines de $(\underline{\underline{G}},\underline{\underline{T}})$ qui n'appartiennent pas à $'R$ figurent dans $\underline{\underline{U}}$ ou dans $\underline{\underline{V}}$; comme $\underline{\underline{U}}$ est défini sur k, les orbites de Γ dans R qui ne sont pas dans $'R$ sont ou dans $\underline{\underline{U}}$, ou dans $\underline{\underline{V}}$, et si $\omega \subset \underline{\underline{U}}$, alors $-\omega \subset \underline{\underline{V}}$, avec des notations évidentes. On choisit alors une réalisation de

$'\kappa_\theta$ comme en 4.4.3, avec $'R^+(T)$, $'P(f')$, χ_ω , $a(\omega)$ choisis comme indiqués en 4.3.8. d) ; pour κ_θ , on prend pour $R^+(T)$ la réunion de $'R^+(T)$ avec les orbites $\omega \subset V$, pour $P(f')$ la somme

$'P(f') + P_U(f')$ où $P_U(f') = \sum_{\omega\subset V} \mathfrak{m}_\omega(\mathfrak{p}^{f'})$, et, comme les orbites symétriques sont dans $'R$ (lemme 10 , 3.5.2) on peut prendre les mêmes χ_ω et mêmes $a(\omega)$ que pour $'\kappa_\theta$. On note aussi $Q_U(f') = \sum_{\omega\subset U} \mathfrak{m}_\omega(\mathfrak{p}^{f'})$.

La représentation κ_θ^U se réalise alors dans l'espace des fonctions complexes sur K qui vérifient :

(44) $G(zx) = G(x)$ pour $z \in S(\mathfrak{p}^{f''})$, z ayant sa projection modulo $\mathfrak{p}^f$ dans $'\mathfrak{m}(\mathfrak{p}^{f''}/\mathfrak{p}^f)$,

(45) $G(ux) = G(x)$ pour $u \in U(\mathcal{O})$,

(46) $G(tx) = \varepsilon^{'P}_{\theta^o}(\mathrm{Ad}t)\, \theta(t) \int_{'P(f')} S^{'P}_{\theta^o,\mathrm{Ad}t}(u)\, G('s(u)x)du,\ t \in T(\mathcal{O})$

(47) $G('s(v)x) = \chi(v)\, G(x)$ pour $v \in 'Q(f')$.

On définit un opérateur d'entrelacement de cet espace dans celui $E_K(\theta,P)$ de x en associant à G la fonction sur K donnée par

$F_G(x) = \int_{V(\mathfrak{p}^{f''})} G(vx)\, dv = \int_{P_U(f'')} G(s(u)x)du$, (qui est en réalité une somme finie : par (44) il suffit d'intégrer sur $V(\mathfrak{p}^{f''})/V(\mathfrak{p}^f) = V(\mathfrak{p}^{f''}/\mathfrak{p}^f)$).

Il faut vérifier que F_G satisfait aux relations (37)-(40) , écrites pour κ_θ , la commutation résultera alors de ce que le groupe K opère par translations à droite. Un élément de $S(\mathfrak{p}^{f''})$ qui se projette modulo $\mathfrak{p}^f$ dans $\mathfrak{m}(\mathfrak{p}^{f''}/\mathfrak{p}^f)$ peut s'écrire $z_1\, s(v_o)\, s(u_o)z$ où $u_o \in P_U(f'')$, $v_o \in Q_U(f'')$, $z_1 \in S(\mathfrak{p}^f)$, et $z \in 'S(\mathfrak{p}^{f''})$ se projette modulo $\mathfrak{p}^f$ dans $'\mathfrak{m}(\mathfrak{p}^{f''}, \mathfrak{p}^f)$ (lemme 10, 4.3.6). Or, par le lemme 7 de 2.2.10, les éléments $s(u)z_1\ s(v_o)s(u_o)z$ et $z_1\ s(v_o)\ s(u+u_o)z$ ne diffèrent que par un élément de $S(\mathfrak{p}^f)$; on a donc $F_G(z_1 s(v_o)s(u_o)zx) = F_G(x)$, en utilisant (44) et (45), et l'invariance de la mesure de Haar sur $P_U(f'')$.

Ensuite, on vérifie que F_G satisfait à (39) : comme les commutateurs de $s(P_U(f''))$ et $s(Q(f'))$ sont dans $S(\mathfrak{p}^f)$ (lemme 7 de 2.2.10) , ceci résulte de (44), (45) et (47) , puisqu'on a pris les mêmes χ_ω pour $'\kappa_\theta$ et κ_θ .
Enfin F_G satisfait bien à (40) : le groupe $T(\mathcal{O})$ normalise $U(\mathfrak{p}^{f''})$, et donc $s(u)t = ts(t^{-1}u)$ à un élément de $S(\mathfrak{p}^f)$ près; le changement de variable $u \mapsto t.u$ donne alors, avec (46) :

$$F_G(tx) = \int_{P_U(f'')} G(ts(u)x)dx = \varepsilon^{'P}_{\theta^\circ}(Adt)\,\theta(t) \int_{'P(f')} S^{'P}_{\theta^\circ,Adt}('u)\, F_G('s('u)x)d'u,$$

mais on a pris $P = P_U + 'P$ et les mêmes $a(\omega)$, donc $\varepsilon^{'P}_{\theta^\circ} = \varepsilon^{P}_{\theta^\circ}$ et, par définition de S^P , la somme est $\int_{P(f')} S^P_{\theta^\circ,Adt}(u)\, F_G(s(u)x)du$, qui donne bien l'équation fonctionnelle attendue.

Enfin, il faut vérifier que $G \mapsto F_G$ est inversible. On remarque d'abord que κ^U_θ est équivalente à la représentation de K induite par la représentation ρ^U_θ de $'R(\theta)\, U(\mathcal{O})\, S(\mathfrak{p}^f) = T(\mathcal{O})'S(\mathfrak{p}^{f'})\, U(\mathcal{O})\, S(\mathfrak{p}^f)$ obtenue en prolongeant $'\rho_\theta$ trivialement à $U(\mathcal{O})\, S(\mathfrak{p}^f)$; on en déduit que le degré de κ^U_θ est le produit de l'indice de $T(\mathcal{O})'S(\mathfrak{p}^{f'})\, U(\mathcal{O})\, S(\mathfrak{p}^f)$ dans K , c'est-à-dire celui de $T(\mathcal{O}/\mathfrak{p}^f)'S(\mathfrak{p}^{f'}/\mathfrak{p}^f)\, U(\mathcal{O}/\mathfrak{p}^f)$ dans $G(\mathcal{O}/\mathfrak{p}^f)$, par celui de ρ_θ , qui est $q^{'N(f''-f')}$; c'est donc

$$q^{-N}\left[\bar{G} : \bar{T}\right] q^{2N(f-1)-2'Nf'' - (N-'N)f}\, q^{'N(f''-f')}$$

$$= q^{-N}\left[\bar{G} : \bar{T}\right] q^{N(f-1)} = d(\theta) \quad .$$

Les deux représentations κ^U_θ et κ_θ ont même degré, et on a construit un opérateur d'entrelacement; elles seront équivalentes si cet opérateur n'est pas nul. Or, la fonction G^U_θ sur K définie par

$$G^U_\theta(uzx) = 'F_\theta(x) \quad \text{pour } u \in U(\mathcal{O})\ ,\ z \in S(\mathfrak{p}^f)\ ,\ x \in 'R(\theta),$$

$$G^U_\theta(x) = 0 \quad \text{si} \quad x \notin U(\mathcal{O})\, S(\mathfrak{p}^f)'R(\theta),$$

où $'F_\theta$ est la fonction définie en (31) ou (34) de 4.3.8. c) ou f), appartient à l'espace de κ^U_θ . Sa transformée $F_{G^U_\theta}$ coïncide avec F_θ sur $R(\theta)$, à une constrante positive près, due à la mesure de Haar sur $V(\mathfrak{p}^{f''})$: c'est une simple vérification.

4.4.7. <u>Théorème</u> 4

<u>Les notations étant celles du théorème</u> 3, <u>le caractère</u> $Tr\ '\kappa_\theta$ <u>de la représentation</u> $'\kappa_\theta$ <u>vérifie les propriétés suivantes</u> :

(i) $Tr\ '\kappa_\theta(x) = 0$ <u>si</u> $x \in K$ <u>n'est pas conjugué d'un élément de</u> $T(\mathcal{O})\, S(\mathfrak{p}^{f''})$.

(ii) <u>Soit</u> $t \in T(\mathcal{O})$; <u>on suppose que pour toute racine</u> $\alpha \in 'R$, <u>on a</u>

(48) $\quad val(t^\alpha - 1) \leqslant f/3$,

<u>alors, on a la formule</u> :

(49) $$\mathrm{Tr}\ {}'\kappa_\theta(t) = (-1)^{f\,\ell(T)} \sum_{W(T)} {}^{w}\theta(t)/{}'\Delta(t)$$

où $\ell(T)$ est le rang anisotrope de $\underline{T}$ (le rang semi-simple du centralisateur de sa partie déployée), et où

(50) $${}'\Delta(t) = \prod_{'R/\pm\Gamma} \varepsilon_\Omega^{\mathrm{val}\, D_\Omega(t)/2i(\Omega)} \left| {}'D(t) \right|^{1/2}$$

où $\varepsilon_\Omega = -1$ (resp. 1) si Ω provient d'une orbite symétrique (resp. non symétrique), $D_\Omega(t) = \prod_{\alpha\in\Omega} (t^{\alpha/2} - t^{-\alpha/2})$ (cf. 3.5.6) et $'D$ est le produit des D_Ω quand Ω parcourt $'R/\pm\Gamma$.

Théorème 4 bis

Les notations étant celles du théorème 3 bis, on a le même énoncé que le théorème 4 en ôtant partout l'indexation ' à gauche.

Preuves. (i) La formule du caractère induit ([16] a), II.7.2.) s'écrit
$$\mathrm{Tr}\ {}'\kappa_\theta(x) = \sum_{'R(\theta)\backslash 'K} \mathrm{Tr}\ {}'\rho_\theta(yxy^{-1}) ,$$
où la somme est finie puisque $'R(\theta)$ est d'indice fini dans $'K$, et où on a prolongé la fonction $x \longmapsto \mathrm{Tr}\ {}'\rho_\theta(x)$ à $'K$ en prenant 0 hors de $'R(\theta)$. Comme le support du caractère de $'\rho_\theta$ est l'ensemble des conjugués de $T(\mathcal{O})'S(\mathfrak{p}^{f''})$ dans $'R(\theta)$ (Prop. 1, (ii) de 4.3.4) , le (i) est immédiat; de même pour le théorème 4 bis.

(ii) On va déterminer explicitement un système de représentants dans $'K$ des classes $x \in {}'R(\theta)\backslash 'K$ hors desquelles $\mathrm{Tr}\ {}'\rho_\theta(xtx^{-1}) = 0$. En reprenant les notations précédentes, on a successivement :

a) Soit $x \in {}'K$ tel que $\mathrm{Tr}\ {}'\rho_\theta(xtx^{-1}) = 0$; on a donc (Proposition 1 (ii) 4.3.) à un élément de $'S(\mathfrak{p}^{f'})$ près, $xtx^{-1} \in T(\mathcal{O})'S(\mathfrak{p}^{f''})$.
Ecrivons-le, dans $\underline{G}(\mathcal{O}_L)$, sous la forme $x = u^{-1}vn$, relativement à deux sous-groupes horicycliques maximaux opposés $\underline{U}$ et $\underline{V}$ et au normalisateur $\underline{\underline{N}}$ de $\underline{\underline{T}}$ (2.2.4.(18)) ; il y a donc un $t_1 \in T(\mathcal{O})$ tel que, modulo $\mathfrak{p}^{f''}$, on ait ${}^{u^{-1}vn}t \equiv t_1$ et donc, modulo $\mathfrak{p}_L^{f''}$, $(v,{}^{n}t)\ {}^{n}t^{-1}t_1 \equiv (u,t_1)t_1$, avec les commutateurs, l'unicité de la décomposition (2.2.7, Rem.) entraine donc que, modulo $\mathfrak{p}_L^{f''}$, on a $u \equiv t_1^{-1}u_1 t_1$, $v \equiv {}^{n}t^{-1}\, v\, {}^{n}t$, ${}^{n}t \equiv t_1$. Prenons une base de $'\mathfrak{m}$ adaptée à $('K,\underline{\underline{T}})$ (4.2.7) . On écrit $u = \prod x_\alpha(u_\alpha)$ et $v = \prod x_{-\alpha}(v_\alpha)$, et on a donc $(1-({}^{n}t)^{-\alpha})u_\alpha \in \mathfrak{p}_L^{f'}$, $(({}^{n}t)^{\alpha}-1)\, v_\alpha \in \mathfrak{p}_L^{f''}$ et comme $1-t^\alpha \notin \mathfrak{p}^{f''}$ par (48) puisque $f/3 < f''$, on a en particulier $u_\alpha \in \mathfrak{p}_L$, $v_\alpha \in \mathfrak{p}_L$ et donc $x \in \underline{\underline{G}}(\mathfrak{p}_L)\, \underline{\underline{T}}(\mathcal{O}_L)$, dont les invariants dans G par le groupe de Galois forment le groupe $G(\mathfrak{p})N(\mathcal{O})$ (4.3.1.(i)) ; on a donc, en particulier,
$$\mathrm{Tr}\ {}'\kappa_\theta(t) = \sum_{W(T)} \sum_{S(\mathfrak{p}^{f'})T(\mathfrak{p})\backslash 'G(\mathfrak{p})} \mathrm{Tr}\ {}'\rho_\theta(x^{w}t\, x^{-1}) .$$

b) Comme ${}^{w}t$ vérifie l'hypothèse (48) si et seulement si t la vérifie, on calcule, dans la somme précédente, le terme correspondant à $t = 1$; on a prouvé au cours de a), que l'élément x de $G(\mathfrak{p})$ devait être pris dans l'ensemble

$$\prod_{\alpha>0} \underline{\underline{U}}^{t}_{\alpha,L} \prod_{\alpha>0} \underline{\underline{U}}^{t}_{-\alpha,L} \underline{\underline{T}}(\mathfrak{p}_L),$$

en désignant par $\underline{\underline{U}}^{t}_{\alpha,L}$ le sous-groupe de $x_\alpha(\mathfrak{p}_L)$ formé des u tels que $tut^{-1}u^{-1} \in x_\alpha(\mathfrak{p}_L^{f''})$ et, de même, par $\underline{\underline{U}}^{t}_{-\alpha,L}$ la sous-groupe de $x_{-\alpha}(\mathfrak{p}_L)$ formé des v tels que $tvt^{-1}v^{-1} \in x_{-\alpha}(\mathfrak{p}_L^{f''})$. Remarquons que ceci implique que le commutateur $(x,t) = xtx^{-1}t^{-1}$ est dans $'\underline{\underline{S}}(\mathfrak{p}_L^{f''})$ et même $'S(\mathfrak{p}^{f''})$; le terme correspondant à $w = 1$ s'écrit donc

$$\left(\sum_{'S(\mathfrak{p}^{f'})T(\mathfrak{p})\backslash 'G(\mathfrak{p})} {}'\theta^{*}((x,t))\right) \mathrm{Tr}\,'\rho_\theta(t)$$

avec la notation de 4.3.4.

c) La fonction $v_t(\alpha) = \mathrm{val}(t^\alpha - 1)$ vérifie $v_t(-\alpha) = v_t(\alpha) < f''$, $v_t(\alpha+\beta) \geqslant v_t(\alpha) + v_t(\beta)$ si $\alpha, \beta, \alpha+\beta \in R$; on en déduit que les produits $\prod \underline{\underline{U}}^{t}_{\alpha,L}$ et $\prod \underline{\underline{U}}^{t}_{-\alpha,L}$, pris dans n'importe quel ordre, sont des groupes avec unicité de la décomposition, et que les $\underline{\underline{U}}^{t}_{\pm\alpha,L}$ quand α parcourt $'R$ engendrent le groupe

$$\prod_{\alpha>0} \underline{\underline{U}}^{t}_{\alpha,L} \prod_{\alpha>0} \underline{\underline{U}}^{t}_{-\alpha,L} \prod_{\alpha>0} h_\alpha\left(1+\mathfrak{p}_L^{-2v_t(\alpha)+2f''}\right)$$

(dans le langage de [6] b), 6.4.3., la fonction $\alpha \longmapsto -v_t(\alpha) + f''$ sur R est concave, et les propriétés précédentes résultent de la proposition 6.4.9 de [6] b)). Comme $v_t(\gamma\alpha) = v_{\gamma^{-1}t}(\alpha) = v_t(\alpha)$ si $\gamma \in \Gamma$, ce groupe est invariant par l'action du groupe de Galois Γ.

d) Soit $'M^t_L$ la réduction modulo $\mathfrak{p}_L^{f'}$ du groupe introduit en c). Remarquons que les commutateurs y sont centraux : en effet, il suffit de vérifier, d'après 2.2.10. que, pour toute racine α, on a $3(-v_t(\alpha) + f'') \geqslant f'$, c'est-à-dire $v_t(\alpha) \leqslant f'' - \frac{f'}{3}$, inégalité impliquée par (48). On en déduit qu'un système de représentants dans $'G(\mathfrak{p})$ des classes à gauche x modulo $'S(\mathfrak{p}^{f'})T(\mathfrak{p})$ telles que $\mathrm{Tr}\,'\rho_\theta(xtx^{-1}) = 0$ est donné par les éléments invariants par Γ dans $'M^t_L$, modulo les invariants par Γ dans $\prod_{\alpha>0} h_\alpha(1+\mathfrak{p}_L^{-2v_t(\alpha)+2f''})$ c'est-à-dire, avec le choix d'un relèvement $'R^+(T)$ de $'R/\pm\Gamma$ dans $'R/\Gamma$, le choix d'ordres sur les orbites comme au lemme 10 de 4.3.6, et en caractéristique résiduelle 2, d'éléments $a(\omega)$ pour les orbites symétriques, par les produits suivants, avec les notations de 4.3.6 :

$$'s(w) = \prod_{'R^+(T)} s_\omega(w_\Omega) \quad , \ \Omega = \omega \cup -\omega ,$$

où on a pris sur $'R^+(T)$ l'ordre pour lequel les $v_t(\omega)$ ($= v_t(\alpha)$ si $\alpha \in \Omega$) décroissant, et où w appartient au sous-groupe de $'\mathfrak{m}(\mathfrak{p}^t/\mathfrak{p}^{f'})$ formé des éléments w tels que w et $Adt.w$ soit congrus modulo $\mathfrak{p}^{f''}$. En particulier, si $v_t(\omega) = 0$, on a $w_\Omega = 0$. Notons $'\mathfrak{m}^t$ e sous-groupe de $'\mathfrak{m}(\mathfrak{p}^t/\mathfrak{p}^{f'})$; le terme cherché est donc

$$\sum_{'\mathfrak{m}^t} {'\theta^*}(('s(w),t)) \operatorname{Tr} {'\rho_\theta}(t) .$$

e) En fait, l'application $w \longmapsto {'\theta^*}(('s(w),t))$ est un caractère quadratique de $'\mathfrak{m}^t$: il faut chercher la composante dans $T_{'R}(\mathfrak{p}^{f''}/\mathfrak{p}^f)$ du commutateur $('s(w),t) \in {'S}(\mathfrak{p}^{f''}/\mathfrak{p}^f)$; on regarde donc l'élément $'s(w)t's(w)^{-1}t^{-1}$ modulo l'image de $'\mathfrak{m}(\mathfrak{p}^{f''}/\mathfrak{p}^f)$; il est congru à celle de $'s(w)'s(Adt.w)^{-1}$, et un petit calcul montre qu'on obtient, en tenant compte du fait que les composantes dans $T_{'R}(\mathfrak{p}^{f''}/\mathfrak{p}^f)$ proviennent seulement des $s_\omega(w_\Omega)s_\omega(Adt.w_\Omega)^{-1}$, avec les notations du lemme 10 :

$$\tau(('s(w),t)) = \tau\left(e^{\sum_{'R+(T)}[(1-Adt^{-1})w_\omega, w_{-\omega}a(\omega)]_T}\right), \text{ qui vaut donc}$$

$$\tau(('s(w),t) = \prod_{'R/\pm\Gamma} \tau_\Omega((1-t^{-\alpha})w_\alpha w_{-\alpha}\langle\theta^*_{\tau,\Omega}, H_\alpha\rangle),\ \alpha \in \Omega,\ w = \sum w_\alpha X_\alpha ,$$

avec la notation du lemme 1,4.2.3 .

f) Lorsque l'orbite de α est non symétrique, il faut donc calculer la somme $\sum_{x,y} \tau_1(cxy)$ où τ_1 est un caractère d'ordre f de L_Ω, $c \in \mathfrak{p}_\Omega$ ($c = 1-t^{-\alpha}$), et x,y parcourent $c^{-1}\mathfrak{p}_\Omega^{f''}/\mathfrak{p}_\Omega^{f'}$ (on a vu en d) qu'il n'y avait pas de terme correspondant à $c \in \theta^*_\Omega$). Comme l'application $(x,y) \longmapsto \tau_1(cxy)$ met alors $c^{-1}\mathfrak{p}^{f''}/\mathfrak{p}^{f'}$ en dualité avec lui-même, il est immédiat que cette somme est égale au nombre d'éléments de $c^{-1}\mathfrak{p}_\Omega^{f''}/\mathfrak{p}_\Omega^{f'}$, c'est-à-dire $q^{-i(\Omega)(f''-f')}|c|_\Omega^{-1}$ (la valeur absolue étant celle de L_Ω, normalisée par la mesure de Haar :

$$d(cx) = |c|_\Omega dx : \ |c|_\Omega = q^{-i(\Omega)\operatorname{val} c} = |N_{L_\Omega/k}(c)|).$$

g) Lorsque l'orbite de α est symétrique, il faut calculer la somme $\tau_1(cz\bar{z})$ où τ_1 est un caractère d'ordre f de L_Ω, z parcourt $c^{-1}\mathfrak{p}_\Omega^{f''}/\mathfrak{p}_\Omega^{f'}$, et $c \in \mathfrak{p}_\Omega$ est tel que $cz\bar{z}$ soit opposé de son conjugué. Remarquons que $z \longmapsto \tau_1(cz\bar{z})$ est un caractère quadratique non dégénéré sur $c^{-1}\mathfrak{p}_\Omega^{f''}/\mathfrak{p}_\Omega^{f'}$: en effet, le bi-caractère donné par

$$\tau_1(c(z+z')(\bar{z}+\bar{z}'))\,\tau_1(cz\bar{z})^{-1}\tau_1(cz'\bar{z}')^{-1} = \tau_1(c(z\bar{z}'+\bar{z}z')) \text{ met } c^{-1}\mathfrak{p}_\Omega^{f''}/\mathfrak{p}_\Omega^{f'}$$

en dualité avec lui-même. Soit n l'entier ≥ 0 donné par $c^{-1}\mathfrak{p}_\Omega^{f''}/\mathfrak{p}_\Omega^{f'} = \mathfrak{p}_\Omega^{f'-n}/\mathfrak{p}_\Omega^{f}$; la somme cherchée vaut donc, d'après un énoncé de Weil ([19] , I. 14, th. 2) $\gamma(n) \operatorname{Card}(\mathfrak{p}_\Omega^{f'-n}/\mathfrak{p}_\Omega^{f'})^{1/2}$ =

$= \gamma(n)\, q^{-i(\Omega)(f''-f')}|c|_\Omega^{-1}$ où $\gamma(n)$ est un nombre complexe de module 1.

Comme $\overline{cz\bar z} + cz\bar z = 0$, on a $\overline{\gamma(n)} = \gamma(n)$ et donc $\gamma(n) = \pm 1$. Lorsque $n = 2m$ est pair, le sous-groupe $\mathfrak{p}_\Omega^{f'-m}/\mathfrak{p}_\Omega^{f'}$ de $\mathfrak{p}_\Omega^{f'-n}/\mathfrak{p}_\Omega^{f'}$ est auto dual pour le bicaractère $\tau_1((z\bar z'+\bar z z'))$, et donc ([19] , I.20, th. 5) $\gamma(2m) = 1$.
Si $n = 2m - 1$ est impair, montrons que $\gamma(2m-1) = -1$ en prouvant que $\gamma(n)\,\gamma(n-1)$ est de signe négatif; son signe est celui de

$$\int_{\mathfrak{p}_\Omega^{f'-n}\times\mathfrak{p}_\Omega^{f'-n\,1}} \tau(cz\bar z)\,\tau_1(-c\pi z'\bar z')\,dz\,dz' ,$$

où π est un élément premier,

ceci vaut $\displaystyle\int_{\mathfrak{p}_\Omega^{f'-n}} \tau_1(c(z\bar z - \pi z'\bar z'))\,dz\,dz' = \int_{\mathfrak{P}_\Omega^{f'-n}} \tau_1(c\nu(\zeta))\,d\zeta$

où ν est la norme sur le corps des quaternions de $\tilde L_\Omega$, l'extension non ramifiée de degré $i(\Omega)$ de k , et $\mathfrak{P}_\Omega$ son idéal maximal , ν sa norme réduite qui envoie $\mathfrak{P}_\Omega^m$ sur $\tilde{\mathfrak{p}}_\Omega^{2m}$, puisque les normes $\mathfrak{p}_\Omega^m$ sont les éléments de $\tilde{\mathfrak{p}}_\Omega^m$.
Avec le changement de variables $\zeta \mapsto \nu(\zeta)$, ceci s'écrit, à une constante positive près $\displaystyle\int_{\tilde{\mathfrak{p}}_\Omega^{2f'-2n}} \tau_1(cx)\,|x|_{\tilde\Omega}\,dx$, où $|x|_{\tilde\Omega}$ est la valeur absolue dans $\tilde L_\Omega$;
cette dernière intégrale se calcule en intégrant sur les couronnes successives :
on trouve

$$\int_{\tilde{\mathfrak{p}}_\Omega^{2f'-2n}} \left(|x|_{\tilde\Omega} - q^{-i(\Omega)(2f'-2n+1)} \right) dx$$

qui est négatif.
Ainsi, la somme cherchée $\sum \tau_1(cz\bar z)$ vaut $(-1)^n\, q^{-i(\Omega)\,(f''-f')}\, |c|_\Omega^{-1} =$
$(-q^{-i(\Omega)})^{f''-f'}(-1)^{\mathrm{val}\,c}\, |c|_\Omega^{-1}$.

h) En recollant f) et g) , on obtient donc

$$\sum_{'\mathfrak{m}t} {'\theta}^*(('s(w),t)) = \prod \left(\varepsilon_\Omega\, q^{-i(\Omega)} \right)^{f''-f'} \varepsilon_\Omega^{v_t(\Omega)} \left| D_\Omega(t) \right|^{-1/2}$$

où le produit s'effectue sur les orbites Ω telles que $t^\Omega \equiv 1$, ε_Ω et D_Ω ont été définis dans l'énoncé du théorème 4, et $v_t(\Omega) = \mathrm{val}(1-t^\alpha)$ si $\alpha\in\Omega$; or cette expression est égale à la suivante

$$((-1)^{'s(t)}\, q^{'N(t)})^{f''-f'} \prod_{'R/\pm\Gamma} \varepsilon_\Omega^{\mathrm{val}\, D_\Omega(t)/2i(\Omega)} \left| 'D(t) \right|^{-1/2} ,$$

où $'s(t)$ est le nombre d'orbites symétriques ω de Γ dans $'R$ telles que $t^\omega \equiv 1$, que l'on sait (3.5.5. lemme 13) congru modulo 2 à $'\ell(t)$; comme

$$\mathrm{Tr}\ {'\rho_\theta}(t) = ((-1)^{\ell(T)+\,'\ell(t)}\, q^{'N(t)})^{f''-f'}\, \theta(t)$$

on en déduit la formule annoncée (49) .

La démonstration du théorème 4bis est exactement la même.

4.4.8. Remarques.

a) Soit $'\chi_\theta$ la fonction sur 'K définie par $'\chi_\theta(x) = 0$ si x n'appartient pas à $'R(\theta)$, et $'\chi_\theta$ sur $'R(\theta)$ est la fonction définie sur 4.3.7. c) si f est impair, et 4.3.7. b) si f est pair. On a alors

$$(51) \quad \mathrm{Tr}\ '\kappa_\theta(x) = 'd(\theta) \int_{'K} {}'\chi_\theta(yxy')dy \quad ('d(\theta) \text{ comme en } (35))$$

où la mesure de Haar sur 'K est normée par la masse totale égale à 1.

b) Lorsque θ est un caractère de $T(\mathfrak{O})$ qui est trivial sur $T(\mathfrak{p})$, on peut conjecturer, avec Mac-Donald ([3] , C. 6.7), que si θ est régulier sous $'W(T)$, il "définit" une représentation irréductible $'\kappa_\theta$ du groupe $'\overline{G} = 'G(\mathfrak{O})/'G(\mathfrak{p})$, de degré donné par (35) , de caractère donné sur les éléments réguliers de $\overline{T}$ par (49) , qui se lit en

$$\mathrm{Tr}\ '\kappa_\theta(t) = (-1)^{'\ell(T)} \sum_{'W(T)} {}^w\theta(t) ,$$

puisque le rang anisotrope de T est le rang semi-simple de $'\underline{\underline{G}}$; et également que $'\kappa_\theta$ est équivalente à $'\kappa_{\theta'}$, si et seulement si θ et θ' sont conjugués par $'W(T)$ (théorème 3 (iii)) ; les théorèmes 3bis et 4bis sont, également, probablement valables pour le groupe $\overline{G}$.

c) L'hypothèse de conducteur constant le long des orbites de $\underline{t}\Gamma$ dans 'R , ou R, qui a été faite sur le caractère θ de $T(\mathfrak{O})$ entraine fréquemment la régularité du caractère sous le petit groupe de Weyl. En effet si ${}^w\theta = \theta$, on a ${}^{w'}\theta^* = '\theta^*$ avec la notation de la proposition 1, (4.3.4) , c'est-à-dire $\mathrm{Ad}^\vee w.'\theta^*_\tau = '\theta^*_\tau$ dans $\underline{t}'_{'R}(\mathfrak{p}^{-f}/\mathfrak{p}^{-f''})$ si τ est un caractère d'ordre 0 de k ; si on décompose w en $w_{\alpha_1}, \dots, w_{\alpha_m}$, produit de réflexions linéairement indépendantes, on a donc, dans $\underline{\underline{t}}'_{'R}(\mathfrak{p}_L^{-f}/\mathfrak{p}_L^{-f''})$:

$$(1-w_{\alpha_1} \cdots w_{\alpha_m})'\theta^*_\tau = (1-w_{\alpha_1})'\theta^*_\tau = '\theta^*_\tau(H_{\alpha_1})\alpha_1$$

le premier membre est dans le sous-module engendré par les α_i , $i \geq 2$; si donc les α_i restent linéairement indépendants dans $\underline{\underline{t}}'_{'R}(\mathfrak{p}_L^{-f}/\mathfrak{p}_L^{-f''})$, on n'aura pas $|\prod \langle '\theta^*_\tau, H_\alpha\rangle| = q^{2'N f}$, θ n'est pas de conducteur constant.

CHAPITRE V

QUELQUES REPRESENTATIONS SUPERCUSPIDALES

Soit $\underline{\underline{G}}$ un groupe algébrique connexe réductif et déployé sur le corps $\wp$-adique k. Fixons un tore maximal non ramifié spécial $\underline{\underline{T}}$ de $\underline{\underline{G}}$. Lorsque $\underline{\underline{T}}$ est minisotrope, les représentations du sous-groupe compact maximal K associé à $\underline{\underline{T}}$ que donne le théorème 3 vont fournir des représentations supercuspidales de G : on en donne les propriétés dans l'énoncé du théorème 5 (§2), et les formules explicites sont donnés au §3. Si $\underline{\underline{T}}$ n'est pas minisotrope, il l'est dans le centralisateur $\underline{\underline{G}}'$ de sa partie déployée; et les représentations supercuspidales de G' que fournit le théorème 5, donnent, par la méthode de Bruhat, des représentations de G; on renvoie aux travaux d'Harish-Chandra ([12] c)) pour ce cas-ci.

Au §1 on rappelle les définitions et propriétés des représentations admissibles et des représentations supercuspidales.

5.1. Représentations admissibles.

5.1.1. On reprend les mêmes notations qu'en 4.1 : on note $\underline{\underline{G}}$ un groupe algébrique connexe réductif déployé sur le corps $\wp$-adique k, et on suppose que son groupe dérivé $\underline{\underline{S}}$ est simplement connexe. Soit $\underline{\underline{Z}}$ le tore central de $\underline{\underline{G}}$. On écrit G,S,... pour $\underline{\underline{G}}(k)$, $\underline{\underline{S}}(k)$,... On fixe un tore maximal $\underline{\underline{T}}$, non ramifié (3.1.4), minisotrope (c'est-à-dire que $\underline{\underline{T}}/\underline{\underline{Z}}$ est un tore anisotrope) et spécial (3.3.9). On note $\underline{\underline{N}}$ le normalisateur de $\underline{\underline{T}}$, W(T) = N/T le petit groupe de Weyl de $\underline{\underline{T}}$, et K le sous-groupe compact maximal spécial de G relatif à $\underline{\underline{T}}$ (3.3.8). Il y a donc un tore maximal déployé $\underline{\underline{A}}$ de $\underline{\underline{G}}$ tel que G = KAK (décomposition de Cartan : [6] b), 4.4.3). De plus, la donnée de K définit pour chaque sous-groupe horicyclique $\underline{\underline{U}}$ de $\underline{\underline{G}}$ (2.1.10), une filtration $(U(\wp^n))_{n\geqslant 0}$ sur le groupe des points rationnels sur k de U (2.2.13).

Le théorème de conjugaison des tores maximaux de $\underline{\underline{G}}$([2], IV (1.1.3)), entraîne que les tores maximaux de $\underline{\underline{G}}$ sont de la forme $\underline{\underline{T}} = \underline{\underline{Z}}\underline{\underline{T}}_R$, où $\underline{\underline{T}}_R$ est un tore maximal de $\underline{\underline{S}}$: $\underline{\underline{T}}_R$ est la trace de $\underline{\underline{T}}$ sur $\underline{\underline{S}}$, l'intersection $\underline{\underline{T}}_R \cap \underline{\underline{Z}}$ étant finie (car contenue dans $\underline{\underline{S}} \cap \underline{\underline{Z}}$, qui est fini : [2] IV. (1.4.2)), Avec les notations X et X' pour le groupe des caractères rationnels et X' le groupe des sous-groupes à un paramètre ([2] III.(8.6)), on en déduit que $X'(\underline{\underline{Z}}) + X'(\underline{\underline{T}}_R)$ est d'indice fini dans $X'(\underline{\underline{T}})$, et que le conoyau de $X(\underline{\underline{T}}) \longrightarrow X(\underline{\underline{Z}}) + X(\underline{\underline{T}}_R)$ est fini, et donc, en particulier, que $X'(\underline{\underline{Z}})$ est l'orthogonal de $X(\underline{\underline{T}}_R)$ dans $X'(\underline{\underline{T}})$.

5.1.2. Lemme 1

Soient $\underline{\underline{G}}, \underline{\underline{A}}, K$ comme ci-dessus. Fixons une base B du système de racines de $(\underline{\underline{G}}, \underline{\underline{A}})$. Pour chaque entier $c \geq 0$, on définit une partie A_c de A par les éléments $a \in A$ tels que

$$0 \leq \operatorname{val} a^{\alpha} \leq c \text{ pour toute racine } \alpha \in B, \text{ et on pose } A^+ = \bigcup_{c \geq 0} A_c .$$

Alors

(i) $A_o = ZA(\mathfrak{O})$, A_c/A_o est fini, $G = KA^+K$;

(ii) si $a \in A^+$ et $a \notin A_c$, il existe un sous-groupe horicyclique U de G tel que, pour tout entier $n \geq 0$, on ait l'inclusion

$$(1) \qquad a^{-1}\, U(\mathfrak{p}^n)\, a \subset U(\mathfrak{p}^{n+c+1}).$$

Preuve. (i) Il est clair que $ZA(\mathfrak{O})$ est contenu dans A_o. Inversement, si $X'(\underline{\underline{A}})$ est le réseau des sous-groupes à un paramètre de $\underline{\underline{A}}$, on a l'application

$$1 \longrightarrow A(\mathfrak{O}) \longrightarrow A \xrightarrow{\operatorname{val}} X'(\underline{\underline{A}}) \longrightarrow 0 \ ,$$

définie par $\langle \operatorname{val} t, \varpi \rangle = \operatorname{val} t^{\varpi}$ pour chaque caractère rationnel $\varpi \in X(A)$: la donnée d'un élément premier π de k définit une section $\mu \longmapsto \pi^{\mu}$ de cette suite : π^{μ} est l'élément de A défini par $(\pi^{\mu})^{\varpi} = \pi^{\langle \mu, \varpi \rangle}$ pour chaque $\varpi \in X(\underline{\underline{A}})$. Le groupe A_o est donc, modulo $A(\mathfrak{O})$, défini par les $\mu \in X'(\underline{\underline{A}})$ orthogonaux aux $\alpha \in B(R)$, et donc aux éléments de $X(\underline{\underline{A}}_R)$, avec la notation ci-dessus, ce qui entraîne $\mu \in X'(\underline{\underline{Z}})$, c'est-à-dire $\pi^{\mu} \in Z$, et $A_o = ZA(\mathfrak{O})$. Ensuite, A_c est formé des $a\pi^{\mu}$, $a \in A(\mathfrak{O})$ et $\mu \in X'(\underline{\underline{A}})$ tel que $0 \leq (\mu, \alpha) \leq c$; ces μ sont, modulo $X'(\underline{\underline{Z}})$, en nombre fini, d'où la finitude de A_c/A_o. Enfin, on a $G = KAK = K\pi^{X'(A)}K$; comme le groupe de Weyl de $\underline{\underline{A}}$ se relève dans K (2.2.4), on peut choisir un élément privilégié dans $K\pi^{\mu}K$: on le prend dans l'adhérence de la chambre que définit la base B, qui est un domaine fondamental pour W ([5] c), V.3.3, th.2).

(ii) Si $A \notin A_c$, il y a au moins une racine simple α pour laquelle $\operatorname{val} a^{\alpha} > c$; elle définit un sous-groupe horicyclique standard (2.1.10), soit $\underline{\underline{U}}$ son opposé. Comme $\operatorname{val} a^{\alpha} \geq c+1$, on a $\operatorname{val} a^{\beta} \geq c+1$ pour $\beta \in (\alpha)$, l'horicycle de α. On sait que $U(\mathfrak{p}^n)$ est engendré par les $x_{-\beta}(\mathfrak{p}^n)$, $\beta \in (\alpha)$, pour un système de Chevalley de $(\underline{\underline{G}}, \underline{\underline{A}})$ qui définit K et donc $a^{-1}\, x_{-\beta}(\mathfrak{p}^n)\, a = x_{-\beta}(a^{\beta}\mathfrak{p}^n) \subset x_{-\beta}(\mathfrak{p}^{n+c+1})$, qui donne (1).

Remarque. Soit $\underline{\underline{U}}$ un sous-groupe horicyclique standard. Si $u \in U$, alors pour tout entier $n \geq 0$, il y a un $a \in A$ tel que $au\,a^{-1} \in U(\mathfrak{p}^n)$: il suffit d'écrire $u = \prod_{\alpha > 0} x_{\alpha}(U_{\alpha})$ et de choisir a de façon que $\operatorname{val} a^{\alpha} \geq -\operatorname{val} u_{\alpha}$, $\alpha > 0$.

5.1.3. Le sous-groupe compact maximal K possède une filtration $G(\mathfrak{p}^n)$ (2.2.11), qui fournit un système fondamental de voisinages de l'unité dans G, formé de sous-groupes ouverts et compacts. On dira qu'un groupe localement compact M est <u>totalement discontinu</u> s'il admet une base de voisinages de l'élément neutre formé de sous-groupes ouverts compacts. Si E est un espace vectoriel complexe sur lequel M opère, on dit que c'est une représentation de M si tout vecteur de E est fixé par un sous-groupe ouvert de M : si on note $(x,v) \longmapsto \mu(x)v$ l'action de $x \in M$ sur $v \in E$, ceci signifie que l'application $x \longmapsto \mu(x)v$ de M dans E est localement constante pour chaque $v \in E$. Si E est de dimension 1, on appellera <u>caractère</u> la représentation μ.

Soit γ une représentation de G dans un espace vectoriel E. Fixons une mesure de Haar dx sur G ; pour tout sous-groupe ouvert compact H de G, on note 1_H la fonction caractéristique de H normalisée par $\int_H dx = 1$. Si $v \in E$, soit H' un sous-groupe ouvert compact de H qui fixe v ; il est donc d'indice fini dans H : $H = \bigcup_{1 \leq i \leq n} h_i H'$, et l'élément $\sum_{1 \leq i \leq n} \gamma(h_i)v$ de E ne dépend pas du système de représentants de H/H' choisi: on le note $\gamma(1_H)v$; la normalisation montre que $\gamma(1_H)\gamma(1_H) = 1$, et donc que $\gamma(1_H)$ est le projecteur de E sur le sous-espace des vecteurs que fixe H. En écrivant $v = \gamma(1_H)v + (1-\gamma(1_H))v$, on voit que E est somme directe du sous-espace des vecteurs fixés par H et du sous-espace engendré par les $(1-\gamma(h))v$ pour $h \in H, v \in E$.

Si maintenant f est une fonction sur G qui est localement constante à support compact, et si $v \in E$, il y a un sous-groupe ouvert compact H de G qui fixe v et tel que $f(xh) = f(x)$ pour $h \in H$, $x \in G$; on posera donc (la somme étant finie):

(2) $$\gamma(f)v = \sum_{G/H} f(x)\,\gamma(x)v, \text{ et on écrira } \gamma(f) = \int_G f(x)\,\gamma(x)dx.$$

Soit v' une forme linéaire sur E; on dit que $x \longmapsto (\gamma(x)v,v')$ est un <u>coefficient</u> de γ si l'application qui à x associe la forme linéaire $v \longmapsto (\gamma(x)v,v')$ est localement constante : soit $E^\vee$ l'ensemble des formes linéaires v' pour lesquelles $x \longmapsto (\gamma(x)v,v')$ est un coefficient de E ; on a donc une représentation $\check{\gamma}$, dite <u>contragrédiente</u> de γ, de G dans $E^\vee$ par $(\gamma(x)v, \check{\gamma}(x)v') = (v,v')$. De plus, on a $v' \in E^\vee$ si et seulement si il y a un sous-groupe ouvert compact H tel que

(3) $$((1-\gamma(h)v,v') = 0 \quad \text{pour } h \in H,\ v \in E.$$

5.1.4 <u>Lemme</u> 2.

<u>Soit</u> H <u>un sous-groupe ouvert compact de</u> G. <u>On se donne un caractère</u> ζ <u>de</u> Z, <u>et une représentation</u> η <u>de</u> H <u>dans un espace de dimension finie</u> $E(\eta)$ <u>qui coïncide avec</u> ζ <u>sur</u> $H \cap Z$. <u>Soit</u> E <u>l'espace des fonctions</u> $f : G \longrightarrow E(\eta)$, <u>à support fini modulo</u> ZH, <u>telles que</u>

(4) $$f(zhx) = \zeta(z)\,\eta(h)\,f(x), \quad z \in Z,\ h \in H,\ x \in G.$$

Alors :

(i) on définit une représentation γ de G dans E, dite représentation induite par $\zeta \otimes \eta$, par translations à droite :

$$(\gamma(y)f)(x) = f(xy) ;$$

(ii) soit E_1 le sous-espace de E formé des fonctions à support ZH ; la restriction de γ à H opère sur E_1, et cette action est la représentation η via l'isomorphisme $f \longmapsto f(1)$ de E_1 sur $E(\eta)$. De plus, on a les décompositions :

$$(5) \qquad E = \bigoplus_{ZH\backslash G} \gamma(x)^{-1} E_1 = \bigoplus_{ZH\backslash G/ZH} \gamma(ZH\, xZH)^{-1} E_1 \quad ;$$

(iii) le sous-espace $\gamma(ZH \times ZH)^{-1} E_1$ est invariant par la restriction de γ à H, et s'identifie à la représentation de H induite par la représentation $h \longmapsto \eta(x^{-1}hx)$ de $H \cap x H x^{-1}$.

Preuve. (i) Comme l'espace $E(\eta)$ est de dimension finie, il y a un sous-groupe ouvert, compact, d'indice fini, H' de H tel que la restriction de η à H' soit triviale. Pour $f \in E$ on a donc $f(hx) = f(x)$ si $h \in H'$. Le support de f est réunion finie de classes à gauche $ZH'x_i$, et pour $y \in \bigcap x_i^{-1} H' x_i$, qui est un sous-groupe ouvert compact, on a $f(xy) = f(x)$: en effet, si $x = zh\, x_i$ et $y = x_i^{-1} h' x_i$, on a $f(x) = \zeta(z)\, \eta(h)\, f(x_i) = \zeta(z)\, \eta(h)\, f(h'x_i) = \zeta(z)\, \eta(h)\, f(x_i\, x_i^{-1}\, h'\, x_i) = f(zh\, x_i y) = f(xy)$, et de plus les deux membres sont nuls si x n'est pas dans le support de f. Ceci montre que γ est une représentation de G dans E.

(ii) Si $f \in E_1$, on a $f(zh) = \zeta(z)\, \eta(h)\, f(1)$, et donc $f \mapsto f(1)$ est un isomorphisme d'espaces vectoriels, de E_1 sur $E(\eta)$. Comme $\gamma(h')\, f(h) = f(hh') = \eta(h)\, \eta(h')\, f(1)$, la première assertion est claire. Ensuite, soit $f \in E$. Pour chaque $x \in G$, on définit $f_x \in E_1$ par $f_x(zh) = \zeta(z)\, \eta(h)\, f(x)$. Il est immédiat que la fonction $\gamma(x)^{-1} f_x$ de E ne dépend que de la classe ZHx, et f étant à support fini, on a $f = \sum_{ZH\backslash G} \gamma(x)^{-1} f_x$. La restriction de γ à ZH opère sur E_1, et $\gamma(x)$ conserve E_1 si et seulement si $x \in ZH$: ceci donne la première décomposition. La seconde en résulte immédiatement, en remarquant que la double classe ZH x ZH est réunion finie de classes à gauche par ZH.

(iii) Cette dernière décomposition revient à décomposer $f \in E$ suivant les fonctions caractéristiques des doubles classes ZH x ZH. Le sous-espace $\gamma(ZH \times ZH)^{-1} E_1$ est formé des éléments de E_1 à support dans ZH x ZH, et est donc invariant par ZH, donc par H. La seconde assertion, une fois remarqué qu'il s'agit d'espaces de dimension finie, vient de ce que $h\,x\,H' = h'\,x\,H$, pour $h,h' \in H$, équivaut à $h^{-1}h' \in H \cap x\,H\,x^{-1}$.

5.1.5. On dit qu'une représentation d'un groupe localement compact totalement discontinu est irréductible s'il n'y a pas de sous-espace invariant propre.

Lemme 3

Reprenons les hypothèses et notations du lemme 2. Soit $v \longmapsto f_v$ *l'isomorphisme de* $E(\eta)$ *sur* E_1 *donné par* $f_v(h) = \eta(h)v$. *Les opérateurs* A *sur* E *qui commutent à la représentation* γ *correspondent bijectivement aux fonctions* ϕ, *définies sur* G *à valeur dans l'algèbre des endomorphismes de* $E(\eta)$, *qui satisfont aux conditions*

$$(6)\quad \begin{cases} \phi(zx) = \zeta(z)\,\phi(x) & \text{pour } z \in Z\,, \\ \phi(h\,x\,h') = \eta(h)\,\phi(x)\,\eta(h') & \text{pour } h,h' \in H\,, \end{cases}$$

par l'application qui associe à A *la fonction "sphérique"* ϕ *donnée par*

$$\phi(x)v = (A\,f_v)(x) \text{ pour } v \in E(\eta).$$

Preuve. La première décomposition (5) montre que l'application qui associe à A sa restriction à E_1 est injective, et donc aussi $A \longmapsto \phi$. On vérifie que ϕ satisfait aux conditions (6). Inversement, si ϕ satisfait à (6), on définit un opérateur A qui commute à la représentation γ par la formule suivante, prolongée par linéarité grâce à (5) :

$$(A\,\gamma(y)f_v)(x) = \phi(xy)v\,, \quad v \in E(\eta),\ x,y \in G,$$

et la fonction sphérique associée à cet opérateur est la fonction initiale ϕ.

5.1.6. On dit qu'une représentation γ de G dans un espace E est *admissible* si, pour tout sous-groupe ouvert compact H de G, le sous-espace $\gamma(1_H)E$ des vecteurs de E qui fixe H est de dimension finie.

Lemme 4

Soit γ *une représentation de* G *dans un espace* E, *les conditions suivantes sont équivalentes*

(i) γ *est admissible* ;

(ii) $\check{\gamma}$ *est admissible* ;

(iii) *les opérateurs* $\gamma(f)$, *pour les fonctions localement constantes sur* G, *à support compact, sont des opérateurs de rang fini* ;

(iv) *pour tout sous-groupe ouvert compact* H *de* G, *pour toute représentation irréductible* η *de* H, *la multiplicité de* η *dans la restriction de* γ *à* H *est finie.*

Preuve. On note H un sous-groupe ouvert compact quelconque de G. Si γ est une représentation de G dans E, on a vu en 5.1.3 qu'on avait la décomposition

$$E = \gamma(1_H)E \oplus (1-\gamma(1_H))E$$

et, par définition (3), $E^\vee$ est la réunion des orthogonaux $((1-\gamma(1_H)E)^\perp$ dans l'espace dual de E, c'est-à-dire des espace duaux des $\gamma(1_H)E$, qui sont aussi les espaces $\check{\gamma}(1_H)\, E^\vee$. Ceci donne l'équivalence (i) $\Leftrightarrow$ (ii).

Si f est une fonction localement constante à support compact C, il y a un nombre fini de points $x_i \in C$ tels que $C = \bigcup x_i H_i$ où les H_i sont des sous-groupes ouverts compacts, et donc on a

$$\gamma(f) = \sum f(x_i)\ \gamma(x_i)\ \gamma(1_{H_i}) \ ;$$

ceci prouve l'implication (i) $\Rightarrow$ (iii), la réciproque étant immédiate : il suffit de prendre $f = 1_H$.

Si η est une représentation irréductible du sous-groupe ouvert compact H, il y a un sous-groupe d'indice fini H' de H sur lequel η est triviale : tout vecteur de E de type η est fixé par H' : ceci montre que (i) entraîne (iii) ; la réciproque est claire ; il suffit de prendre pour η la représentation unité de H, pour qui le sous-espace de E associé est $\gamma(1_H)E$.

5.1.7. On dit qu'une représentation γ de G dans un espace E est <u>préunitaire</u>, s'il existe un produit hermitien $\langle\ ,\ \rangle$ sur E tel que

$$\langle \gamma(x)v,\ \gamma(x)v' \rangle = \langle v,v' \rangle \quad , x \in G,\ v,v' \in E.$$

On dira qu'une représentation admissible γ de G dans un espace E est <u>supercuspidale</u>, si la condition suivante est réalisée : pour tout $v \in E$, pour tout sous-groupe horicyclique $\underline{\underline{U}}$ de $\underline{\underline{G}}$, il y a un sous-groupe ouvert compact U' de U tel que :

$$\int_{U'} \gamma(u)v\, du = 0 \ ,$$

relativement à une mesure de Haar du (en réalité, la somme est finie). On sait ([12] c) , § 6 th.6) qu'une représentation admissible γ de G est supercuspidale si et seulement si ses coefficients sont à support compact modulo Z. Les représentations admissibles supercuspidales qui sont préunitaires sont donc des représentations de carré intégrable sur G/Z:elles appartiennent à la "série discrète" de G.

Si de plus la représentation γ est irréductible, le degré formel $d(\gamma)$ est défini par

$$(7) \qquad \int_{G/Z} \left(\gamma(x)u, \check{u}\right) \left(v, \check{\gamma}(x)\check{v}\right) dx = \frac{1}{d(\gamma)} \left(u, \check{v}\right)\left(v, \check{u}\right),$$

pour $u, v \in E$, $\check{u}, \check{v} \in E^{\vee}$; c'est un réel strictement positif.

5.1.8. Soit G' l'ouvert des éléments réguliers de G ([12] b), V. §3). Si γ est une représentation admissible supercuspidale préunitaire irréductible de G, Harish-Chandra a montré que la forme linéaire qui, à une fonction f localement constante à support compact contenu dans G', associe $\mathrm{Tr}\,\gamma(f)$ (cet opérateur est de rang fini, lemme 4, donc a une trace)est donnée par une fonction localement constante sur G' ainsi ([12] b), V. Th.12): soient $v \in E$ un vecteur unitaire, H un sous-groupe ouvert compact de G et $F_\gamma(x)$ la fonction définie sur G' par la formule, qui a un sens ([12] b), V. lemme 23) :

$$(8) \qquad F_\gamma(x) = d(\gamma) \int_{G/Z} dy \int_H \langle \gamma(hy\,x\,y^{-1}h^{-1})v, v \rangle \, dh, \quad x \in G'.$$

Alors

$$(9) \qquad \mathrm{Tr}\,\gamma(f) = \int_G f(x)\, F_\gamma(x)\,dx .$$

On dira que F_γ est le caractère de la représentation γ, et on écrira $F_\gamma(x) = \mathrm{Tr}_\gamma(x)$, pour $x \in G'$.

5.2. Représentations du groupe des points rationnels sur k.

5.2.1. Théorème 5

On se donne un groupe $\underline{\underline{G}}$, algébrique connexe réductif et déployé sur le corps $\wp$-adique k; on suppose que le groupe dérivé $\underline{\underline{S}}$ de $\underline{\underline{G}}$ est simplement connexe. Soit $\underline{\underline{T}}$ un tore maximal de $\underline{\underline{G}}$, non ramifié (3.1.4), minisotrope et spécial (3.3.9) ; on note R le système de racines de $(\underline{\underline{G}}, \underline{\underline{T}})$, $W(T)$ le petit groupe de Weyl de $\underline{\underline{T}}$ (3.1.7), Γ le groupe de Galois d'une extension non ramifiée L de k où T se déploie.

Soit θ un caractère de T. On suppose qu'il y a un entier $f \geq 2$ pour lequel le conducteur de θ le long de chaque orbite du groupe $\pm\Gamma$ dans R soit égal à f (4.2.3) soit γ_θ la représentation de G induite par la représentation $\theta \otimes \kappa_\theta$ de ZK, où Z est le centre connexe de G, K le sous-groupe compact maximal spécial attaché à $\underline{\underline{T}}$ (3.3.8), et κ_θ est la représentation du théorème 3. Alors

(i) la représentation γ_θ est admissible ;

(ii) soit $W(\theta)$ le fixateur de θ dans $W(T)$; le commutant de γ_θ est isomorphe à celui de κ_θ, et sa dimension est égale au nombre d'éléments $|W(\theta)|$ de $W(\theta)$;

(iii) la représentation contragrédiente $\check{\gamma}_\theta$ de γ_θ (5.1.3) est équivalente à $\gamma_{\theta^{-1}}$; la représentation γ_θ est préunitaire si et seulement si le caractère θ est unitaire ;

(iv) la représentation γ_θ est supercuspidale (5.1.7); si le caractère θ est unitaire et régulier (i.e. $W(\theta) = 1$), le degré formel de γ_θ est le degré $d(\theta)$ de κ_θ (formule (35) du th. 3 de 4.4.1) lorsque la mesure de Haar sur G donne la masse 1 à ZK/Z ;

(v) le sous-espace des vecteurs de l'espace de γ_θ qui sont fixés par le sous-groupe $S(\wp^f)$ est formé des fonctions à support ZK ; c'est un K-module isomorphe à la représentation K_θ ;

(iv) deux telles représentations γ_{θ_1} et γ_{θ_2} sont équivalentes si et seulement si les caractères θ_1 et θ_2 sont conjugués par le petit groupe de Weyl $W(T)$;

(vii) lorsque θ est un caractère unitaire et régulier, le caractère de la représentation γ_θ (5.1.8) est donné par la formule :

$$\text{(10)} \qquad \operatorname{Tr} \gamma_\theta(x) = \int_{ZK/G} \operatorname{Tr}(\theta \otimes \kappa_\theta)(yxy^{-1})dy \ , \quad x \in G' \ ,$$

où la mesure invariante donne la masse 1 à chaque point, et où $\operatorname{Tr}(\theta \otimes \kappa_\theta)$ vaut 0 hors de ZK ;

(viii) soit θ un caractère unitaire et régulier de T; si $t \in T$ vérifie

$$\text{(11)} \qquad \operatorname{val}(1-t^\alpha) \leqslant f/3 \quad \text{pour toute racine} \quad \alpha \in R,$$

la valeur du caractère de γ_θ en t est donnée par la formule (49) du théorème 4 (4.4.7) à savoir, avec ses notations :

$$\text{(12)} \qquad \operatorname{Tr} \gamma_\theta(t) = (-1)^{\ell f} \sum_{W(T)} \theta({}^w t) \, / \, \Delta(t).$$

La démonstration fait l'objet des numéros suivants.

5.2.2. Preuve de (i). Soit $E_K(\theta)$ l'espace de la représentation κ_θ ; la représentation γ_θ est réalisée dans l'espace $E_G(\theta)$ des fonctions localement constantes sur G, à support fini modulo ZK, à valeurs dans $E_K(\theta)$, et vérifiant la propriété suivante

$$F(zyx) = \theta(z)\, \kappa_\theta(y)\, F(x) \ , \ z \in Z, \ y \in K, \ x \in G \ ;$$

l'action du groupe G est donnée par les translations à droite. Il faut montrer que le sous-espace de $E_G(\theta)$ formé des vecteurs qui fixe un sous-groupe ouvert compact donné de G est de dimension finie. Comme les sous-groupes $G(\mathfrak{p}^n)$, $n \geqslant 0$, forment un système fondamental de voisinages de l'élément neutre (2.2.11), il suffit de prouver cette propriété pour les sous-groupes ouverts compacts de la forme $G(\mathfrak{p}^n)$. On va prouver que les fonctions de $E_G(\theta)$ qui sont fixées par l'action de $G(\mathfrak{p}^n)$ sont déterminées par les valeurs qu'elles prennent sur une certaine partie finie de G, ce qui prouvera qu'elles forment un espace de dimension finie. On remarque d'abord que ces fonctions sont déterminées par les valeurs qu'elles prennent sur les doubles classes $ZK\backslash G/G(\mathfrak{p}^n)$. Fixons une décomposition de Cartan $G = KAK$, avec un tore maximal déployé $\underline{\underline{A}}$ de $\underline{\underline{G}}$. Avec la notation du lemme 1, si $c \geqslant 1$ et $c \geqslant n-f$, il existe un sous-groupe horicyclique U de G tel que, si $a \in A^+$:

$$a \notin A_c \implies a^{-1}\, U(\mathfrak{p}^{f-1})\, a \subset U(\mathfrak{p}^n) \quad ;$$

si $F \in E_G(\theta)$ est fixé par $G(\mathfrak{p}^n)$, regardons sa valeur sur les éléments ax, $a \in A^+$, $a \notin A_c$, $x \in K$, à l'aide des $u \in U(\mathfrak{p}^{f-1})$:

$$F(uax) = \chi_\theta(u)\, F(ax) = F(ax) = F(ax\, x^{-1}a^{-1}uax) = F(ax),$$

puisque le sous-groupe $G(\mathfrak{p}^n)$ est invariant dans K, et F fixé par $G(\mathfrak{p}^n)$. En prenant l'intégrale sur $U(\mathfrak{p}^{f-1})$, la formule (36)' du théorème 3 de 4.4.1 donne

$$F(ax) = 0, \text{ pour } a \notin A_c\ ,\ x \in K\ ;\ c \geqslant 1,\ c \geqslant n-f.$$

Ainsi F est déterminée par les valeurs qu'elle prend sur l'ensemble $ZK\backslash KA_cK/G(\mathfrak{p}^n)$, donc sur $A_cK/A_oG(\mathfrak{p}^n)$, qui est fini, comme A_c/A_o (5.1.2) et $K/G(\mathfrak{p}^n) = G(\mathfrak{O}/\mathfrak{p}^n)$.

5.2.3. <u>Preuve de</u> (ii). En raison du lemme 3 on commence par prouver que si ϕ est $\theta \otimes \chi_\theta$-sphérique, alors $\phi(a) = 0$ pour $a \in A$, $a \notin A_o$. Soit donc $a \in A$, $a \notin A_o$; il y a donc un sous-groupe horicyclique $\underline{\underline{U}}$ de $\underline{\underline{G}}$ tel que $a^{-1}U(\mathfrak{p}^{f-1})a \subset U(\mathfrak{p}^f)$, d'où :

$$\phi(ua) = \chi_\theta(u)\, \phi(a) = \phi(aa^{-1}ua) = \phi(a)\ \chi_\theta(a^{-1}ua) = \phi(a),$$

et en intégrant sur $U(\mathfrak{p}^{f-1})$, on a, comme pour la preuve de (i), $\phi(a) = 0$.

Le commutant de γ_θ est donc celui de χ_θ ; comme $T = ZT(\mathfrak{O})$ (3.2.5, prop.2(v)) et que W(T) opère trivialement sur Z, le stabilisateur de θ dans W(T) est le stabilisateur de sa restriction à $T(\mathfrak{O})$. Ainsi (ii) résulte du théorème 3, (i), de 4.4.1.

5.2.4. Preuve de (iii). La représentation $\check{\rho}_\theta$, contragrédiente de la représentation ρ_θ du groupe $R(\theta) = T(\sigma)\, S(\rho^{f'})$ (Prop.1 de 4.3.4), a pour caractère le conjugué du caractère de ρ_θ ; les formules (19) et (20)' montrent que c'est le caractère de $\rho_{\theta^{-1}}$, puisque $\bar{\theta} = \theta^{-1}$ sur $T(\sigma)$. On en déduit que la représentation contragrédiente $\check{\chi}_\theta$ de χ_θ est équivalente à la représentation induite par $\rho_{\theta^{-1}}$, c'est-à-dire à $\chi_{\theta^{-1}}$. Fixons un produit hermitien $<\ ,\ >$ sur $E_K(\theta)$ invariant par l'action de K ; l'application :

$$f \in E_K(\theta)\ ,\ f' \in \overline{E_K(\theta)} \longmapsto < f, \bar{f'} > \ ,$$

permet d'identifier $E_K(\theta^{-1})$ au conjugué de $E_K(\theta)$, et la représentation contragrédiente $\check{\chi}_\theta$ à la représentation conjugée de χ_θ. On en déduit que, pour tout $x \in G$, l'application :

$$F \in E_G(\theta),\ F' \in E_G(\theta^{-1}) \longmapsto < F(x),\ \overline{F'(x)} > \ ,$$

est bilinéaire non dégénérée, et comme $x \longmapsto < F(x),\ \overline{F'(x)} >$ est à support compact modulo Z, et invariante par $x \longmapsto zyx$ où $z \in Z$, $y \in K$, l'application, où l'intégrale est une somme finie :

$$F \in E_G(\theta),\ F' \in E_G(\theta^{-1}) \longmapsto \int_{ZK\backslash G} < F(x),\ \overline{F'(x)} > dx$$

notée $(\ ,\ )$, est invariante par l'action de G et identifie la représentation contragrédiente de γ_θ à $\gamma_{\theta^{-1}}$:

$$(\gamma_\theta(x)F,\ \gamma_{\theta^{-1}}(x)F') = (F,F')\ ,\ x \in G,\ F \in E_G(\theta),\ F' \in E_G(\theta^{-1}).$$

Pour que la représentation γ_θ soit préunitaire, il est nécessaire que sa restriction au centre soit unitaire ; comme c'est l'homothétie définie par la restriction de θ à Z, il est donc nécessaire que celle-ci soit unitaire ; comme $T(\sigma)$ est compact, et que $T = ZT(\sigma)$ (3.2.5, Prop.2(v)), le caractère θ est unitaire. Inversement, si θ est un caractère unitaire, alors l'application sesquilinéaire sur $E_G(\theta)$ donnée par :

$$(13) \qquad (F,F') = \int_{ZK\backslash G} < F(x),\ F'(x) > dx\ ,$$

définit une structure d'espace préhilbertien sur $E_G(\theta)$ pour qui les opérateurs $\gamma_\theta(x)$, $x \in G$, sont unitaires.

5.2.5. Preuve de (iv). D'après ce qui précède, les coefficients de γ_θ s'écrivent sous la forme $x \longmapsto (\gamma_\theta(x)\, F,F')$, $F \in E_G(\theta)$, $F' \in E_G(\theta^{-1})$ avec

$$(\gamma_\theta(x)F,F') = \int_{ZK\backslash G} \langle F(yx), \overline{F'(y)} \rangle \, dy \ ;$$

soit C un compact de G tel que le support de F soit dans CZ, et de même C' pour F' ; alors pour que le second membre ne soit pas nul, il faut que y reste dans C'Z et yx dans CZ, donc x dans $C'^{-1}CZ$. Comme $C'^{-1}C$ est une partie compacte de G, on a montré que la fonction $x \longmapsto (\gamma_\theta(x)F,F')$ est à support compact modulo Z : la représentation γ_θ est supercuspidale.

Si le caractère θ de T est unitaire et régulier, la représentation γ_θ est irréductible par (ii), préunitaire par (iii), et de carré intégrable ; normalisons la mesure de Haar sur G comme indiqué ; la formule qui donne le degré formel, avec le fait que la représentation contragrédiente d'une représentation unitaire s' identifie à sa représentation conjuguée, est donc, d'après (7) de 5.1.7 :

$$\int_{G/Z} \langle \gamma_\theta(x)F_1,F'_1 \rangle \overline{\langle \gamma_\theta(x)F_2,F'_2 \rangle} \, dx = \frac{1}{d(\gamma_\theta)} \langle F_1,F_2 \rangle \overline{\langle F'_1,F'_2 \rangle} \ ;$$

en prenant les fonctions à support ZK , il y a donc f_1,f_2,f'_1,f'_2 dans $E_K(\theta)$ tels que $F_1(x) = 0$ pour $x \notin ZK$ et $F_1(zy) = \theta(z)\kappa_\theta(y)f_1$ si $z \in Z$, $y \in K$, et de même pour les trois autres ; la formule précédente représente alors les relations d'orthogonalité de Schur pour le groupe compact ZK/Z avec $d(\gamma_\theta) = d(\theta)$ le degré de la représentation κ_θ.

5.2.6. Preuve de (v). Soit $F \in E_G(\theta)$ une fonction fixée par l'action de $S(\wp^f)$ et montrons que sont support est ZK.

Soit donc un $a \notin A_o$, et prouvons que pour tout $x_o \in K$, on a $F(ax_o) = 0$. Le lemme 1 donne un sous-groupe horicyclique $\underline{\underline{U}}$ de $\underline{\underline{G}}$, donc contenu dans $\underline{\underline{S}}$, tel que $a^{-1}U(\wp^{f-1})a \subset U(\wp^f)$; on a donc

$$\kappa_\theta(u)F(ax_o) = F(uax_o) = F(a\, a^{-1}ua\, x_o) = F(ax_o) \ ,$$

puisque $S(\wp^f)$ est invariant dans K, et F fixée par $\gamma_\theta(S(\wp^f))$; en prenant l'intégrale sur $U(\wp^{f-1})$, on a donc, en raison de la "cuspidalité" de κ_θ , $F(ax_o) = 0$. Le reste de (v) est clair.

5.2.7. Preuve de (vi). Si les représentations γ_{θ_1} et γ_{θ_2} sont équivalentes, elles ont même restriction à Z : θ_1 et θ_2 coïncident sur Z ; en modifiant éventuellement ce caractère de Z, on peut le supposer unitaire; les représentations γ_{θ_1} et γ_{θ_2} sont alors de carré intégrable (iv), et ont donc même degré formel : $d(\theta_1) = d(\theta_2)$, d'où $f_1 = f_2 = f$: on déduit alors de (v) que, les K-modules des vecteurs fixés par $\gamma_{\theta_1}(S(\wp^f))$ et $\gamma_{\theta_2}(S(\wp^f))$ étant isomorphes, χ_{θ_1} est équivalente à χ_{θ_2} , et il suffit d'appliquer le théorème 3, (iii) de 4.4.1 pour obtenir la conjugaison par W(T) des restrictions de θ_1 et θ_2 à $T(\sigma)$, et donc de θ_1 et θ_2 , comme on l'a vu ci-dessus (5.2.3).

Inversement, si θ_1 et θ_2 sont conjugués par $w \in W(T)$, alors θ_1 et θ_2 coïncident sur le centre, et les restrictions à $T(\sigma)$ de θ_1 et θ_2 sont conjuguées par W(T) ; on en déduit, par le théorème 3, (iii), de 4.4.1, que χ_{θ_1} et χ_{θ_2} sont équivalentes et donc aussi les représentations $\theta_1 \otimes \chi_{\theta_1}$ et $\theta_2 \otimes \chi_{\theta_2}$ de ZK. Il en résulte que γ_{θ_1} γ_{θ_2} sont équivalentes.

5.2.8. Preuve de (vii). Soit $E_G(\theta)^f$ le sous-espace de $E_G(\theta)$ formé des éléments que fixe $S(\wp^f)$; c'est aussi le sous-espace des fonctions à support ZK par (v). Dans la formule (8), prenons H = K, et une base orthonormale (v_i) de $E_G(\theta)^f$; on a donc, l'espace $E_G(\theta)^f$ étant de dimension $d(\theta)$:

$$F_\gamma(x) = \int_{G/Z} dy \int_K \sum_i \langle \gamma(hyxy^{-1}k^{-1})v_i, v_i \rangle dk \, , \quad x \in G' .$$

Mais $\gamma(x)$ ne conserve $E_G(\theta)^f$ que si $x \in ZK$, donc la sommation intermédiaire est la trace de l'opérateur $\gamma(kyx\,y^{-1}h^{-1}), ky\,xy^{-1}k^{-1} \in ZK$, sur $E_G(\theta)^f$, i.e. celle de $(\theta \otimes \chi_\theta)(ky\,xy^{-1}yk^{-1})$ sur $E_K(\theta)$, qui ne dépend pas de $k \in K$; la formule ci-dessus se réduit donc à $F_\gamma(x) = \int_{ZK\backslash G} \mathrm{Tr}(\theta \otimes \chi_\theta)(yxy^{-1})dy$ c'est (10).

5.2.9. Preuve de (viii). On va montrer que sous l'hypothèse (11), on a $\mathrm{Tr}\,\chi_\theta(y^{-1}ty) = 0$ sauf si $y \in KZ$; en appliquant le théorème 4, formule (49) de 4.4.7, et (vii), on aura donc (12). On a successivement, si L est une extension non ramifiée finie de k où T se déploie:

a) $\underline{\underline{G}}(L) = \underline{\underline{G}}(\sigma_L)\underline{\underline{T}}^+ \underline{\underline{V}}(\sigma_L)\underline{\underline{N}}(\sigma_L)$, relativement au choix d'une base B(R) du système de racines de $(\underline{\underline{G}},\underline{\underline{T}})$, où $\underline{\underline{T}}^+$ désigne les éléments de $\underline{\underline{T}}(L)$ tels que val $t^\alpha \geq 0$ si $\alpha \in B(R)$; $\underline{\underline{V}}$ est engendré par les racines négatives ; cette décomposition résulte de la décomposition de Cartan pour $\underline{\underline{G}}(L)$: $\underline{\underline{G}}(L) = \underline{\underline{G}}(\sigma_L)\underline{\underline{T}}^+ \underline{\underline{G}}(\sigma_L)$, et de celle de Bruhat pour $\underline{\underline{G}}(\sigma_L)$: $\underline{\underline{G}}(\sigma_L) = \underline{\underline{U}}(\sigma_L)\underline{\underline{V}}(\sigma_L)\underline{\underline{N}}(\sigma_L)$ (2.2.4) : en effet $\underline{\underline{T}}^+\underline{\underline{U}}(\sigma_L)$ est contenu dans $\underline{\underline{G}}(\sigma_L)\underline{\underline{T}}^+$. On déduit de cette décomposition que tout élément $x \in \underline{\underline{G}}(L)$ s'écrit x = kavn, $k \in \underline{\underline{G}}(\sigma_L)$, $a \in \underline{\underline{T}}^+$,$v \in \underline{\underline{V}}(\sigma_L)$ et $ava^{-1} \notin \underline{\underline{V}}(\sigma_L)$ lorsque $v \neq 1$, $n \in \underline{\underline{N}}(\sigma_L)$.

b) On sait, par le théorème 4 (i) de 4.4.7, que $\mathrm{Tr}\,\chi_\theta(x) = 0$ si x n'est pas conjugué par K à un élément de $T(\mathfrak{O})S(\mathfrak{p}^{f''})$; en remplaçant éventuellement y par yk avec $k \in K$, on veut avoir $y^{-1}ty \in T(\mathfrak{O})S(\mathfrak{p}^{f''})$; écrivons y^{-1} sous la forme donnée en a) : $y^{-1} = kavn$, dans $\underline{\underline{G}}(L)$. On doit donc avoir, avec $t_1 = ntn^{-1}$, qui vérifie également la condition (11), $(ava^{-1})t_1(ava^{-1})^{-1} \in k^{-1}\underline{\underline{T}}(\mathfrak{O}_L)k^{-1}\underline{\underline{S}}(\mathfrak{p}_L^{f''})$; écrivons $k = v_1^{-1}u_1n_1$ sur $\underline{\underline{V}}(O_L)\underline{\underline{U}}(O_L)\underline{\underline{N}}(O_L)$; on doit donc avoir $(v_1ava^{-1})t_1(v_1ava^{-1})^{-1} \in u_1\underline{\underline{T}}(\mathfrak{O}_L)u^{-1}\underline{\underline{S}}(\mathfrak{p}_L^{f''})$; soit $v_2 = v_1ava^{-1} \in \underline{\underline{V}}(L)$, on a donc le commutateur (v_2,t) qui doit être à la fois dans $\underline{\underline{V}}(L)$ et dans $\underline{\underline{T}}(O_L)\underline{\underline{U}}(O_2)\underline{\underline{S}}(\mathfrak{p}_L^{f''})$, et donc, par (18) de 2.2.4 ($f'' \geq 1$), il appartient à $\underline{\underline{V}}(\mathfrak{p}_L^{f''})$. Si on écrit v_2 sous la forme $x_{-\alpha_N}(b_N) \dots x_{-\alpha_1}(b_1)$, les racines α_i étant rangées par hauteur (relativement à la somme des composantes sur B(R)) croissante, les relations de commutations montrent qu'on peut mettre v_2 sous la forme : $v_2 = v_2'\prod x_{-\alpha}(b'_\alpha)$ où $v_2' \in \underline{\underline{V}}(O_L)$ et $b'_\alpha \notin \mathfrak{O}_L$ (les racines α étant rangées dans le même ordre). On a alors $(v_2'\prod x_{-\alpha}(b'_\alpha),t_1) = v_2'(\prod x_{-\alpha}(b'),t_1)(t_1,v_2'^{-1})v_2'^{-1} \in \underline{\underline{V}}(\mathfrak{p}_L^{f''})$, et comme $v_2' \in \mathfrak{O}_L$, $t_1 \in \underline{\underline{T}}(\mathfrak{O}_L)$, on a $(\prod x_{-\alpha}(b'_\alpha),t_1) \in \underline{\underline{V}}(\mathfrak{p}_L^{f''})$; mais, en raison de l'ordre pris sur les α, la plus petite racine α où b'_α intervient doit alors vérifier $(x_{-\alpha}(b'_\alpha),t_1) \in \underline{\underline{V}}(\mathfrak{p}_L^{f''})$, c'est-à-dire $(1-t_1^{-\alpha})b'_\alpha \in \mathfrak{p}_L^{f''}$, val $b'_\alpha \geq f'' - f/3$ qui est positif ; ainsi, $v_2 = v_2' \in \underline{\underline{V}}(\mathfrak{O}_L)$, d'où $ava^{-1} = v_1^{-1}v_2 \in \underline{\underline{V}}(\mathfrak{O}_L)$ et donc $v = 1$.

c) On a donc nécessairement $y \in \underline{\underline{G}}(\mathfrak{O}_L)T_+\underline{\underline{N}}(\mathfrak{O}_L) = \underline{\underline{G}}(\mathfrak{O}_L)\underline{\underline{T}}(L)$, et comme $y \in G$, on a, en écrivant $y = ka$, $k \in \underline{\underline{G}}(\mathfrak{O}_L)$ et $a \in \underline{\underline{T}}(L)$, et, si $\gamma \in \Gamma$, $k^{-1\gamma}k = a^\gamma a^{-1} \in \underline{\underline{T}}(L) \cap \underline{\underline{G}}(\mathfrak{O}_L) = \underline{\underline{T}}(\mathfrak{O}_L)$; l'extension étant non ramifiée, on a $a^\gamma a^{-1} = u^\gamma u^{-1}$, $u \in \underline{\underline{T}}(\mathfrak{O}_L)$ et donc $a = ua_1$ où $a_1 \in T(k)$, d'où $y = kua_1$ avec $ku \in G(\mathfrak{O}) = K$ soit $y \in KT = KZ$, et l'assertion attendue est prouvée, donc aussi (viii), ce qui achève de démontrer le théorème.

5.2.9. Remarques. a) L'énoncé (ii) du théorème 5 montre que chacune des composantes irréductibles χ'_θ de χ_θ induit un composant irréductible γ'_θ de γ_θ ; si χ'_θ et γ'_θ sont tels, la propriété (v) montre que χ'_θ est la représentation de K de plus petit "conducteur" qui apparait dans γ'_θ et qu'elle intervient avec multiplicité 1.

b) La formule (10) est celle du caractère induit pour les groupes finis ([16] a), II, 7.2); elle s'obtient, formellement, à partir de la décomposition (5) du lemme 2, en prenant comme base orthonormale de $E_G(\theta)$ la base $(\gamma(x)^{-1}e_i)_{x \in ZK\backslash G}$ où e_i est une base orthonormale de $E_G(\theta)^{\mathfrak{t}}$.

5.3. Réalisation des représentations.

5.3.1. Supposons, avec les notations du théorème 5, que f est pair.

a) On réalise la représentation γ_θ de G en translations à droite sur l'espace $E_G(\theta)$ des fonctions complexes sur G satisfaisant aux conditions suivantes, tirées de 4.4.3. a), et de 5.1.4 en prenant la valeur en 1 :

(i) F est à support compact modulo Z ;

(ii) $F(yx) = F(x)$ pour $y \in S(\wp^{f''})$, y se projetant modulo $\wp^f$ sur un élément de $\mathfrak{m}(\wp^{f''}/\wp^f)$;

(iii) $F(tx) = \theta(t)\, F(x)$ pour $t \in T$.

b) Soit χ_θ la fonction sur G définie par $\chi_\theta(yt) = \theta(t)$ si $t \in T$ et $y \in S(\wp^{f''})$ se projetant modulo $\wp^f$ sur un élément de $\mathfrak{m}(\wp^{f''}/\wp)$, et par 0 ailleurs; alors, le caractère de la représentation est donné par la formule suivante :

$$\mathrm{Tr}_{\gamma_\theta}(x) = \int_{G/TS(\wp^{f''})} \chi_\theta(y^{-1}\, x\, y)\, dy \ , \text{ pour } x \in G',$$

la mesure invariante sur l'espace discret $G/TS(\wp^{f''})$ donnant la masse 1 à chaque point.

c) La fonction $F_\theta = \chi_\theta$ est un coefficient de la représentation.

d) Pour chaque $n \in N = TN(\sigma) = ZN(\sigma)$, l'opérateur, où w est la projection de n sur W(T), $J(n) : F(x) \longmapsto F(n^{-1}x)$, de $E_G(\theta)$ sur $E_G({}^w\theta)$,entrelace les représentations γ_θ et $\gamma_{{}^w\theta}$, réalisées dans les espaces a).

e) Lorsque θ est un caractère unitaire de T, la représentation γ_θ est préunitaire relativement au produit hermitien

$$(F_1 , F_2) = \int_{G/TS(\wp^{f''})} F_1(x)\, \overline{F_2(x)}\, dx \qquad F_1 , F_2 \in E_G(\theta).$$

5.3.2. Supposons maintenant que f est impair. On choisit alors, comme en 4.3.7 : un relèvement $R^+(T)$ de $R/\pm\Gamma$ dans R/Γ (c'est-à-dire un système d'orbites non symétriques deux à deux non opposées, représentant, au signe près, toutes les obties non symétriques) :

- en caractéristique résiduelle 2, les endomorphismes $a(\Omega)$ de $\mathfrak{m}_\Omega(\wp^{f''})$ relatifs aux orbites symétriques (4.3.2); on dispose alors d'une application σ-bilinéaire: $\mathfrak{m}(\wp^{f'}) \times \mathfrak{m}(\wp^{f'}) \longrightarrow t_R(\wp^{2f'}/\wp^f)$ notée $\langle\ ,\ \rangle$ telle que (4.3.7 a) et 4.3.2):

$$\langle W,W'\rangle - \langle W',W\rangle = [W,W']_T \ ;$$

- une base $(X_\alpha)_{\alpha \in R}$ de $\underline{\underline{m}}$ adaptée à $(K,\underline{T})$ (4.2.7); on dispose alors d'une décomposition de $\mathfrak{m}(\wp^{f'}) = P(f') + Q(f')$ (4.3.7 d)) ;

- un relèvement $s : \mathfrak{m}(\wp^{f'}) \longrightarrow S(\wp^{f'})$ comme au lemme 10 de 4.3.6; alors, pour tout relèvement $e^{\langle W,W'\rangle}$ de $\langle W,W'\rangle$ dans $T_R(\wp^{2f'})$, les éléments $s(W)s(W')$ et $e^{\langle W,W'\rangle}\, s(W+W')$ de $S(\wp^{f'})$ ne diffèrent que par un élément de $S(\wp^{f''})$ dont la réduction modulo $\wp^f$ est dans $\mathfrak{m}(\wp^{f''}/\wp^f)$;

- un caractère quadratique χ sur $Q(f')$ satisfaisant à

$$\chi(v+v') = \theta(e^{\langle v,v'\rangle})\, \chi(v)\, \chi(v');$$

on prend $\chi = 1$ s'il n'y a pas d'orbite symétrique en caractéristique résiduelle 2.

a) La représentation γ_θ se réalise alors en translations à droite sur l'espace $E_G(\theta, \rho)$ des fonctions complexes sur G satisfaisant aux conditions suivantes :

(i) F est à support compact modulo Z ;

(ii) $F(yx) = F(x)$ pour $y \in S(\wp^{f''})$, y se projetant modulo $\wp^f$ sur un élément de $\mathfrak{m}(\wp^{f''}/\wp^f)$;

(iii) $F(s(v)x) = \chi(v)\, F(x)$, pour $v \in Q(f')$;

(iv) $F(tx) = \varepsilon^P_{\theta^o}(\mathrm{Ad}\,t)\theta(t)\int_{P(f')} S^P_{\theta^o,\mathrm{Ad}\,t}(u)\, F(s(u)x)dx$, pour $t \in T$, avec les notations de 4.3.7.d), la mesure de Haar étant normalisée par la masse totale $q^{N(f'-f'')/2}$, c'est-à-dire $q^{N/2}$. Lorsqu'il n'y a pas d'orbite symétrique (par exemple lorsque la plus petite extension non ramifiée de k où $\underline{\underline{T}}$ se déploie est de degré impair, ce qu'on voit en regardant l'ordre d'un élément du groupe de Weyl associé à T : 3.4.2 à 3.4.6, (ii)), (iv) s'écrit :

(iv)' $F(tx) = \theta(t)\, F(x)$, pour $t \in T$.

b) Soit χ_θ la fonction sur G définie par $\chi_\theta(yts(w)) = \theta(t)$ si $t \in T$, $y \in S/\wp^{f''})$ se projette modulo $\wp^f$ sur un élément de $\mathfrak{m}(\wp^{f''}/\wp^f)$, $w \in \mathfrak{m}(\wp^{f''}) + \sum_{t^\Omega \neq 1} \mathfrak{m}_\Omega(\wp^{f'})$, et par 0 ailleurs; alors le caractère de la représentation γ_θ est donné par la formule suivante :

$$\mathrm{Tr}\, \gamma_\theta(x) = \int_{G/TS(\wp^{f''})} \chi_\theta(y^{-1}xy)dy \ , \text{ pour } x \in G',$$

la mesure invariante sur l'espace discret $G/TS(\wp^{f''})$ donnant la masse $q^{-N(f''-f')} = q^{-N}$ à chaque point.

c) On définit un coefficient de la représentation γ_θ par les formules :

$$F_\theta(ys(v)ts(u)) = \chi(v)\, \varepsilon^P_{\theta^o}(\mathrm{Ad}\,t)\ \theta(t)\ \theta(e^{\langle u,u\rangle})S^P_{\theta^o,\mathrm{Ad}\,t}(u) \ ,$$

pour $t \in T$, $u \in Q(f')$, $u \in P(f')$, $y \in S(\mathfrak{p}^{f''})$ et ayant sa projection modulo $\mathfrak{p}^f$ dans $\mathfrak{M}(\mathfrak{p}^{f''}/\mathfrak{p}^f)$, et

$$F_\theta(x) = 0 \quad \text{si } x \notin TS(\mathfrak{p}^{f'}).$$

d) La réalisation de γ_θ dans un espace $E_G(\theta,P)$ dépend des choix indiqués en 4.3.7.g); les opérateurs d' entrelacement entre les différentes réalisations donnés dans ce paragraphe donnent des opérateurs d' entrelacement pour les représentations γ_θ de G réalisées dans les $E_G(\theta,P)$.

d') Pour chaque $n \in \mathbb{N}$, on envoie la représentation γ_θ réalisée dans $E_G(\theta,P)$ avec le caractère quadratique χ de $Q(f')$, sur la représentation, équivalente (théorème 5, (vi)), $\gamma_{^w\theta}$, si $w \in W(T)$ est la projection de n dans le groupe de Weyl, réalisée dans $E_G(^w\theta,P)$ avec le caractère quadratique $v \mapsto \chi(\mathrm{Ad}n.v), v \in Q(f')$, par l'opérateur donné en 4.4.4 (42) prolongé de façon évidente à $E_G(\theta,P)$.

e) Lorsque θ est unitaire, la représentation γ_θ est unitaire pour le produit hermitien suivant sur $E_G(\theta,P)$:

$$(F_1,F_2) = \int_{G/TS(\mathfrak{p}^{f''})} F_1(x)\,\overline{F_2(x)}dx .$$

5.3.3. Remarques.

a) Si, dans les hypothèses et notations du théorème 5, l'entier f est pair, ou s'il n'y a pas d'orbite symétrique, la représentation γ_θ est induite par une représentation de degré 1 d'un sous-groupe ouvert de G : ceci vient de ce que $\theta \otimes \rho_\theta$ est alors induite par une représentation de degré 1.

b) Si f est impair, le caractère θ se prolonge naturellement en une représentation de degré 1 de $ZS(\mathfrak{p}^{f''})$, et la représentation induite de G par ce caractère se décompose en q^N représentations qui, lorsque θ est régulier, sont irréductibles ; les multiplicités sont données par la formule du lemme 14 de 1.4.13.

c) Lorsque $\underline{\underline{G}}$ est de rang semi-simple 1, on a $\underline{\underline{S}} = \underline{\underline{SL}}_2$, et $\underline{\underline{T}} \cap \underline{\underline{S}}$ s'identifie au noyau de la norme de l'extension quadratique non ramifiée de k; l'hypothèse sur le caractère θ faite dans le théorème 5 signifie que la restriction de θ à $\underline{\underline{T}} \cap \underline{\underline{S}}$ a un conducteur $f \geqslant 2$. De plus $W(\theta) = 1$ si la caractéristique résiduelle de k est différente de 2. Dans ce cas-ci, les opérateurs J(n) et J(n,P) permettant de décomposer la représentation γ_θ, lorsque $\theta = {}^w\theta$, $w \neq 1$, en deux représentations irréductibles de même degré formel $\frac{d(\theta)}{2}$, et sur les $t \in T$ tels que $\mathrm{val}(1-t^\alpha) \leqslant f/3$, de caractère égal à

$$(-1)^f(-1)^{\mathrm{val}(t^{\alpha/2}-t^{-\alpha/2})^2/2} \cdot \frac{\theta(t)}{|(t^{\alpha/2}-t^{-\alpha/2})^2|^{1/2}} .$$

d) Soit d/n, $0 \leq d < n$ un élément du groupe de Brauer de k. On note M_d une algèbre simple d'invariant d/n ([16] b) XIII,3). Soit $L \subset M_d$ un sous-corps non ramifié maximal de M_d : c'est une extension non ramifiée de degré n de k. On peut construire des représentations de carré intégrable γ_θ^d du groupe multiplicatif M_d associées à des caractères θ de L^* satisfaisant aux conditions qui correspondent aux hypothèses du théorème 5 :

. θ n'est pas trivial sur $1+\mathfrak{p}_L$;

. soit f le plus petit entier tel que θ soit trivial sur $1+\mathfrak{p}_L^f$; fixons un caractère τ d'ordre f de L ; soit $\theta^o \in \bar{L} = \mathfrak{O}_L/\mathfrak{p}_L$ défini par $\theta(1+u) = \tau(\theta^o u), u \in \mathfrak{p}_L^{f-1}$; la condition de "conducteur constant" se lit ici :

$^\gamma\theta^o \neq \theta^o$ pour les éléments γ dans le groupe de Galois Γ de L sur k.
Si $t \in L^*$ vérifie la condition (11) à savoir

$$\mathrm{val}(1-{}^\gamma t/{}^{\gamma'}t) \leq f/3 \quad \text{pour } \gamma \neq \gamma', \gamma, \gamma' \in \Gamma,$$

le caractère de γ_θ^d en t est :

$$\mathrm{Tr}\ \gamma_\theta^d(t) = (-1)^{d\ell}(-1)^{f\ell}(-1)^{\mathrm{val}D(t)/n} \sum_\Gamma \theta({}^\gamma t)/|D(t)|^{1/2} ,$$

où $\ell = n-1$, et

$$D(t) = \prod_{\gamma \neq \gamma'} \left(({}^\gamma t/{}^{\gamma'}t)^{1/2} - ({}^{\gamma'}t/{}^\gamma t)^{1/2} \right).$$

Ces caractères se déduisent les uns des autres par le facteur $(-1)^{d\ell}$. En particulier, lorsque d est premier à n, c'est-à-dire lorsque M_d est une algèbre de division, on a $(-1)^{d\ell} = (-1)^\ell$, et $\mathrm{Tr}\,\gamma_\theta^d(t)$ ne diffère de la trace (12) qui correspond au tore maximal non ramifié minisotrope de $M_o = GL_n(k)$ que par le facteur $(-1)^\ell$. Pour n=2, Jacquet-Langlands ([20], Prop. 15.5, p. 484) démontrent cette relation pour tous les éléments réguliers de L^*.

Le signe $(-1)^{d\ell}$ est celui qu'ont introduit Godement et Jacquet dans les équations fonctionnelles des fonctions zêta de l'algèbre simple M_d([11], 3, th.3.3, (iv)).

BIBLIOGRAPHIE

[1] P.BERNAT, N.CONZE, M.DUFLO, M.LEVY-NAHAS, M.RAIS, P.RENOUARD, M.VERGNE.- Représentations des groupes de Lie résolubles. Monographies de la Société Mathématique de France 4, Dunod, Paris, 1972.

[2] A. BOREL.- Linear algebraic groups. Benjamin, New-York, 1969.

[3] A.BOREL, R.CARTER, C.W.CURTIS, N.IWAHORI, T.A.SPRINGER, R.STEINBERG.- Seminar on algebraic groups and related finite groups.- Lecture Notes in Mathematics n°131, Springer-Verlag, Berlin, 1970.

[4] A.BOREL et J.TITS. a)Groupes réductifs. Publ.math.I.H.E.S. 27 (1965), p.55-150.

b)Compléments à l'article "Groupes réductifs". Publ.math.I.H.E.S. 41 (1972),p.253-276.

[5] N.BOURBAKI. a)Corps commutatifs. Algèbre,ch.V, Hermann, Paris, 1959.

b)Formes sesquilinéaires et formes quadratiques. Algèbre,ch.IX, Hermann, Paris, 1959.

c)Groupes et algèbres de Lie,ch.IV,V,VI. Hermann, Paris, 1969.

[6] F.BRUHAT et J.TITS. a)Groupes algébriques simples sur un corps local. Proc. conf. on local fields (Driebergen 1966), Springer 1967, p.23-36.

b)Groupes réductifs sur un corps local I. Publ.math. I.H.E.S. 41 (1972), p.5-252.

[7] R.W.CARTER.- Conjugacy classes in the Weyl groups. Comp.Math 25 (1972), p.1-59.

[8] C.CHEVALLEY. a)Sur certains groupes simples.-Tohoku Math.J.7 (1955),p.14-66.

b)Classification des groupes de Lie algébriques. Notes polycopiées, Institut Henri Poincaré, Paris, 1956-58.

[9] M.DEMAZURE et A.GROTHENDIECK.- Schémas en groupes III (SGA 3). Lectures Notes in Mathematics n°153, Springer-Verlag, Berlin 1970.

[10] P.GERARDIN. a)On the discrete series for Chevalley groupe. Proc.of the A.M.S. Summer Institute on Harmonic Analysis and Homogeneous Spaces 1972, Proc.Sympos.Pure Math., Providence, 1974.

b)Représentations des groupes de Chevalley $\mathfrak{p}$-adiques. C.R. Ac.Sc. Paris 275 (1972),série A, p.1159-1162.

c)Groupes d'Heisenberg et groupes diamants sur les corps finis. Séminaire de Théorie des Nombres 1972/73, Paris, exposé G-9.

d)Sur les représentations du groupe linéaire général sur un corps $\mathfrak{p}$-adique. Séminaire de Théorie des Nombres 1972/73, Paris, exposé 9.

[11] R.GODEMENT et H.JACQUET.- Zeta functions on simple algebras. Lecture Notes in Mathematics n°260, Springer-Verlag, Berlin, 1970.

[12] HARISH-CHANDRA.a)Harmonic analysis on semi-simple Lie groups.Bull.Amer. Math.Soc 76 (1970),p.529-551.

b)Harmonic analysis on reductive $\mathfrak{p}$-adic grpups. Lecture Notes in Mathematics n°162, Springer-Verlag, Berlin, 1970.

c)Harmonic analysis on reductive $\mathfrak{p}$-adic groups. Proc. of the A.M.S. Summer Institute on Harmonic Analysis and Homogeneous Spaces, Proc.Sympos.Pure Math., Providence, 1974.

[13] B.HUPPERT.-Endliche Gruppen I. Springer Verlag, Berlin, 1967.

[14] N.IWAHORI and H.MATSUMOTO.- On some Bruhat decomposition and the structure of the Hecke ring of $\mathfrak{p}$-adic Chevalley groups. Publ.math.I.H.E.S.n°25 (1965), p.5-48.

[15] I.G.MACDONALD.- Affine root systems and Dedekind η-functions. Inv.Math. 15 (1972),p.91-144.

[16] J.-P.SERRE.a)Représentations linéaires des groupes finis. Hermann,Paris,1967.

b)Corps locaux. Hermann,Paris,1968.

[17] T.SHINTANI.- On certain square intégrable irreducible unitary representations of some $\mathfrak{p}$-adic linear groups. J.Math.Soc.Jap.20(1968),p.522-505.

[18] R.STEINBERG.- Lectures on Chevalley groups. Notes by J.Faulkner and R.Wilson. Yale University,1967.

[19] A.WEIL.- Sur certains groupes d'opérateurs unitaires. Acta Math. 111(1964), p.143-211.

[20] H.JACQUET and R.P.LANGLANDS. Automorphic forms on GL(2). Lecture Notes in Mathematics n°114. Springer-Verlag, Berlin, 1970.

Vol. 309: D. H. Sattinger, Topics in Stability and Bifurcation Theory. VI, 190 pages. 1973. DM 20,–

Vol. 310: B. Iversen, Generic Local Structure of the Morphisms in Commutative Algebra. IV, 108 pages. 1973. DM 18,–

Vol. 311: Conference on Commutative Algebra. Edited by J. W. Brewer and E. A. Rutter. VII, 251 pages. 1973. DM 24,–

Vol. 312: Symposium on Ordinary Differential Equations. Edited by W. A. Harris, Jr. and Y. Sibuya. VIII, 204 pages. 1973. DM 22,–

Vol. 313: K. Jörgens and J. Weidmann, Spectral Properties of Hamiltonian Operators. III, 140 pages. 1973. DM 18,–

Vol. 314: M. Deuring, Lectures on the Theory of Algebraic Functions of One Variable. VI, 151 pages. 1973. DM 18,–

Vol. 315: K. Bichteler, Integration Theory (with Special Attention to Vector Measures). VI, 357 pages. 1973. DM 29,–

Vol. 316: Symposium on Non-Well-Posed Problems and Logarithmic Convexity. Edited by R. J. Knops. V, 176 pages. 1973. DM 20,–

Vol. 317: Séminaire Bourbaki – vol. 1971/72. Exposés 400–417. IV, 361 pages. 1973. DM 29,–

Vol. 318: Recent Advances in Topological Dynamics. Edited by A. Beck. VIII, 285 pages. 1973. DM 27,–

Vol. 319: Conference on Group Theory. Edited by R. W. Gatterdam and K. W. Weston. V, 188 pages. 1973. DM 20,–

Vol. 320: Modular Functions of One Variable I. Edited by W. Kuyk. V, 195 pages. 1973. DM 20,–

Vol. 321: Séminaire de Probabilités VII. Edité par P. A. Meyer. VI, 322 pages. 1973. DM 29,–

Vol. 322: Nonlinear Problems in the Physical Sciences and Biology. Edited by I. Stakgold, D. D. Joseph and D. H. Sattinger. VIII, 357 pages. 1973. DM 29,–

Vol. 323: J. L. Lions, Perturbations Singulières dans les Problèmes aux Limites et en Contrôle Optimal. XII, 645 pages. 1973. DM 46,–

Vol. 324: K. Kreith, Oscillation Theory. VI, 109 pages. 1973. DM 18,–

Vol. 325: C.-C. Chou, La Transformation de Fourier Complexe et L'Equation de Convolution. IX, 137 pages. 1973. DM 18,–

Vol. 326: A. Robert, Elliptic Curves. VIII, 264 pages. 1973. DM 24,–

Vol. 327: E. Matlis, One-Dimensional Cohen-Macaulay Rings. XII, 157 pages. 1973. DM 20,–

Vol. 328: J. R. Büchi and D. Siefkes, The Monadic Second Order Theory of All Countable Ordinals. VI, 217 pages. 1973. DM 22,–

Vol. 329: W. Trebels, Multipliers for (C, α)-Bounded Fourier Expansions in Banach Spaces and Approximation Theory. VII, 103 pages. 1973. DM 18,–

Vol. 330: Proceedings of the Second Japan-USSR Symposium on Probability Theory. Edited by G. Maruyama and Yu. V. Prokhorov. VI, 550 pages. 1973. DM 40,–

Vol. 331: Summer School on Topological Vector Spaces. Edited by L. Waelbroeck. VI, 226 pages. 1973. DM 22,–

Vol. 332: Séminaire Pierre Lelong (Analyse) Année 1971-1972. V, 131 pages. 1973. DM 18,–

Vol. 333: Numerische, insbesondere approximationstheoretische Behandlung von Funktionalgleichungen. Herausgegeben von R. Ansorge und W. Törnig. VI, 296 Seiten. 1973. DM 27,–

Vol. 334: F. Schweiger, The Metrical Theory of Jacobi-Perron Algorithm. V, 111 pages. 1973. DM 18,–

Vol. 335: H. Huck, R. Roitzsch, U. Simon, W. Vortisch, R. Walden, B. Wegner und W. Wendland, Beweismethoden der Differentialgeometrie im Großen. IX, 159 Seiten. 1973. DM 20,–

Vol. 336: L'Analyse Harmonique dans le Domaine Complexe. Edité par E. J. Akutowicz. VIII, 169 pages. 1973. DM 20,–

Vol. 337: Cambridge Summer School in Mathematical Logic. Edited by A. R. D. Mathias and H. Rogers. IX, 660 pages. 1973. DM 46,–

Vol: 338: J. Lindenstrauss and L. Tzafriri, Classical Banach Spaces. IX, 243 pages. 1973. DM 24,–

Vol. 339: G. Kempf, F. Knudsen, D. Mumford and B. Saint-Donat, Toroidal Embeddings I. VIII, 209 pages. 1973. DM 22,–

Vol. 340: Groupes de Monodromie en Géométrie Algébrique. (SGA 7 II). Par P. Deligne et N. Katz. X, 438 pages. 1973. DM 44,–

Vol. 341: Algebraic K-Theory I, Higher K-Theories. Edited by H. Bass. XV, 335 pages. 1973. DM 29,–

Vol. 342: Algebraic K-Theory II, "Classical" Algebraic K-Theory, and Connections with Arithmetic. Edited by H. Bass. XV, 527 pages. 1973. DM 40,–

Vol. 343: Algebraic K-Theory III, Hermitian K-Theory and Geometric Applications. Edited by H. Bass. XV, 572 pages. 1973. DM 40,–

Vol. 344: A. S. Troelstra (Editor), Metamathematical Investigation of Intuitionistic Arithmetic and Analysis. XVII, 485 pages. 1973. DM 38,–

Vol. 345: Proceedings of a Conference on Operator Theory. Edited by P. A. Fillmore. VI, 228 pages. 1973. DM 22,–

Vol. 346: Fučík et al., Spectral Analysis of Nonlinear Operators. II, 287 pages. 1973. DM 26,–

Vol. 347: J. M. Boardman and R. M. Vogt, Homotopy Invariant Algebraic Structures on Topological Spaces. X, 257 pages. 1973. DM 24,–

Vol. 348: A. M. Mathai and R. K. Saxena, Generalized Hypergeometric Functions with Applications in Statistics and Physical Sciences. VII, 314 pages. 1973. DM 26,–

Vol. 349: Modular Functions of One Variable II. Edited by W. Kuyk and P. Deligne. V, 598 pages. 1973. DM 38,–

Vol. 350: Modular Functions of One Variable III. Edited by W. Kuyk and J.-P. Serre. V, 350 pages. 1973. DM 26,–

Vol. 351: H. Tachikawa, Quasi-Frobenius Rings and Generalizations. XI, 172 pages. 1973. DM 20,–

Vol. 352: J. D. Fay, Theta Functions on Riemann Surfaces. V, 137 pages. 1973. DM 18,–

Voi. 353: Proceedings of the Conference. on Orders, Group Rings and Related Topics. Organized by J. S. Hsia, M. L. Madan and T. G. Ralley. X, 224 pages. 1973. DM 22,–

Vol. 354: K. J. Devlin, Aspects of Constructibility. XII, 240 pages. 1973. DM 24,–

Vol. 355: M. Sion, A Theory of Semigroup Valued Measures. V, 140 pages. 1973. DM 18,–

Vol. 356: W. L. J. van der Kallen, Infinitesimally Central-Extensions of Chevalley Groups. VII, 147 pages. 1973. DM 18,–

Vol. 357: W. Borho, P. Gabriel und R. Rentschler, Primideale in Einhüllenden auflösbarer Lie-Algebren. V, 182 Seiten. 1973. DM 20,–

Vol. 358: F. L. Williams, Tensor Products of Principal Series Representations. VI, 132 pages. 1973. DM 18,–

Vol. 359: U. Stammbach, Homology in Group Theory. VIII, 183 pages. 1973. DM 20,–

Vol. 360: W. J. Padgett and R. L. Taylor, Laws of Large Numbers for Normed Linear Spaces and Certain Fréchet Spaces. VI, 111 pages. 1973. DM 18,–

Vol. 361: J. W. Schutz, Foundations of Special Relativity: Kinematic Axioms for Minkowski Space Time. XX, 314 pages. 1973. DM 26,–

Vol. 362: Proceedings of the Conference on Numerical Solution of Ordinary Differential Equations. Edited by D. Bettis. VIII, 490 pages. 1974. DM 34,–

Vol. 363: Conference on the Numerical Solution of Differential Equations. Edited by G. A. Watson. IX, 221 pages. 1974. DM 20,–

Vol. 364: Proceedings on Infinite Dimensional Holomorphy. Edited by T. L. Hayden and T. J. Suffridge. VII, 212 pages. 1974. DM 20,–

Vol. 365: R. P. Gilbert, Constructive Methods for Elliptic Equations. VII, 397 pages. 1974. DM 26,–

Vol. 366: R. Steinberg, Conjugacy Classes in Algebraic Groups (Notes by V. V. Deodhar). VI, 159 pages. 1974. DM 18,–

Vol. 367: K. Langmann und W. Lütkebohmert, Cousinverteilungen und Fortsetzungssätze. VI, 151 Seiten. 1974. DM 16,–

Vol. 368: R. J. Milgram, Unstable Homotopy from the Stable Point of View. V, 109 pages. 1974. DM 16,–

Vol. 369: Victoria Symposium on Nonstandard Analysis. Edited by A. Hurd and P. Loeb. XVIII, 339 pages. 1974. DM 26,–

Vol. 370: B. Mazur and W. Messing, Universal Extensions and One Dimensional Crystalline Cohomology. VII, 134 pages. 1974. DM 16,-

Vol. 371: V. Poenaru, Analyse Différentielle. V, 228 pages. 1974. DM 20,-

Vol. 372: Proceedings of the Second International Conference on the Theory of Groups 1973. Edited by M. F. Newman. VII, 740 pages. 1974. DM 48,-

Vol. 373: A. E. R. Woodcock and T. Poston, A Geometrical Study of the Elementary Catastrophes. V, 257 pages. 1974. DM 22,-

Vol. 374: S. Yamamuro, Differential Calculus in Topological Linear Spaces. IV, 179 pages. 1974. DM 18,-

Vol. 375: Topology Conference 1973. Edited by R. F. Dickman Jr. and P. Fletcher. X, 283 pages. 1974. DM 24,-

Vol. 376: D. B. Osteyee and I. J. Good, Information, Weight of Evidence, the Singularity between Probability Measures and Signal Detection. XI, 156 pages. 1974. DM 16.-

Vol. 377: A. M. Fink, Almost Periodic Differential Equations. VIII, 336 pages. 1974. DM 26,-

Vol. 378: TOPO 72 - General Topology and its Applications. Proceedings 1972. Edited by R. Alò, R. W. Heath and J. Nagata. XIV, 651 pages. 1974. DM 50,-

Vol. 379: A. Badrikian et S. Chevet, Mesures Cylindriques, Espaces de Wiener et Fonctions Aléatoires Gaussiennes. X, 383 pages. 1974. DM 32,-

Vol. 380: M. Petrich, Rings and Semigroups. VIII, 182 pages. 1974. DM 18,-

Vol. 381: Séminaire de Probabilités VIII. Edité par P. A. Meyer. IX, 354 pages. 1974. DM 32,-

Vol. 382: J. H. van Lint, Combinatorial Theory Seminar Eindhoven University of Technology. VI, 131 pages. 1974. DM 18,-

Vol. 383: Séminaire Bourbaki - vol. 1972/73. Exposés 418-435 IV, 334 pages. 1974. DM 30,-

Vol. 384: Functional Analysis and Applications, Proceedings 1972. Edited by L. Nachbin. V, 270 pages. 1974. DM 22,-

Vol. 385: J. Douglas Jr. and T. Dupont, Collocation Methods for Parabolic Equations in a Single Space Variable (Based on C^1-Piecewise-Polynomial Spaces). V, 147 pages. 1974. DM 16,-

Vol. 386: J. Tits, Buildings of Spherical Type and Finite BN-Pairs. IX, 299 pages. 1974. DM 24,-

Vol. 387: C. P. Bruter, Eléments de la Théorie des Matroïdes. V, 138 pages. 1974. DM 18,-

Vol. 388: R. L. Lipsman, Group Representations. X, 166 pages. 1974. DM 20,-

Vol. 389: M.-A. Knus et M. Ojanguren, Théorie de la Descente et Algèbres d' Azumaya. IV, 163 pages. 1974. DM 20,-

Vol. 390: P. A. Meyer, P. Priouret et F. Spitzer, Ecole d'Eté de Probabilités de Saint-Flour III - 1973. Edité par A. Badrikian et P.-L. Hennequin. VIII, 189 pages. 1974. DM 20,-

Vol. 391: J. Gray, Formal Category Theory: Adjointness for 2-Categories. XII, 282 pages. 1974. DM 24,-

Vol. 392: Géométrie Différentielle, Colloque, Santiago de Compostela, Espagne 1972. Edité par E. Vidal. VI, 225 pages. 1974. DM 20,-

Vol. 393: G. Wassermann, Stability of Unfoldings. IX, 164 pages. 1974. DM 20,-

Vol. 394: W. M. Patterson 3rd, Iterative Methods for the Solution of a Linear Operator Equation in Hilbert Space - A Survey. III, 183 pages. 1974. DM 20,-

Vol. 395: Numerische Behandlung nichtlinearer Integrodifferential- und Differentialgleichungen. Tagung 1973. Herausgegeben von R. Ansorge und W. Törnig. VII, 313 Seiten. 1974. DM 28,-

Vol. 396: K. H. Hofmann, M. Mislove and A. Stralka, The Pontryagin Duality of Compact O-Dimensional Semilattices and its Applications. XVI, 122 pages. 1974. DM 18,-

Vol. 397: T. Yamada, The Schur Subgroup of the Brauer Group. V, 159 pages. 1974. DM 18,-

Vol. 398: Théories de l'Information, Actes des Rencontres de Marseille-Luminy, 1973. Edité par J. Kampé de Fériet et C. Picard. XII, 201 pages. 1974. DM 23,-

Vol. 399: Functional Analysis and its Applications, Proceedings 1973. Edited by H. G. Garnir, K. R. Unni and J. H. Williamson. XVII, 569 pages. 1974. DM 44,-

Vol. 400: A Crash Course on Kleinian Groups - San Francisco 1974. Edited by L. Bers and I. Kra. VII, 130 pages. 1974. DM 18,-

Vol. 401: F. Atiyah, Elliptic Operators and Compact Groups. V, 93 pages. 1974. DM 18,-

Vol. 402: M. Waldschmidt, Nombres Transcendants. VIII, 277 pages. 1974. DM 25,-

Vol. 403: Combinatorial Mathematics - Proceedings 1972. Edited by D. A. Holton. VIII, 148 pages. 1974. DM 18,-

Vol. 404: Théorie du Potentiel et Analyse Harmonique. Edité par J. Faraut. V, 245 pages. 1974. DM 25,-

Vol. 405: K. Devlin and H. Johnsbråten, The Souslin Problem. VIII, 132 pages. 1974. DM 18,-

Vol. 406: Graphs and Combinatorics - Proceedings 1973. Edited by R. A. Bari and F. Harary. VIII, 355 pages. 1974. DM 30,-

Vol. 407: P. Berthelot, Cohomologie Cristalline des Schémas de Caracteristique p > o. VIII, 598 pages. 1974. DM 44,-

Vol. 408: J. Wermer, Potential Theory. VIII, 146 pages. 1974. DM 18,-

Vol. 409: Fonctions de Plusieurs Variables Complexes, Séminaire François Norguet 1970-1973. XIII, 612 pages. 1974. DM 47,-

Vol. 410: Séminaire Pierre Lelong (Analyse) Année 1972-1973. VI, 181 pages. 1974. DM 18,-

Vol. 411: Hypergraph Seminar. Ohio State University, 1972. Edited by C. Berge and D. Ray-Chaudhuri. IX, 287 pages. 1974. DM 28,-

Vol. 412: Classification of Algebraic Varieties and Compact Complex Manifolds. Proceedings 1974. Edited by H. Popp. V, 333 pages. 1974. DM 30,-

Vol. 413: M. Bruneau, Variation Totale d'une Fonction. XIV, 332 pages. 1974. DM 30,-

Vol. 414: T. Kambayashi, M. Miyanishi and M. Takeuchi, Unipotent Algebraic Groups. VI, 165 pages. 1974. DM 20,-

Vol. 415: Ordinary and Partial Differential Equations, Proceedings of the Conference held at Dundee, 1974. XVII, 447 pages. 1974. DM 37,-

Vol. 416: M. E. Taylor, Pseudo Differential Operators. IV, 155 pages. 1974. DM 18,-

Vol. 417: H. H. Keller, Differential Calculus in Locally Convex Spaces. XVI, 131 pages. 1974. DM 18,-

Vol. 418: Localization in Group Theory and Homotopy Theory and Related Topics Battelle Seattle 1974 Seminar. Edited by P. J. Hilton. VI, 171 pages. 1974. DM 20,-

Vol. 419: Topics in Analysis - Proceedings 1970. Edited by O. E. Lehto, I. S. Louhivaara, and R. H. Nevanlinna. XIII, 391 pages. 1974. DM 35,-

Vol. 420: Category Seminar. Proceedings, Sydney Category Theory Seminar 1972/73. Edited by G. M. Kelly. VI, 375 pages. 1974. DM 32,-

Vol. 421: V. Poénaru, Groupes Discrets. VI, 216 pages. 1974. DM 23,-

Vol. 422: J.-M. Lemaire, Algèbres Connexes et Homologie des Espaces de Lacets. XIV, 133 pages. 1974. DM 23,-

Vol. 423: S. S. Abhyankar and A. M. Sathaye, Geometric Theory of Algebraic Space Curves. XIV, 302 pages. 1974. DM 28,-

Vol. 424: L. Weiss and J. Wolfowitz, Maximum Probability Estimators and Related Topics. V, 106 pages. 1974. DM 18,-

Vol. 425: P. R. Chernoff and J. E. Marsden, Properties of Infinite Dimensional Hamiltonian Systems. IV, 160 pages. 1974. DM 20,-

Vol. 426: M. L. Silverstein, Symmetric Markov Processes. IX, 287 pages. 1974. DM 28,-

Vol. 427: H. Omori, Infinite Dimensional Lie Transformation Groups. XII, 149 pages. 1974. DM 18,-

Vol. 428: Algebraic and Geometrical Methods in Topology, Proceedings 1973. Edited by L. F. McAuley. XI, 280 pages. 1974. DM 28,-